LangChainとLangGraphによる
RAG・AIエージェント[実践]入門

LangChain公式エキスパート　株式会社ジェネラティブエージェンツ
西見公宏、吉田真吾、大嶋勇樹 [著]

エンジニア選書

技術評論社

Copyright © LangChain, Inc.
Released under the MIT license
https://github.com/langchain-ai/langchain/blob/master/LICENSE

Copyright © 2024 LangChain, Inc.
licensed under the MIT License
https://github.com/langchain-ai/langgraph/blob/main/LICENSE

Copyright © 2022 Exploding Gradients
licensed under the Apache License 2.0
https://github.com/explodinggradients/ragas/blob/main/LICENSE

Copyright © 2022 DAIR.AI
Released under the MIT license
https://github.com/dair-ai/Prompt-Engineering-Guide/blob/main/LICENSE.md

●本書をお読みになる前に
・本書に記載された内容は、情報の提供のみを目的としています。したがって、本書を用いた運用は、必ずお客様自身の責任と判断によって行ってください。これらの情報の運用の結果について、技術評論社および著者はいかなる責任も負いません。
・本書記載の情報は、2024年8月現在のものを掲載していますので、ご利用時には、変更されている場合もあります。
・本書で紹介するソフトウェア／Webサービスはバージョンアップされる場合があり、本書での説明とは機能内容や画面図などが異なってしまうこともあり得ます。

以上の注意事項をご承諾いただいたうえで、本書をご利用願います。これらの注意事項をお読みいただかずに、お問い合わせいただいても、技術評論社および著者は対処しかねます。あらかじめ、ご承知おきください。

●商標、登録商標について
本書に掲載した社名や製品名などは一般に各メーカーの商標または登録商標である場合があります。会社名、製品名などについて、本文中では、™、©、®マークなどは表示しておりません。

はじめに

　この書籍は、OpenAIのチャットAPIと、LangChain、LangGraphを使い、大規模言語モデル (LLM) を本番レベルのシステムに組み込むための基本的な知識を学習し、さらにLLMを活用した検索拡張生成 (RAG) アプリケーション、そしてAIエージェントシステムの構築をステップバイステップで手を動かして実践できる技術書です。

　OpenAI、Google、Anthropicをはじめとする、LLMをAPI経由で提供する事業者のサービスによって、アプリケーション開発者は、以前にはAI/ML (機械学習) の知識を基礎から勉強しないと構築できなかったようなAIシステムが簡単に実現できるようになりました。われわれアプリケーションエンジニアにとって、2023年は想像よりもはるかに速いスピードで、LLMアプリケーションの構築や、既存システムへのLLM機能の組み込みに挑戦する機会の多い年でした。続いて2024年は社内チャットボットや社内ドキュメント検索システムだけでなく、幅広いユースケースでLLMが活用され始めました。中でもとくに「AIエージェント」という言葉をよく耳にするようになり、人間とAIアシスタントがやりとりをしながら業務を進めていくよりも、より少ない指示で的確に業務をこなしてくれる方向にLLMを活用できるかもしれないという期待値が上昇しています。

　本書では、初めて生成AIでプロジェクトを始める人にとっても、よりエージェントらしいLLMアプリケーションを構築したい人にとっても十分な内容となるように、OpenAIのチャットAPI (ChatGPTのAPI) やLangChainの基礎から、RAGの発展的手法や評価のハンズオン、また、LLMを用いたAIエージェントのしくみ、AIエージェントのデザインパターン、そしてパターン別のAIエージェントのハンズオンまで、多くの内容を取り揃えました。

　初めて生成AIを活用したプロジェクトを始める人にまず試してもらいたいのは、OpenAIのチャットAPI (ChatGPTのAPI) と、LangChainというフレームワークをしっかり学ぶことです。基本的なLLMの性質を活かしながら、サービスや業務システムとしてそれらを構築するとともに、今後の生成AIの進化に対しても、しっかりと頭の中に知識体系を思い浮かべられるようになってもらうのが狙いです。

　そして生成AIの利用経験がある人であれば、RAGアプリ開発の実践的な知識や、RAGアプリの評価・テスト・運用保守などのLLMOpsを、本書を通して学ぶことができます。そしてさらに、LangGraphによるLLMを活用したワークフロー構築の考え方を通じて、今注目のAIエージェントの開発に応用できるデザインパターンや、その実装コードに網羅的に触れることができます。

生成AIやAIエージェントのように一見すると魔法のような技術を、科学的な手法のひとつとして捉えて、システムの一部ないし大部分として活用できるようになるための入口として、最適な一冊になることを狙って、本書は執筆されています。

　昨年秋に『ChatGPT/LangChainによるチャットシステム構築[実践]入門』という書籍を刊行しました。主にOpenAIのチャットAPIとLangChainを利用してチャットシステムを構築しましたが、本書ではそれらをOpenAIのチャットAPIやLangChainのアップデートに合わせて最新化しただけでなく、ビジネスで本当に役に立つレベルの利便性やUXをLLMアプリで実現するために、プロンプトやワークフローの最適化や、複数のシステムプロンプトからなるマルチエージェントといったエージェンティックなAIの構築方法を解説します。

　とくに、皆さんが本番システムを作る際にたくさんの課題に直面することを考慮して、できるかぎり多くのユースケースや課題に対して解決のヒントを提供できればと思います。

　今後より一層システムへの活用が期待される生成AIについて、本書を通じて、皆さんが自信を持ってチャレンジできるようになってもらえれば幸いです。一緒にがんばっていきましょう。

この書籍で学べること

　この書籍では、まず第2〜5章でOpenAIのチャットAPIとLangChainについて解説をします。性能の高い商用モデルがたくさんリリースされている現在においても、OpenAIはいぜんトップランナーであり、最も一般に普及しています。とくに現在は無料ユーザーでも利用が可能な最新のGPT-4oによって、画像の認識のようなタスクもこなせるマルチモーダルなモデルが利用可能になっています。これらの能力はAPIとして提供されており、システムに組み込むためには、プログラムから入力を受けてAPIを呼び出して、生成の指示をして、受け取った生成結果を利用する必要があります。こういう場合に、複数のLLMを簡単に切り替えたり、生成結果に大きく影響する質の良い指示をテンプレート化したり、アプリケーション側の処理を抽象化したりして便利に実現できるのがLangChainというLLMアプリケーションフレームワークです。

　LangChainは複数のタスクを抽象化できる機能だけでなく、LLMを活用したアプリケーションを作る際に直面するさまざまな課題に対して、たくさんの実装を取り入れているため、自分でアプリケーション設計をしたときに、LangChain内の部品を組み合わせることで、すばやくやりたいことが実現できるのが大きなメリットです。

なお、本書第2章〜第4章は、『ChatGPT/LangChain によるチャットシステム構築［実践］入門』の第2章〜第5章をベースに、最新情報を踏まえて大きくアップデートした内容となっています。

　第6、7章では、それらを活用して RAG（Retrieval-Augmented Generation）と呼ばれるドキュメントの検索と生成を組み合わせたシステムをハンズオンし、本番レベルで利用できるように評価方法について学びます。

　第8章からは AI エージェントの開発方法について学びます。第8章では AI エージェントの進化と変遷を解説し、第9〜12章では、LLM を活用した複雑なワークフローを構築するためのライブラリである LangGraph を活用した AI エージェントの実装を活用した AI エージェントの実装や、エージェントデザインパターンと呼ばれるデザインパターンを解説し、さらに実装をしてみます。

　本書を通読・実践することで、最新の AI エージェントの知識を獲得し、実践ノウハウも身につくようになっています。

クラウドをフル活用する

　本書では実装をできるかぎりクラウド環境上で行っています。リポジトリもノートブックも LLM もストレージも、クラウドで提供される能力を活用します。これにより、専門家でないと手に入らない強力な GPU のような計算資源は不要ですし、手元の環境差異によってセットアップに大幅に時間を費やすことなく、すばやくリソースを調達し、すぐに実際に動くアプリケーションを開発することができます。少しの費用ですばやく実践するのに最適な構成を考えています。

- できること
  - 社内の大量のドキュメントを検索するチャットシステムが欲しい
    本書のコードは、実際に利用する場面を想定して作っています。
  - 完全に自律的な AI エージェントが作りたい
    完全に自律的な AI エージェントを構築するためにはまだ複数の課題があります。しかし本書の解説とコードが今後さまざまな場面で実装上の助けになると思います。
- できないこと
  - 機械学習の専門知識や、生成 AI のしくみ自体は解説しません。それらを知りたい場合は別の専門書のほうが詳しいですので、そちらに当たってください。

対象読者

本書は対象読者として次のような方を想定しています。

- 大規模言語モデル (LLM) を活用したシステムを作ってみたいアプリケーション開発者
- 動くものを作りながら、大規模言語モデル (LLM) アプリケーション開発に必要な知識体系や勘所を学び始めたいと考えている方
- 大規模言語モデル (LLM) アプリケーションの開発エキスパートを目指して、まず押さえておくべき技術を知っておきたい方
- AIエージェント開発の基礎知識を学びたい方

前提知識・前提条件

本書を読み進めるうえでは、いくつかの前提知識や前提条件があります。

Pythonでのプログラミング

本書ではプログラミング言語としてPythonを使用します。Pythonについては実際に動くコードが書けることを前提知識としています。そのため、本書ではPythonの基本は解説しません。

ただし、Pythonに精通していなくても、何らかのプログラミング言語を一般的に扱える程度に理解していれば問題ありません。本書では実装するコードを丁寧に1ステップずつ解説しますし、動作確認したコードも公開しているので、ご安心ください。

各種クラウドサービスへの登録

本書では、OpenAIのAPIやGoogle Colaboratory、その他いくつかのクラウドサービスを使用します。そのため、本書の内容を実際に試すには、環境構築手順をもとにこれらをセットアップできる程度のITリテラシーが必要です。

本書で実装するアプリケーションは、できるだけ費用を抑えた構成やプランを利用するようにしています。しかし、多少の料金が発生する可能性があります。ご自身の勉強用に数百円〜数千円程度の利用料金を支払うことに理解のある方を前提としています。なお、本書で使用するサービスの一部では、支払いのためにクレジットカードの登録が必要です。

本書の構成

本書では、LLMアプリケーションの解説と実装サンプルをプログラミングしながら理解を進めることを前提としています。開発者としてある程度の経験をお持ちの方を想定していますが、ソースコードはすべて記載していますので、手順を踏めば動作確認まで可能です。

使用しているソフトウェアのバージョン

本書のコードは以下のバージョンで動作確認しています[注1]。

- Python 3.10.12
- Pythonパッケージ
  - openai：1.40.6
  - langchain-core：0.3.0
  - langchain-community：0.3.0
  - langchain-text-splitters：0.3.0
  - langchain-anthropic：0.2.0
  - langchain-chroma：0.1.4
  - langchain-cohere：0.3.0
  - langchain-openai：0.2.0
  - langgraph：0.2.22

その他、本書の執筆にあたって動作確認したパッケージのバージョンについては、GitHubで公開しているrequirements.txtを参照してください。

実際にアプリケーションを開発するときは、依存関係はできるだけ新しいバージョンを使いたいことが多いはずです。ただし、本書ではソースコードの動作を確実にするため、本文中で各種パッケージをインストールする箇所で、明示的にバージョンを指定しています。それでも暗黙的な依存関係のバージョンの違いによってうまく動作しない場合は、上記のrequirements.txtに記載されているバージョンを使うようにしてください。

注1　第7章のみ他のパッケージとの兼ね合いで異なるバージョンを使用しています。

本書のプログラムコードについて

本書に掲載したプログラムはGitHubの以下のリポジトリで公開しています。

https://github.com/GenerativeAgents/agent-book

フィードバックのお願い

上記のGitHubにソースコードを公開しておりますので、改善事項などがあればIssueやプルリクエストをもらえると幸いです。

謝辞

前作『ChatGPT/LangChainによるチャットシステム構築［実践］入門』に続き、多くのエンジニアにとって今後AIエージェントの具体的な構築方法が必要とされる場面に向けて、再び執筆の機会をくださった編集の細谷謙吾さん、ありがとうございました。今回は前作よりも企画工程や執筆工程が難航する場面が多かったのですが、毎回見事な進行管理をしていただき、こうして発売できたことに大変感謝しております。

また、原稿レビューを通じて本書における表現の正確性やわかりやすさのためにたくさんのご指摘・ご指導をいただいた太田真人さん、大御堂裕さん、舘野祐一さん、ニケさん、林祐太さん、宮脇峻平さん（50音順）、ありがとうございました。当初お伝えしていた原稿量の倍近くのレビューをお願いしてしまったにも関わらず、快く引き受けていただき、ご指摘やご指導により本書のレベルを数段レベルアップしていただきました。

さらに、レビューや感想を送ってくれたLangChain Community (JP)、ChatGPT Community (JP)、Serverless Community (JP)、StudyCoコミュニティの貢献によってたくさんの人のもとにこの本を届けることができそうです。これからも、LangChainやAIエージェントに関わるたくさんのコミュニティから日々刺激を受けながら、われわれ自身も世界を変えるために貢献し続けていきます。

最後に、編集制作をご担当いただいたトップスタジオさんの献身的な作業とすばらしいデザインにより、執筆から出版までタイムラグ少なく届けることができました。ありがとうございました。

執筆者一同

著者略歴

　本書は日本初のLangChainエキスパートであるGenerative Agents社の3名が執筆しました。

西見公宏

株式会社ジェネラティブエージェンツ代表取締役CEO

ChatGPTの利活用を中心に大規模言語モデルを活用したアプリケーション開発ならびにアドバイザリーを提供する中で、吉田、大嶋と出会い、株式会社ジェネラティブエージェンツを共同創業。AIエージェントを経営に導入することにより、あらゆる業種業態の生産性を高めるための活動に尽力している。

『その仕事、AIエージェントがやっておきました。――ChatGPTの次に来る自律型AI革命』(技術評論社) 単著、Software Design『実践LLMアプリケーション開発』(技術評論社) 連載。

吉田真吾

株式会社ジェネラティブエージェンツ取締役COO

ChatGPT Community (JP)、LangChain Community (JP)、Serverless Community (JP) などを主催。日本におけるLLMやサーバーレスの普及を促進。

『ChatGPT/LangChainによるチャットシステム構築 [実践] 入門』(技術評論社) 共著、『Azure OpenAI ServiceではじめるChatGPT/LLMシステム構築入門』(技術評論社) 共著、『AWSによるサーバーレスアーキテクチャ』(翔泳社) 監修、『サーバーレスシングルページアプリケーション』(オライリー) 監訳、『AWSエキスパート養成読本』(技術評論社) 共著。

大嶋勇樹

株式会社ジェネラティブエージェンツ取締役CTO

大規模言語モデルを組み込んだアプリケーションやAIエージェントの開発を実施。個人ではエンジニア向けの勉強会開催や教材作成など。オンラインコースUdemyではベストセラー講座多数。

『ChatGPT/LangChainによるチャットシステム構築 [実践] 入門』(技術評論社) 共著。勉強会コミュニティStudyCo運営。

目次

はじめに iii

この書籍で学べること iv

対象読者 vi

前提知識・前提条件 vi

本書の構成 vii

謝辞 viii

著者略歴 ix

第1章 LLMアプリケーション開発の基礎   1

1.1 活用され始めた生成AI 2

1.2 Copilot vs AIエージェント 3

1.3 すべてはAIエージェントになる 4

1.4 AIエージェントの知識地図 5

1.5 まとめ 6

第2章 OpenAIのチャットAPIの基礎   7

2.1 OpenAIのチャットモデル 8

    ChatGPTにおける「モデル」 8

    OpenAIのAPIで使えるチャットモデル 9

    モデルのスナップショット 9

2.2 OpenAIのチャットAPIの基本 10

    Chat Completions API 10

    Chat Completions APIの料金 12

    発生した料金の確認 12

    COLUMN GPT-4とGPT-4 Turbo 14

| | COLUMN Batch API | 14 |

| 2.3 | 入出力の長さの制限や料金に影響する「トークン」 | 15 |

トークン 15
Tokenizer と tiktoken の紹介 15
日本語のトークン数について 17

| 2.4 | Chat Completions API を試す環境の準備 | 17 |

Google Colab とは 18
Google Colab のノートブック作成 18
OpenAI の API を使用するための登録 20
OpenAI の API キーの準備 23

| 2.5 | Chat Completions API のハンズオン | 26 |

OpenAI のライブラリ 26
Chat Completions API の呼び出し 26
会話履歴を踏まえた応答を得る 27
ストリーミングで応答を得る 29
基本的なパラメータ 29
JSON モード 30
Vision（画像入力） 31
COLUMN Completions API 32

| 2.6 | Function calling | 33 |

Function calling の概要 33
Function calling のサンプルコード 34
パラメータ「tool_choice」..39
COLUMN Function calling を応用した JSON の生成 40
COLUMN Structured Outputs 41

| 2.7 | まとめ | 41 |

COLUMN Assistants API 42

| 第3章 | プロンプトエンジニアリング | **43** |

| 3.1 | プロンプトエンジニアリングの必要性 | 44 |

COLUMN プロンプトエンジニアリングとファインチューニング.................45

| 3.2 | プロンプトエンジニアリングとは | 46 |

目次

3.3	プロンプトの構成要素の基本	47

題材：レシピ生成AIアプリ 47
プロンプトのテンプレート化 49
命令と入力データの分離 50
文脈を与える 50
出力形式を指定する 51
プロンプトの構成要素のまとめ 52

3.4 プロンプトエンジニアリングの定番の手法 53

Zero-shot プロンプティング 54
Few-shot プロンプティング 54
COLUMN Few-shot プロンプティングのその他の形式 56
Zero-shot Chain of Thought プロンプティング 57

3.5 まとめ 59

COLUMN マルチモーダルモデルのプロンプトエンジニアリング 60

第4章 LangChainの基礎 — 61

4.1 LangChainの概要 62

なぜLangChainを学ぶのか 62
LangChainの全体像 63
LangChainの各種コンポーネントを提供するパッケージ群 64
LangChainのインストール 65
COLUMN LangChain v0.1からの安定性の方針 66
LangSmithのセットアップ 66
LangChainの主要なコンポーネント 68

4.2 LLM/Chat model 69

LLM 69
Chat model 70
ストリーミング 71
LLMとChat modelの継承関係 71
LLM/Chat modelのまとめ 73

4.3 Prompt template 73

PromptTemplate 73
ChatPromptTemplate 74
MessagesPlaceholder 75
LangSmithのPrompts 76

xii

| | COLUMN マルチモーダルモデルの入力の扱い | 77 |

Prompt template のまとめ 78

4.4 Output parser 78

Output parser の概要 79

PydanticOutputParser を使った Python オブジェクトへの変換 79

StrOutputParser 83

Output parser のまとめ 84

4.5 Chain—LangChain Expression Language (LCEL) の概要 84

LangChain Expression Language (LCEL) とは 85

prompt と model の連鎖 85

StrOutputParser を連鎖に追加 86

PydanticOutputParser を使う連鎖 87

Chain のまとめ 88

COLUMN with_structured_output 89

4.6 LangChain の RAG に関するコンポーネント 90

RAG (Retrieval-Augmented Generation) 90

LangChain の RAG に関するコンポーネントの概要 92

Document loader 92

Document transformer 94

Embedding model 95

Vector store 96

COLUMN 4次元以上のベクトルの距離 98

LCEL を使った RAG の Chain の実装 99

LangChain の RAG に関するコンポーネントのまとめ 101

COLUMN Indexing API 101

4.7 まとめ 101

COLUMN Agent 102

第5章 LangChain Expression Language (LCEL) 徹底解説　　103

5.1 Runnable と RunnableSequence—LCEL の最も基本的な構成要素 104

Runnable の実行方法—invoke・stream・batch 105

COLUMN LCEL はどのように実現されているのか 106

LCEL の「|」でさまざまな Runnable を連鎖させる 108

LangSmith での Chain の内部動作の確認 109

COLUMN なぜ LCEL が提供されているのか 110

xiii

目次

5.2　RunnableLambda—任意の関数をRunnableにする 111
chainデコレーターを使ったRunnableLamdaの実装 112
RunnableLambdaへの自動変換 113
Runnableの入力の型と出力の型に注意 113
COLUMN　独自の関数をstreamに対応させたい場合 114

5.3　RunnableParallel—複数のRunnableを並列につなげる 115
RunnableParallelの出力をRunnableの入力に連結する 117
RunnableParallelへの自動変換 118
RunnableLambdaとの組み合わせ—itemgetterを使う例 119

5.4　RunnablePassthrough—入力をそのまま出力する 120
assign—RunnableParallelの出力に値を追加する 122
COLUMN　astream_events 124

5.5　まとめ 126
COLUMN　Chat historyとMemory 126
COLUMN　LangServe 128

第6章　Advanced RAG　　　　　　　　　　　　　　　　129

6.1　Advanced RAGの概要 130

6.2　ハンズオンの準備 132
COLUMN　インデクシングの工夫 134

6.3　検索クエリの工夫 134
HyDE（Hypothetical Document Embeddings）........................... 134
複数の検索クエリの生成 136
検索クエリの工夫のまとめ 138

6.4　検索後の工夫 139
RAG-Fusion 139
リランクモデルの概要 142
Cohereのリランクモデルを使用する準備 143
Cohereのリランクモデルの導入 143
検索後の工夫のまとめ 145

6.5　複数のRetrieverを使う工夫 145
LLMによるルーティング 145
ハイブリッド検索の例 149
ハイブリッド検索の実装 151

複数のRetrieverを使う工夫のまとめ...152
COLUMN 生成後の工夫...153

6.6 まとめ 153
COLUMN マルチモーダルRAG...154

第7章 LangSmithを使ったRAGアプリケーションの評価　155

7.1 第7章で取り組む評価の概要 156
オフライン評価とオンライン評価...156

7.2 LangSmithの概要 157
LangSmithの料金プラン 157
LangSmithの機能の全体像...158

7.3 LangSmithとRagasを使ったオフライン評価の構成例...158
Ragasとは 158
この章で構築するオフライン評価の構成 159

7.4 Ragasによる合成テストデータの生成 160
Ragasの合成テストデータ生成機能の概要 160
パッケージのインストール 160
検索対象のドキュメントのロード 161
Ragasによる合成テストデータ生成の実装 161
LangSmithのDatasetの作成 163
合成テストデータの保存 165
COLUMN 評価用のデータセットのデータ数...167

7.5 LangSmithとRagasを使ったオフライン評価の実装 167
LangSmithのオフライン評価の概要 167
利用可能なEvaluator（評価器）...169
Ragasの評価メトリクス 169
COLUMN Ragas以外の検索の評価メトリクス...171
カスタムEvaluatorの実装 172
推論の関数の実装 173
オフライン評価の実装・実行 175
オフライン評価の注意点 177

7.6 LangSmithを使ったフィードバックの収集 178
この節で実装するフィードバック機能の概要 178
フィードバックボタンを表示する関数の実装...179
フィードバックボタンを表示 180

xv

目次

COLUMN Online Evaluator 182

7.7 フィードバックの活用のための自動処理 183
　　Automation rule による処理 183
　　良い評価のトレースを自動で Dataset に追加する 184

7.8 まとめ 187

第8章 AIエージェントとは　189

8.1 AIエージェントのためのLLM活用の期待 190

8.2 AIエージェントの起源とLLMを使ったAIエージェントの変遷 191
　　LLMベースのAIエージェント 192
　　WebGPT 192
　　Chain-of-Thought プロンプティング 193
　　LLMと外部の専門モジュールを組み合わせる MRKL Systems 196
　　Reasoning and Acting（ReAct） 196
　　Plan-and-Solve プロンプティング 198

8.3 汎用LLMエージェントのフレームワーク 200
　　AutoGPT 200
　　BabyAGI 201
　　AutoGen 202
　　crewAI 205
　　crewAIのユースケース 207

8.4 マルチエージェント・アプローチ 208
　　マルチエージェントの定義 208
　　マルチエージェントでText-to-SQLの精度を上げる 210
　　マルチエージェントでソフトウェア開発を自動化する 221

8.5 AIエージェントが安全に普及するために 233

8.6 まとめ 237

第9章 LangGraphで作るAIエージェント実践入門　239

9.1 LangGraphの概要 240
　　LangGraphとは何か 240
　　LangGraphにおけるグラフ構造アプローチ 241

| 9.2 | LangGraphの主要コンポーネント | 243 |

ステート：グラフの状態を表現 244
ノード：グラフを構成する処理の単位 246
エッジ：ノード間の接続 248
コンパイル済みグラフ 249

| 9.3 | ハンズオン：Q&Aアプリケーション | 251 |

LangChainとLangGraphのインストール 251
OpenAI APIキーの設定 251
ロールの定義 252
ステートの定義 252
Chat modelの初期化 253
ノードの定義 253
グラフの作成 255
ノードの追加 255
エッジの定義 256
条件付きエッジの定義 256
グラフのコンパイル 257
グラフの実行 257
結果の表示 257
COLUMN グラフ構造をビジュアライズして表示する 259
COLUMN LangSmithによるトレース結果 260

| 9.4 | チェックポイント機能：ステートの永続化と再開 | 261 |

チェックポイントのデータ構造 261
ハンズオン：チェックポイントの動作を確認する 265

| 9.5 | まとめ | 273 |

第10章 要件定義書生成AIエージェントの開発　　275

| 10.1 | 要件定義書生成AIエージェントの概要 | 276 |

要件定義とは何か 276
先行研究のアプローチを参考にする 277
LangGraphのワークフローとして設計する 278

| 10.2 | 環境設定 | 279 |

| 10.3 | データ構造の定義 | 280 |

| 10.4 | 主要コンポーネントの実装 | 282 |

PersonaGenerator 282

xvii

目次

InterviewConductor 283
InformationEvaluator 285
RequirementsDocumentGenerator 286

10.5 ワークフロー構築 287

10.6 エージェントの実行と結果の確認 290

10.7 全体のソースコード 292

10.8 まとめ 300

第11章 エージェントデザインパターン   301

11.1 エージェントデザインパターンの概要 302
デザインパターンとは 302
エージェントデザインパターンが解決する課題領域 302
エージェントデザインパターンの位置付け 307

11.2 18のエージェントデザインパターン 307
エージェントデザインパターンの全体図 307
1. パッシブゴールクリエイター (Passive Goal Creator) 309
2. プロアクティブゴールクリエイター (Proactive Goal Creator) 311
3. プロンプト／レスポンス最適化 (Prompt/Response Optimizer) 313
4. 検索拡張生成 (Retrieval-Augmented Generation：RAG) 315
5. シングルパスプランジェネレーター (Single-Path Plan Generator) 317
6. マルチパスプランジェネレーター (Multi-Path Plan Generator) 319
7. セルフリフレクション (Self-Reflection) 322
8. クロスリフレクション (Cross-Reflection) 324
9. ヒューマンリフレクション (Human-Reflection) 327
10. ワンショットモデルクエリ (One-Shot Model Querying) 330
11. インクリメンタルモデルクエリ (Incremental Model Querying) 332
12. 投票ベースの協調 (Voting-Based Cooperation) 336
13. 役割ベースの協調 (Role-Based Cooperation) 338
14. 議論ベースの協調 (Debate-Based Cooperation) 341
15. マルチモーダルガードレール (Multimodal Guardrails) 343
16. ツール／エージェントレジストリ (Tool/Agent Registry) 347
17. エージェントアダプター (Agent Adapter) 350
COLUMN LangChainのTool機能 354
18. エージェント評価器 (Agent Evaluator) 355

11.3 まとめ 357

第12章 LangChain/LangGraphで実装するエージェントデザインパターン 359

12.1 本章で扱うエージェントデザインパターン 360

12.2 環境設定 361
各パターンの実装コードの掲載について 362

12.3 パッシブゴールクリエイター（Passive Goal Creator）................... 363
実装内容の解説 363
COLUMN Settingsクラスについて 364
実行結果 365

12.4 プロンプト／レスポンス最適化（Prompt/Response Optimizer）.......... 366
実装内容の解説 366
プロンプト最適化 366
レスポンス最適化 368

12.5 シングルパスプランジェネレーター（Single-Path Plan Generator）......... 372
実装内容の解説 372
COLUMN タスクの並列実行への対応方法 378
COLUMN LangGraphのcreate_react_agent関数の解説 378
実行結果 381

12.6 マルチパスプランジェネレーター（Multi-Path Plan Generator）............. 384
実装内容の解説 384
COLUMN 実装の発展 391
実行結果 392

12.7 セルフリフレクション（Self-Reflection）.................................. 394
実装内容の解説 394
COLUMN Faissとは 401
実行結果 408

12.8 クロスリフレクション（Cross-Reflection）............................... 411
実装内容の解説 411
実行結果 412

12.9 役割ベースの協調（Role-Based Cooperation）........................... 416
実装内容の解説 416
実行結果 423

12.10 まとめ 426

目次

| 付 録 | 各種サービスのサインアップと第12章の各パターンの実装コード　427 |

A.1　各種サービスのサインアップ 428
　LangSmith のサインアップ 428
　Cohere のサインアップ 430
　Anthropic のサインアップ 432

A.2　第12章の各パターンの実装コード 437
　1. パッシブゴールクリエイター（Passive Goal Creator）.............................. 437
　2. プロンプト／レスポンス最適化（Prompt/Response Optimizer）..................... 438
　3. シングルパスプランジェネレーター（Single-Path Plan Generator）................. 442
　4. マルチパスプランジェネレーター（Multi-Path Plan Generator）.................... 446
　5. セルフリフレクション（Self-Reflection）.. 453
　6. クロスリフレクション（Cross-Reflection）.. 463
　7. 役割ベースの協調（Role-Based Cooperation）...................................... 464

索引... 470

第 **1** 章

LLMアプリケーション開発
の基礎

大規模言語モデル（LLM）をシステムに活用する場面が今後飛躍的に
増えてきます。その活用方法はチャットシステムとしてだけでなく、
複雑な業務のワークフロー全体を自動化するものになるでしょう。
本書とともに、きたるLLMを活用したAIエージェント時代への備え
を始めましょう。

吉田真吾

第 1 章　LLMアプリケーション開発の基礎

活用され始めた生成 AI

　ChatGPTをはじめとしたLLM（大規模言語モデル）サービスの登場は、ビジネス界に革命をもたらしました。そして、OpenAI、Google、Anthropicなどの主要テクノロジー企業が、アプリケーション開発者向けにそれらLLMサービスをAPIとして提供し始めたことで、企業内での業務効率化や自社サービスへのLLMの組み込みが急速に進んでいます。

　とくに現在注目すべきは、企業内でのドキュメント管理と検索の革新です。すでに多くの企業が、従来のエンタープライズ検索システムの代替として、RAG（Retrieval-Augmented Generation）システムを構築して利用しています。このシステムでは、企業内のドキュメントをベクターデータベースにホストし、自然言語での質問に対して適切な回答を生成します。たとえば、社内の技術文書や過去のプロジェクト報告書を瞬時に検索し、関連情報を統合して回答することが可能になりました。これにより、従業員の情報アクセスが劇的に向上し、意思決定のスピードアップにつながっています。

　また、社内ドキュメントの検索だけでなく、次のような分野でも新しい応用が注目を集めています。

1. **外部ソース統合型Q&Aサービス（デスクトップリサーチ）**
   Perplexity[注1]のようなサービスは、多数のインターネット上の外部情報源から答えを生成するサービスとして人気を博しています。これにより、ユーザーは膨大な情報を瞬時に整理し、信頼性の高い回答を得ることができます。

2. **メタデータ活用型分析（Text-to-SQL）**
   企業内のメタデータを活用し、自然言語から内部的に複雑な分析クエリを生成するシステムが登場しています。たとえば、「過去3年間の四半期ごとの売上トップ10製品と、その地域別内訳を教えて」といった質問に、ユーザーはSQLやその他の専門的なしくみを使わずに回答できるようになりました。

3. **カスタマーサポートの強化**
   LLMを活用した高度なチャットボットが、24時間体制で顧客の問い合わせに対応し、人間のオペレーターでは難しい複雑な質問にも適切に回答できることで、コストの削減はもとより、膨大なマニュアルの活用や、従業員をカスタマーハラスメントから守るしくみとしても役に立っています。

注1　https://www.perplexity.ai/

4. コンテンツ生成の自動化

    マーケティング部門では、LLMを使用してブログ記事、ソーシャルメディア投稿、製品説明文やサムネイル画像などのコンテンツを自動生成し、人間によるレビューと編集を経て公開するというワークフローを確立し、業務効率を向上しています。

5. コード生成と最適化

    開発者向けのLLMツールが進化し、自然言語での説明からコードを生成したり、既存のコードを最適化したりする能力が向上しています。これにより、プログラミングの生産性が大幅に向上しています。

このように、LLMの活用は急速に拡大し、多様化しています。企業はこれらの技術を採用することで、業務プロセスの効率化、顧客体験の向上、イノベーションの加速を実現しつつあります。

今後は、汎用的なLLMや、特定のドメインに特化したモデル、さらにはマルチモーダル（テキスト、画像、音声などを統合的に扱う）なモデルのより高度な活用が進みます。そしてその先にはそれらを統合して複雑なワークフローを自動化するAIエージェントの普及が実現します。企業はこれらの技術動向を注視し、ケイパビリティを拡張していきながら、同時にLLMを活用して自社の競争力を強化するためのビジネス変革・業務プロセス最適化を推進していく必要があるでしょう。

また、データセキュリティやプライバシー、倫理的な使用に関する課題感も日を追うごとに大きくなっており、ビジネスシーンでの定着、ひいては社会にLLMをはじめとしたAIが受け入れられるために、十分安全なAIシステムを構築することがとても重要です。

 Copilot vs AIエージェント

現在、多くのシステムにおいて、ユーザーがツールの使い方を長年研鑽することで実現できていたタスクを、GitHub CopilotやMicrosoft Copilotに代表されるようなAIコンパニオンに補助してもらうことですばやく実行できるようにするツールが登場し、利用され始めています。

これら"Copilot型"のLLMアプリケーションを効率よく業務に活用するためには、ユースケースによって最も出力の品質が高く、コスト効率や生成速度のバランスの取れたモデルを選択し、効果的なプロンプトを記述して、出力内容をチェックしたり、コンテキストとして渡されるデータを調整・工夫しながら、自分の求める品質の出力を模索するという作業が必要です。これはつまり、LLMの

能力は全体的にかなり高いが、業務に活用できるかどうかはユーザー側の使いこなすスキルに依存しているという状況です。

実際に日本では、総務省が発表した2024年版情報通信白書[注2]において、生成AI（人工知能）を利用している個人が9.1%にとどまっており、思いのほか普及していない現状が報告されています。

もっと多くのユーザーにLLMの能力を活用してもらうためには、ユーザーの指示に対して今までのやりとりを効率的に記憶しておき、何を求めているか正確に認識し、好みの振る舞いで応答し、複雑な指示でも十分に役立つアーティファクト（生成物）が生成されるようなしくみに進化する必要があります。

そこで注目されているのが「AIエージェント」です。AIエージェントは置かれている環境を認識して、複雑な目標に対して自律的に稼働するAIシステムのことを指します。

Copilot型のAIシステムのように人間の指示によって起動され、環境情報や制約や記憶を都度人間から与えられるのではなく、AIエージェントは自律的にタスクをこなすことで、ユーザーの手間を大幅に削減することが可能になります。

1.3 すべてはAIエージェントになる

2023年は社内ドキュメントなどを検索して自然文での質問に対して回答を生成するRAG（Retrieval-Augmented Generation）が多くの企業に導入・構築された年でした。ドキュメントを適度なチャンクに分割して、文書をベクターデータ化することでドキュメントをユーザーの質問との類似度から検索するベクター検索や、全文検索と組み合わせて検索するハイブリッド検索などで参照ドキュメントを取り出し、ユーザーの質問の意味に合わせた回答を生成して応答する機能で業務効率化を実現しています。チャンクやオーバーラップ、埋め込みに使うモデルの選定などのベクターデータ化の手法、リランカーやハイブリッド検索に使うデータベースの選定ナレッジ、プロンプトの最適化、テストデータセットなどの評価手法、ユーザー体験を高める手法などについて知見がたくさん共有されるようになりました。

また、今後はマルチモーダリティを活用した環境認知、タスクプランニング性能を活用した自律性・エージェント性の応用などに注目が集まります。

1.1節で紹介した5つのユースケースにおいて、たとえばデスクトップリサーチエージェントであ

注2　https://www.soumu.go.jp/johotsusintokei/whitepaper/r06.html

れば、具体的な調査計画の設定や検索対象の選定のためにユーザーの指示内容を高度化したり最適化する機能性、生成したレポートを内部で繰り返しレビューしたうえで品質の高い資料として出力する能力などが必要になります。独自の知識を使って品質の高い資料を作成する場合に、高度なRAGの機能もその一部の工程で必要になるかもしれません。

　現在はまだ多くの場合、ハルシネーションに対する人間のチェックの必要性や、ユーザーとの記憶を管理する機能の貧弱性などをカバーするために、Copilot型AIとしてユーザーの指示を頼りにする割合が高いのが現実です。しかし、本当に人間の役に立つAIシステムを作るためには、このようなタスクひとつひとつにおいて人間の介入（Human-in-the-Loop）をできるかぎり少なくして、より多くのことを高度に自律的にAIだけでできるようになる必要があります。Copilot型AI自体もいずれこういったエージェントらしい機能性を獲得していくことでAIエージェントに近づいていくことが想定されます。

　LangChainではv0.1からLangGraphというワークフローを簡単に設計して実行できるライブラリがリリースされています。LangGraphを用いることで一連の処理をワークフローとして定義でき、ステートマシンの状態によって処理を制御したり、ループ処理などを簡単に実装することができるため、目標を達成するための多段で複雑な処理を自律的におこなうというエージェントらしい機能性の実装が可能になっています。

1.4　AIエージェントの知識地図

　ここまですべてのLLMアプリケーションはAIエージェントに近づくという話をしましたが、では具体的に何がAIエージェントで何は違うのか、AIエージェントが持つべき能力や機能性は何なのかというのが、まだあいまいだと思います。本書では前半でAIエージェントを作るために必要な技術としてOpenAIのチャットAPIやLangChainの基礎を学び、実際にドキュメントの検索と生成を組み合わせるシステムを構築し、その評価方法について学びます。そして後半ではAIエージェントの解説や実際のパターンごとの実装を試すことで、AIエージェントのデザインパターン、処理ごとのアーキテクチャの実例などを網羅的に学ぶことができます。

　これらの処理パターンや使われている機能を参考にすることで、すべてが完全に自律的でないにせよ、よりエージェントらしい実装を進めることが可能になります。

　また、将来的にAIエージェントが浸透した社会において、意思決定など重要なタスクを担わせる

ときに、何を意思決定のよりどころにするべきかなどの、さらに高度な研究が必要になってくるものと考えています。本書では8章の最後にOpenAI社の論文を参考に、今後のAIエージェントの課題についても触れています。

1.5 まとめ

　第1章では、活用され始めたLLMアプリケーションが、より幅広くたくさんの人間に活用されるために、より自律的に複雑なタスクを実行できる機能性を獲得してAIエージェントになっていく必要性について解説しました。また、あとの章で紹介する解説やハンズオンで、AIエージェントに関する知識地図が頭の中に形成できることについて説明しました。

　それでは実際に第2章以降でAIエージェントを作るための技術をさっそく習得していきましょう。

第2章

OpenAIのチャットAPIの基礎

この章では、OpenAIのチャットAPIの基本的な使い方を解説します。OpenAIのチャットモデルの概要から始めて、APIを使ううえで押さえておきたいトークン数や料金、JSONモードやFunction callingといった機能も解説します。この章を読むことで、OpenAIのチャットAPIの基礎知識を一通り押さえることができます。

この章の後半は、Google Colabを使って実際にコードを実行しながら読み進めることができます。ぜひ手元でも動かしてみてください。

なお、本書の第2章から第4章については、『ChatGPT/LangChainによるチャットシステム構築[実践]入門』(技術評論社)の第2章から第5章をベースに、最新情報を踏まえて大きくアップデートした内容となっています。

大嶋勇樹

第2章 OpenAIのチャットAPIの基礎

2.1 OpenAIのチャットモデル

この章では、OpenAIのチャットAPIの基本的な使い方を解説します。まずはOpenAIのチャットモデルの概要から説明します。

 ChatGPTにおける「モデル」

本書執筆時点（2024年8月）で、ChatGPTの有料プラン「ChatGPT Plus」に入ると、GPT-4o（複雑なタスクに最適）、GPT-4o mini（日常の作業を高速化）、GPT-4（レガシーモデル）という3種類の「モデル」が選択できます。無料プランではGPT-4o miniというモデルが使われます。

図2.1 ChatGPT

これらのモデルはChatGPTのUIから使うこともできれば、APIから使うこともできます。アプリケーションに組み込んで利用する際は、ChatGPTのUIではなく、APIを使うことになります。本書ではGPT-4oとGPT-4o miniを使用します。GPT-4については後ほどコラムで補足します。

2.1　OpenAIのチャットモデル

 OpenAIのAPIで使えるチャットモデル

GPT-4oやGPT-4o-miniという名称は、実際にはモデルの集まり（モデルファミリー）を指します。実際にAPIを使うときは、gpt-4oやgpt-4o-miniといった名前でモデルを指定します。

表2.1　OpenAIのチャットモデル[注1]

モデルファミリー	モデル	最大入力トークン数	最大出力トークン数
GPT-4o	gpt-4o (gpt-4o-2024-05-13)	128,000 (120K)	4,096 (4K)
	gpt-4o-2024-08-06	128,000 (120K)	16,384 (16K)
GPT-4o mini	gpt-4o-mini (gpt-4o-mini-2024-07-18)	128,000 (120K)	16,384 (16K)

GPT-4oは、OpenAI社が提供する最も高度なモデルであり、幅広いタスクで優れたパフォーマンスを発揮します。一方で、よりシンプルなタスクにはGPT-4o miniを使用することで、高速かつ安価に応答を得ることができます。

GPT-4oの「o」は「omni」の略であり、テキストの入出力に限らず、画像・動画・音声といったマルチモーダルな入出力を含むことを指しています。ただし、本書の執筆時点では、GPT-4oはテキストの入出力と画像の入力の機能のみが公開されています。

表2.1に記載したように、モデルによって、最大入力トークン数（入力のテキストの最大の長さ）と最大出力トークン数（出力のテキストの最大の長さ）が異なります。トークン数については後ほど説明します。まずは単語数や文字数に近い数値だと思っておいてください。

料金の詳細は後述しますが、モデルごとに異なる料金が設定されています。

 モデルのスナップショット

gpt-4oやgpt-4o-miniといったモデルは、公開された時点のまま変化がないわけではなく、継続的にアップグレードされています。モデルの特定のバージョンは、gpt-4o-2024-05-13やgpt-4o-2024-08-06といった、日付を含むスナップショットとして提供されています。

API使用時にgpt-4oのように指定した場合、執筆時点ではgpt-4o-2024-05-13を指定するのと同じモデルを指します。2024年8月にはgpt-4oの新しいスナップショットとしてgpt-4o-2024-08-06がリリースされました。リリース後しばらくすると、gpt-4oはgpt-4o-2024-08-06を指すようになる予定です[注2]。

注1　2024年9月にはo1-preview（o1-preview-2024-09-12）とo1-mini（o1-mini-2024-09-12）というモデルもリリースされました。リリース直後の時点でこれらのモデルのAPIは機能と利用者が限定されており、本書では使用しません。
注2　2024年10月2日に、gpt-4oはgpt-4o-2024-08-06を指すようになりました。

第 2 章　OpenAIのチャットAPIの基礎

# OpenAIのチャットAPIの基本

OpenAIのテキスト生成APIには「Completions API」と「Chat Completions API」の2つがあります。Completions APIはすでにLegacyとされており、通常はChat Completions APIを使用します。本書ではCompletions APIは後ほどコラムで少しふれる程度にとどめ、Chat Completions APIを中心に解説します。

Chat Completions API

Chat Completions APIの詳細な使い方は後ほど解説しますが、ここで概要を説明します。非常に簡単に言えば、ChatGPTのUIを使うときと同じように、「入力のテキストを与えて応答のテキストを得る」という使い方になります。

たとえば、Chat Completions APIへのリクエストの例は次のようになります[注3]。

```
{
  "model": "gpt-4o-mini",
  "messages": [
    {"role": "system", "content": "You are a helpful assistant."},
    {"role": "user", "content": "こんにちは！私はジョンと言います！"}
  ]
}
```

Chat Completions APIでは、messagesという配列の各要素にロールごとのコンテンツを入れる形式となっています。たとえば上記の例の場合、「"role": "system"」としてLLMの動作についての指示を与えて、さらに「"role": "user"」として対話のための入力メッセージを与えています。

また、「"role": "assistant"」も使用して、次のようにuserとassistant（LLM）の会話履歴を含めたリクエストを送ることもよくあります。

```
{
  "model": "gpt-4o-mini",
  "messages": [
    {"role": "system", "content": "You are a helpful assistant."},
    {"role": "user", "content": "こんにちは！私はジョンと言います！"},
```

注3　本書では読者の方が読み進めやすいよう、基本的に日本語でプロンプトを記述しています。ただし、「You are a helpful assistant.」については、OpenAIの公式ドキュメントなどでもよく使われる表現であるため、英語のままの記述としています。

```
    {"role": "assistant", "content": "こんにちは、ジョンさん！お会いできて嬉しいです。今日はどんな
ことをお話ししましょうか？"},
    {"role": "user", "content": "私の名前がわかりますか？"}
  ]
}
```

　実はChat Completions API自体はステートレスであり、ブラウザ上で使えるChatGPTと違い、
過去のリクエストの会話履歴を踏まえて応答する機能は持っていません。会話履歴を踏まえて応答
してほしい場合は、このように過去のやりとりをすべてリクエストに含める必要があるのです。
　上記のリクエストに対して、たとえば次のようなレスポンスを得られます。

```
{
  "id": "chatcmpl-A54pySfmjXHTkqrsM1t5tGm1VADBw",
  "choices": [
    {
      "finish_reason": "stop",
      "index": 0,
      "logprobs": null,
      "message": {
        "content": "はい、あなたの名前はジョンさんです。何か特別なことについてお話ししたいことがありま
すか？",
        "refusal": null,
        "role": "assistant"
      }
    }
  ],
  "created": 1725773598,
  "model": "gpt-4o-mini-2024-07-18",
  "object": "chat.completion",
  "system_fingerprint": "fp_483d39d857",
  "usage": {
    "completion_tokens": 27,
    "prompt_tokens": 69,
    "total_tokens": 96
  }
}
```

　このレスポンスの例では、choicesという配列の要素のmessageのcontentである「はい、あな
たの名前はジョンさんです。何か特別なことについてお話ししたいことがありますか？」が、LLM
が生成したテキストになります。レスポンスの最後のあたりのusageの箇所には、completion_
tokensつまり出力のトークン数、prompt_tokensつまり入力のトークン数、total_tokensつまり合
計のトークン数が含まれています。この入力と出力のトークン数によって料金が発生します。

Chat Completions APIの料金

本書執筆時点（2024年8月）では、Chat Completions APIの料金は表2.2のようになっています。

表2.2　Chat Completions APIの料金

モデルファミリー	モデル	最大入力トークン数	最大出力トークン数	料金（$/1M tokens）[注4]
GPT-4o	gpt-4o (gpt-4o-2024-05-13)	128,000 (120K)	4,096 (4K)	Input : 5 Output : 15
	gpt-4o-2024-08-06	128,000 (120K)	16,384 (16K)	Input : 2.5 Output : 10
GPT-4o mini	gpt-4o-mini (gpt-4o-mini-2024-07-18)	128,000 (120K)	16,384 (16K)	Input : 0.15 Output : 0.6

　GPT-4o mini（gpt-4o-mini-2024-07-18）は、入力1Mトークンあたり0.15ドル、出力1Mトークンあたり0.6ドルとなっています。最新のGPT-4o（gpt-4o-2024-08-06）は入力1Mトークンあたり2.5ドル、出力1Mトークンあたり10ドルとなっています。これらのモデルの間では、15倍以上料金が異なるということになります。

発生した料金の確認

　実際に発生した料金については、OpenAIのWebサイトにログインして「Dashboard」の「Usage」の画面（https://platform.openai.com/usage）にアクセスすることで確認できます。

注4　この表に掲載している料金は、Chat Completions APIを使った場合のテキストの入出力のみを対象としています。GPT-4oやGPT-4o miniの画像の入力に対しては、画像のサイズに応じた追加の料金が発生します。また、Chat Completions APIではなくBatch APIを使用した場合、料金は半額になります。詳細はOpenAI公式の料金ページ（https://openai.com/api/pricing/）を参照してください。

2.2 OpenAIのチャットAPIの基本

図2.2　Usage

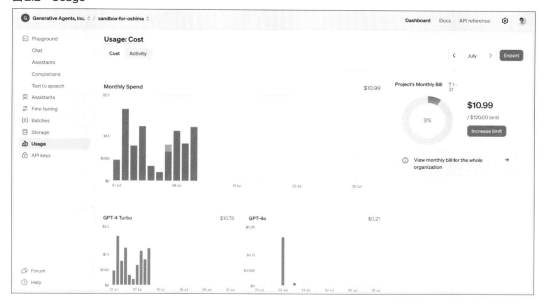

また、「Settings」の「Limits」の画面から、それ以降のリクエストが拒否されるハードリミットと、通知メールが送信されるソフトリミットを設定可能となっています。必要に応じて設定してください。

図2.3　Limits

第 2 章　OpenAI のチャット API の基礎

COLUMN

GPT-4 と GPT-4 Turbo

2023年3月にGPT-4がリリースされた際は、あまりに高性能なことで多くの方に衝撃を与えました。その後、2023年11月にGPT-4 Turboがリリースされ、GPT-4に比べて高速かつ入力トークンあたり1/3・出力トークンあたり1/2の料金で利用可能になりました。2024年5月にリリースされたGPT-4o (gpt-4o-2024-05-13) はGPT-4 Turboに比べて入出力ともに1/2、同年8月にリリースされたGPT-4o (gpt-4o-2024-08-06) は入力が1/2、出力が2/3の料金となっています。

つまり、当初のGPT-4と最新のGPT-4o (gpt-4o-2024-08-06) で比較すれば、最新のGPT-4oは入力は1/12、出力は1/6の料金で利用可能になっています。加えて、GPT-4oでは日本語のトークン数が少なくなったこともあり、日本語を利用するケースではさらに料金が安くなったということになります。このように、本書執筆時点では非常に高性能なモデルが以前よりも低いコストで利用可能になっています。

GPT-4とGPT-4 Turboについては、本書執筆時点でOpenAI公式のPricingページ[5]でOlder Modelsとされています。料金面での優位性もあるため、GPT-4・GPT-4 Turbo・GPT-4oの中で、現在はGPT-4oが第一の選択肢となります。ただし、GPT-4やGPT-4 Turboと比べてGPT-4oの性能が常に優れていると保証されているわけではありません。ユースケースやプロンプトによっては、GPT-4やGPT-4 Turboのほうが性能が高い場合もあります。

COLUMN

Batch API

GPT-4oやGPT-4o miniを使うために、Chat Completions API以外にBatch APIを使うこともできます。Batch APIはChat Completions APIと異なり、非同期でGPT-4oやGPT-4o miniによる出力が生成されます。Batch APIは即座に応答を得ることができない代わりに、Chat Completions APIの半分の料金で利用することができます。

Batch APIの詳細は公式ドキュメントの次のページを参照してください。

▌参照：Batch API

https://platform.openai.com/docs/guides/batch

注5　https://openai.com/api/pricing/

2.3 入出力の長さの制限や料金に影響する「トークン」

トークン

　GPT-4oやGPT-4o miniといったモデルは、テキストを「トークン」という単位に分割して扱います。トークンは必ずしも単語と一致するわけではありません。後述するtiktokenで確認すると、GPT-4oでは「ChatGPT」というテキストが「Chat」「GPT」という2つのトークンに分割されます。OpenAIの公式ドキュメントではおおまかな目安として、英語のテキストの場合、1トークンは4文字から0.75単語程度とされています[注6]。

Tokenizerとtiktokenの紹介

　Chat Completions APIのレスポンスを見ると、入力と出力のトークン数が実際にいくつだったのか確認できます。しかし、Chat Completions APIを呼び出すことなくトークン数を把握したいことも多いです。そんなときに使えるのが、OpenAIのTokenizerとtiktokenです。
　OpenAIがWebサイトで提供しているTokenizer (https://platform.openai.com/tokenizer) を使うと、入力したテキストがトークンとしてどのように分割され、トークン数はいくつなのかを確認できます。ただし、本書執筆時点でこのTokenizerが対応しているのはGPT-4などのレガシーなモデルのみであり、GPT-4oやGPT-4o miniの場合のトークン数を確認することはできません。

注6　「Tokens」(https://platform.openai.com/docs/concepts/tokens)

第2章 OpenAIのチャットAPIの基礎

図2.4 Tokenizer

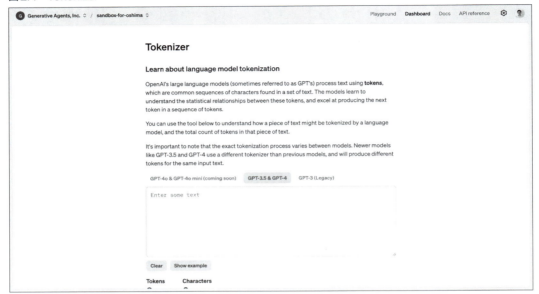

OpenAIが公開しているPythonパッケージのtiktoken (https://github.com/openai/tiktoken) を使用すると、Pythonのプログラムでトークン数を確認することができます。先に紹介したTokenizerと異なり、tiktokenではGPT-4oやGPT-4o miniの場合のトークン数も確認できます。tiktokenのパッケージをインストールして、次のようなコードを書くことで、トークン数を確認できます。

```
import tiktoken

text = "LLMを使ってクールなものを作るのは簡単だが、プロダクションで使えるものを作るのは非常に難しい。"

encoding = tiktoken.encoding_for_model("gpt-4o")
tokens = encoding.encode(text)
print(len(tokens))
```

textの内容はhttps://huyenchip.com/2023/04/11/llm-engineering.htmlから引用して翻訳

この例では、トークン数は「37」と表示されます。

日本語のトークン数について

先述したとおり、英語のテキストの場合、経験則として1トークンは4文字から0.75単語程度とされています。言い換えると、単語1つにつき1〜数トークン程度ということになります。一方で、日本語の場合は同じ内容のテキストでもトークン数が多くなりやすいと言われています。たとえば、「LLMを使ってクールなものを作るのは簡単だが、プロダクションで使えるものを作るのは非常に難しい。」というテキストのGPT-4におけるトークン数を日本語と英語で比較すると、表2.3のようになります。

表2.3 日本語と英語のトークン数の比較（GPT-4）

テキスト	トークン数
LLMを使ってクールなものを作るのは簡単だが、プロダクションで使えるものを作るのは非常に難しい。	49
It's easy to make something cool with LLMs, but very hard to make something production-ready with them.	23

この例では日本語のテキストは48文字で49トークンであり、1文字につき1トークン程度となっています。このように日本語では英語よりもトークン数が多くなりやすいです。そのため、トークン数を削減する目的では、日本語よりも英語を使うのが望ましいと言われています。

GPT-4oでは、それ以前のモデルと比較して日本語でもトークン数が少なくなるよう改善されました。GPT-4oで前の例と同じ日本語と英語のテキストのトークン数は、表2.4のようになります。

表2.4 日本語と英語のトークン数の比較（GPT-4o）

テキスト	トークン数
LLMを使ってクールなものを作るのは簡単だが、プロダクションで使えるものを作るのは非常に難しい。	37
It's easy to make something cool with LLMs, but very hard to make something production-ready with them.	23

GPT-4では49トークンだった日本語のテキストが、GPT-4oでは37トークンとなっています。

2.4 Chat Completions APIを試す環境の準備

Chat Completions APIの概要や料金について理解したところで、ここから、実際にChat Completions APIを試していきます。まずはAPIを試すための環境を準備します。

Google Colabとは

　Google Colab（正式名称：Google Colaboratory）は、ブラウザ上でPythonなどのコードを入力して、その場で実行できるサービスです。行の先頭に「!」を付けるとLinuxのシェルコマンドを実行することもできます。Google ColabはGoogleアカウントがあれば簡単に使い始めることができます。そこで本書のハンズオンでは、Google Colabを使ってコードを書いていきます。

Google Colabのノートブック作成

　Google Driveの適当なフォルダで、右クリックして、「その他」から「Google Colaboratory」を選択してください。もしも「その他」に見つからない場合、「アプリを追加」から「Google Colaboratory」を検索して追加してください。

図2.5　Google DriveでGoogle Colaboratoryを選択

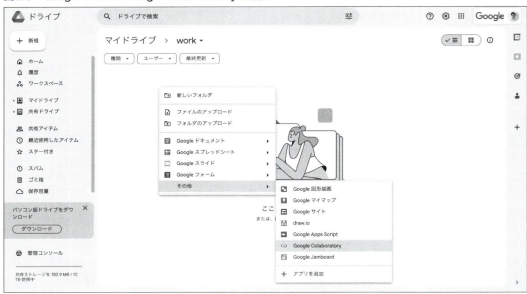

　すると、図2.6の画面が開きます。

2.4　Chat Completions APIを試す環境の準備

図2.6　Google Colab

こちらがGoogle Colabです。ここにPythonのコードを書いて実行できます。書いた内容は、Google Driveに保存されます。

まずはPythonのコードが動くことを確認するため、「Hello World」を実行しましょう。

```
print("Hello World")
```

コードを書いたら、実行したいコードにカーソルがある状態でShift＋Enterを入力するか、コードのエリアの左側に表示されている ▶ をクリックして実行します。しばらくするとランタイムが起動し、「Hello World」と表示されます。

図2.7 PythonのHello World

このように、Google Colabを使うと、Pythonでちょっとしたコードを書く環境を非常に簡単に用意できます。

OpenAIのAPIを使用するための登録

Chat Completions APIを使うためには、OpenAIのWebサイトから登録してOpenAIのAPIキーを取得する必要があります。

まずはOpenAIのWebサイト (https://openai.com/) にアクセスし、画面上部の「Products」の「API login」からアカウントを作成するかログインしてください。

図2.8　OpenAIのWebサイト

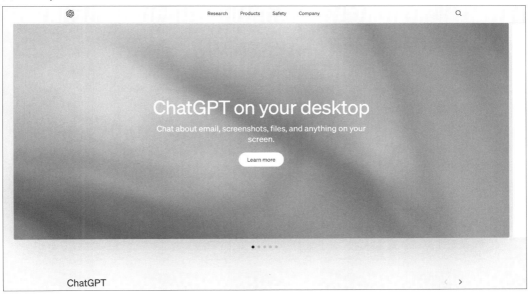

ログインすると、サービスを選択する画面になります。この画面で「API」を選択してください。

図2.9　OpenAIのログイン後の画面

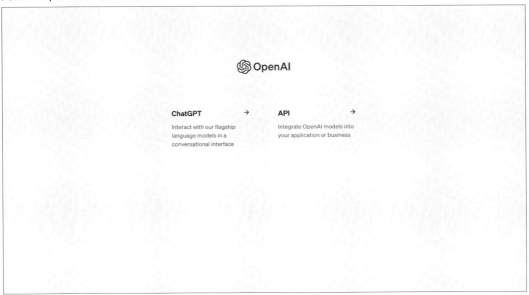

第 2 章　OpenAIのチャットAPIの基礎

すると、開発者向けのプラットフォームに遷移します。

図2.10　OpenAIの開発者向けの画面

画面右上の ⚙ をクリックして「Settings」画面に遷移して、「Billing」を開きましょう。

図2.11　Billing

本書執筆時点では、OpenAIのAPIは前払いでクレジットを購入する方式となっています。クレジットカードを登録してクレジットを購入してください。本書の内容を進める目的でクレジットを購入する場合、10ドル程度のクレジットで十分な可能性が高いです。

OpenAIのAPIキーの準備

クレジットを購入したら、APIキーを作成します。画面右上の「Dashboard」をクリックして、左のメニューから「API keys」を選択すると、APIキーの一覧画面に遷移します。

図2.12 API Keys

この画面で「Create new secret key」をクリックすることで、OpenAIのAPIキーを作成することができます。

図2.13 Create new secret key

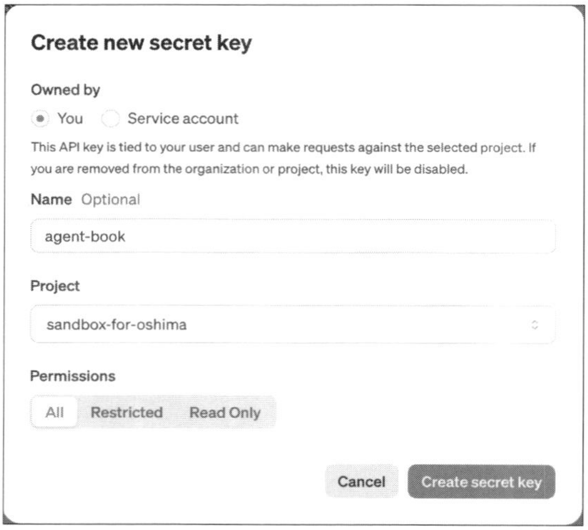

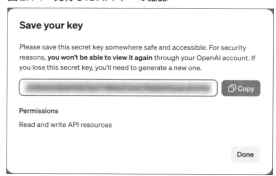

適当な名前を付けてAPIキーを作成してください。ここでは「agent-book」としました。

図2.14 発行したAPIキーの確認

こちらのAPIキーの取り扱いには十分注意してください。APIキーが作成されたらコピーして、Google Colabを開きましょう。

Google Colabの画面左の をクリックすると、「シークレット」を保存することができます。「OPENAI_API_KEY」という名前で、先ほどコピーしたAPIキーを保存してください。

図2.15 APIキーの保存

OpenAIのライブラリや、第4章から解説するLangChainは、OpenAIのAPIキーとして、OPENAI_API_KEYという名前の環境変数を使うようになっています。そこで、Google Colabのシークレットに保存したAPIキーをOPENAI_API_KEYという名前の環境変数に設定するコードを記述します。

```
import os
from google.colab import userdata

os.environ["OPENAI_API_KEY"] = userdata.get("OPENAI_API_KEY")
```

このコードを実行すれば、APIキーの準備は完了です。

 **Chat Completions APIのハンズオン**

 OpenAIのライブラリ

　Chat Completions APIを使うためには、多くの場合、OpenAIのライブラリを使用することになります。OpenAI公式からPythonとTypeScript/JavaScript、.NETのライブラリが提供されており、その他にもコミュニティからさまざまな言語のライブラリが提供されています。この章では、OpenAI公式のPythonライブラリ[注7]を使用します。

　Google Colabで次のコマンドを実行することで、OpenAIのライブラリをインストールできます。

```
!pip install openai==1.40.6
```

 Chat Completions APIの呼び出し

　まずは非常にシンプルな例で、gpt-4o-miniから応答を得てみます。Google Colabに次のコードを記述してください。

```python
from openai import OpenAI

client = OpenAI()

response = client.chat.completions.create(
    model="gpt-4o-mini",
    messages=[
        {"role": "system", "content": "You are a helpful assistant."},
        {"role": "user", "content": "こんにちは！私はジョンと言います！"},
    ],
)
print(response.to_json(indent=2))
```

　OpenAIのライブラリは、環境変数OPENAI_API_KEYから取り出したAPIキーを使用してリクエストを送ります。リクエストには、最低限modelとmessagesを含めることになります。modelには、gpt-4oやgpt-4o-miniといったモデルの名前を指定します。messagesというリストの各要素には、

注7　「Python library」(https://platform.openai.com/docs/libraries)

ロールごとのコンテンツ（テキスト）を入れます。たとえば上記の例の場合、「"role": "system"」として LLM の動作についての指示を与えて、そのうえで「"role": "user"」として対話のための入力テキストを与えています。

上記のコードを実行すると、次のようなレスポンスが得られます（レスポンスの内容は実行するたびに異なる場合があります）。

```
{
  "id": "chatcmpl-A54mz3JczypjaTrjpggxRtGCaDmVT",
  "choices": [
    {
      "finish_reason": "stop",
      "index": 0,
      "logprobs": null,
      "message": {
        "content": "こんにちは、ジョンさん！お会いできて嬉しいです。今日はどんなことをお話ししましょうか?",
        "refusal": null,
        "role": "assistant"
      }
    }
  ],
  "created": 1725773413,
  "model": "gpt-4o-mini-2024-07-18",
  "object": "chat.completion",
  "system_fingerprint": "fp_483d39d857",
  "usage": {
    "completion_tokens": 27,
    "prompt_tokens": 25,
    "total_tokens": 52
  }
}
```

レスポンスのうち、choices という配列の要素の、message の content を参照すると、LLM が生成したテキスト「こんにちは、ジョンさん！お会いできて嬉しいです。今日はどんなことをお話ししましょうか?」が含まれています。このように、モデルを指定して入力のテキストに対して応答のテキストを得るという点では、ChatGPT と同じです。

会話履歴を踏まえた応答を得る

前述のように Chat Completions API はステートレスであり、過去のリクエストの会話履歴を踏まえて応答する機能は持っていません。会話履歴を踏まえて応答してほしい場合は、過去のやりとりをリクエストに含める必要があります。人間の入力を「"role": "user"」、AI の入力を「"role":

第 2 章　OpenAI のチャット API の基礎

"assistant"」として、たとえば次のようなリクエストを送ります。

```
response = client.chat.completions.create(
    model="gpt-4o-mini",
    messages=[
        {"role": "system", "content": "You are a helpful assistant."},
        {"role": "user", "content": "こんにちは！私はジョンと言います！"},
        {"role": "assistant", "content": "こんにちは、ジョンさん！お会いできて嬉しいです。今日
はどんなことをお話ししましょうか？"},
        {"role": "user", "content": "私の名前がわかりますか？"},
    ],
)
print(response.to_json(indent=2))
```

「こんにちは！私はジョンと言います！」と自己紹介したあと、あらためて「私の名前がわかりますか？」
と聞くという流れです。この内容で実行してみます。

```
{
  "id": "chatcmpl-A54pySfmjXHTkqrsM1t5tGm1VADBw",
  "choices": [
    {
      "finish_reason": "stop",
      "index": 0,
      "logprobs": null,
      "message": {
        "content": "はい、あなたの名前はジョンさんです。何か特別なことについてお話ししたいことがありま
すか？",
        "refusal": null,
        "role": "assistant"
      }
    }
  ],
  "created": 1725773598,
  "model": "gpt-4o-mini-2024-07-18",
  "object": "chat.completion",
  "system_fingerprint": "fp_483d39d857",
  "usage": {
    "completion_tokens": 27,
    "prompt_tokens": 69,
    "total_tokens": 96
  }
}
```

すると、応答のテキストは「はい、あなたの名前はジョンさんです。何か特別なことについてお話
ししたいことがありますか？」となっており、会話履歴を踏まえて回答してくれました。

ストリーミングで応答を得る

　ChatGPTでは、GPT-4oやGPT-4o miniの応答が徐々に表示されます。同じように、Chat Completions APIでもストリーミングで応答を得ることができます。ストリーミングで応答を得る際は、リクエストにstream= Trueというパラメータを追加します。サンプルコードは次のようになります。

```
response = client.chat.completions.create(
    model="gpt-4o-mini",
    messages=[
        {"role": "system", "content": "You are a helpful assistant."},
        {"role": "user", "content": "こんにちは！私はジョンと言います！"},
    ],
    stream=True,
)

for chunk in response:
    content = chunk.choices[0].delta.content
    if content is not None:
        print(content, end="", flush=True)
```

　このコードを実行すると、次の内容が少しずつ表示されます。

> こんにちは、ジョンさん！お会いできて嬉しいです。今日はどんなことをお話ししましょうか？

基本的なパラメータ

　ここで、Chat Completions APIでmodel、messages、stream以外に指定できるパラメータをいくつか紹介します。

表2.5　Chat Completions APIのパラメータの一部

パラメータ名	概要	デフォルト値
temperature	0〜2の間の値で、大きいほど出力がランダムになり、小さいほど決定的になる	1
n	生成されるテキストの候補の数（レスポンスのchoicesの要素の数）	1
stop	登場した時点で生成を停止する文字列（またはその配列）	null
max_tokens	生成する最大トークン数[注8]	null
logprobs	出力トークンのログ確率を返すかどうか	false

注8　max_tokensに加えて、モデルの最大出力トークン数による制限もあります。

Chat Completions APIには他にもパラメータが存在します。詳しくは公式のAPIリファレンス（https://platform.openai.com/docs/api-reference/chat/create）を参照してください。

JSONモード

LLMをアプリケーションに組み込んで使う場合、JSON形式の出力をさせたいことはよくあります。Chat Completions APIの「JSONモード」を使うと、確実にJSON形式の文字列が出力されるようになります。

JSONモードを使うためには、プロンプトに「JSON」という文字列を含め、response_formatパラメータで{"type": "json_object"}という値を指定します。実装例は次のようになります。

```python
from openai import OpenAI

client = OpenAI()

response = client.chat.completions.create(
    model="gpt-4o-mini",
    messages=[
        {
            "role": "system",
            "content": '人物一覧を次のJSON形式で出力してください。\n{"people": ["aaa", "bbb"]}',
        },
        {
            "role": "user",
            "content": "昔々あるところにおじいさんとおばあさんがいました",
        },
    ],
    response_format={"type": "json_object"},
)
print(response.choices[0].message.content)
```

このコードを実行すると、次のようにJSON形式の応答を得られます。

```
{"people": ["おじいさん", "おばあさん"]}
```

Vision（画像入力）

　GPT-4oやGPT-4o miniは、画像の入力にも対応しています。Chat Completions APIへのリクエストに、画像のURLか、Base64でエンコードされた画像を含めることで、画像の内容を踏まえた応答を得ることができます。GPT-4oに画像のURLを与える例は次のようになります。

```
from openai import OpenAI

client = OpenAI()

image_url = "https://raw.githubusercontent.com/yoshidashingo/langchain-book/main/assets/cover.jpg"

response = client.chat.completions.create(
    model="gpt-4o-mini",
    messages=[
        {
            "role": "user",
            "content": [
                {"type": "text", "text": "画像を説明してください。"},
                {"type": "image_url", "image_url": {"url": image_url}},
            ],
        }
    ],
)

print(response.choices[0].message.content)
```

　このコードを実行すると次のように表示されます。

> 画像は書籍の表紙で、タイトルは「ChatGPT/LangChainによるチャットシステム構築【実践】入門」となっています。……<略>

　画像の入力については、画像のサイズとリクエストのdetailというパラメータの設定に基づく料金が発生します。本書では画像の入力はほとんど使わないため詳細は割愛しますが、必要に応じて次の公式ドキュメントを参照してください。

> **参照：Vision**
> https://platform.openai.com/docs/guides/vision

> **参照：Pricing**
> https://openai.com/api/pricing/

第 2 章　OpenAIのチャットAPIの基礎

COLUMN

Completions API

　Chat Completions APIがリリースされる以前のモデルでは、「Completions API」が使われていました。Completions APIは執筆時点ですでにLegacyとなっていますが、ここで概要のみ紹介します。Completions APIに対応したモデルであるgpt-3.5-turbo-instructを使用する例は次のようになります。

```python
from openai import OpenAI

client = OpenAI()

response = client.completions.create(
    model="gpt-3.5-turbo-instruct",
    prompt="こんにちは！私はジョンと言います！",
)
print(response.to_json(indent=2))
```

このコードを実行すると、次のような応答が得られます。

```json
{
  "id": "cmpl-9icUvhGn879H7gv8d5nSEsuOJxsJB",
  "choices": [
    {
      "finish_reason": "length",
      "index": 0,
      "logprobs": null,
      "text": "\nこんにちは！私は人工ではなく、人間のジョ"
    }
  ],
  "created": 1720421445,
  "model": "gpt-3.5-turbo-instruct",
  "object": "text_completion",
  "usage": {
    "completion_tokens": 16,
    "prompt_tokens": 11,
    "total_tokens": 27
  }
}
```

　Chat Completions APIと異なり、Completions APIでは入力は1つのプロンプトだけです。
　Completions APIもステートレスであり、過去のリクエストの会話履歴を踏まえて応答する機能はありません。そのため、もしも会話履歴を踏まえた応答を得たい場合は、次のように1つのプロンプトに会話履歴を含めることになります。

```
Human：こんにちは！私はジョンと言います！
AI：こんにちは、ジョンさん！どのようにお手伝いしましょうか？
Human：私の名前がわかりますか？
AI：
```

　Completions API自体は今後使わないかもしれませんが、OpenAI以外のLLMではこのように入力が1つのプロンプトだけということもあります。その場合、上記のように1つの入力プロンプトに会話履歴を含めるといった工夫をすることになります。

2.6　Function calling

 Function callingの概要

　Function callingは、2023年6月にChat Completions APIに追加された機能です。簡単に言えば、利用可能な関数をLLMに伝えておいて、LLMに「関数を使いたい」という判断をさせる機能です（LLMが関数を実行するわけではなく、LLMは「関数を使いたい」という応答を返してくるだけです）。

　LLMをアプリケーションに組み込んで活用するうえでは、LLMにJSONなどの形式で出力させて、その内容をもとにプログラム中の関数を実行するような処理を実装したいことは多いです。そのようなケースでLLMがうまく応答するように、APIの実装とモデルのファインチューニングをほどこしたのがFunction callingです。

> **Tool calling・Tool use**
>
> 　Function callingと同様の機能は、LangChainではTool callingと呼ばれ、AnthropicのAPIではTool useと呼ばれます。

　Function callingを使い、関数の実行をはさんだLLMとのやりとりを図にすると、図2.16のようになります。

図2.16　Function callingの流れ

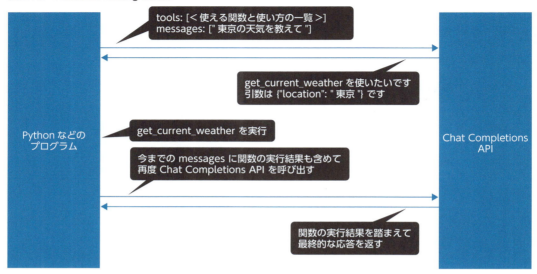

　処理の流れとしては、まず、利用可能な関数の一覧とともに、質問などのテキストを送信します。それに対しLLMが「関数を使いたい」という応答をしてきたら、Pythonなどのプログラムで該当の関数を実行します。その実行結果を含めたリクエストを再度LLMに送ると、最終的な回答が得られます。

　押さえておきたいのは、LLMはどんな関数をどう使いたいか返してくれるだけで、関数の実行はPythonなどを使ってChat Completions APIの利用者側で実行する必要がある、という点です。

Function callingのサンプルコード

　Function callingについては、OpenAIの公式ドキュメント（https://platform.openai.com/docs/guides/function-calling）にサンプルコードがあります。ここではOpenAIの公式ドキュメントのサンプルコードをもとに、一部改変したコードを少しずつ実行していくことにします。

　まず、get_current_weatherという地域を指定して天気を得られるPythonの関数を定義します[注9]。

注9　実際にこのような関数を実装する場合、APIにアクセスして現在の天気の情報を取得するような実装になるはずです。しかしここではサンプルとして、関数の中に書かれた天気や気温の値を返しています。

2.6 Function calling

```python
import json

def get_current_weather(location, unit="fahrenheit"):
    if "tokyo" in location.lower():
        return json.dumps({"location": "Tokyo", "temperature": "10", "unit": unit})
    elif "san francisco" in location.lower():
        return json.dumps({"location": "San Francisco", "temperature": "72", "unit":
unit})
    elif "paris" in location.lower():
        return json.dumps({"location": "Paris", "temperature": "22", "unit": unit})
    else:
        return json.dumps({"location": location, "temperature": "unknown"})
```

続いて、LLMが使用できる関数の一覧を定義します。たとえば、get_current_weatherという名前の関数について、説明やパラメータを定義します。

```python
tools = [
    {
        "type": "function",
        "function": {
            "name": "get_current_weather",
            "description": "Get the current weather in a given location",
            "parameters": {
                "type": "object",
                "properties": {
                    "location": {
                        "type": "string",
                        "description": "The city and state, e.g. San Francisco, CA",
                    },
                    "unit": {"type": "string", "enum": ["celsius", "fahrenheit"]},
                },
                "required": ["location"],
            },
        },
    }
]
```

続いて、「東京の天気はどうですか？」という質問でChat Completions APIを呼び出します。その際、使える関数の一覧をtoolsという引数で渡します。

```python
from openai import OpenAI

client = OpenAI()

messages = [
    {"role": "user", "content": "東京の天気はどうですか？"},
]
```

```
response = client.chat.completions.create(
    model="gpt-4o",
    messages=messages,
    tools=tools,
)
print(response.to_json(indent=2))
```

 MEMO

functionsパラメータの非推奨化

　Function calling機能のリリース当初は、「tools」ではなく「functions」というパラメータが使われていました。本書執筆時点では「functions」パラメータは非推奨となっており、代わりに「tools」パラメータを使うことになっています。

このリクエストに対して、次のような応答が得られます。

```
{
  "id": "chatcmpl-9jj2vw14w0fYHr6CUAhfeoMW2ZlnI",
  "choices": [
    {
      "finish_reason": "tool_calls",
      "index": 0,
      "logprobs": null,
      "message": {
        "content": null,          ← 今までの実行例ではLLMが生成した
        "role": "assistant",         テキストはここに含まれていた
        "tool_calls": [
          {
            "id": "call_if3ni88ahchW2egXXtZXnXA7",
            "function": {
              "arguments": "{\"location\":\"Tokyo\"}",   ← 「get_current_weatherを、こんな引数で
              "name": "get_current_weather"                  実行したい」と書かれている
            },
            "type": "function"
          }
        ]
      }
    }
  ],
  "created": 1720684945,
  "model": "gpt-4o-2024-05-13",
  "object": "chat.completion",
  "system_fingerprint": "fp_298125635f",
  "usage": {
    "completion_tokens": 15,
    "prompt_tokens": 81,
```

```
    "total_tokens": 96
  }
}
```

　今までの実行例ではLLMが生成したテキストはchoicesの要素のmessageのcontentに含まれていましたが、その箇所がnullとなっています。その代わりに、tool_callsという要素があり、「get_current_weatherを、こんな引数で実行したい」という内容が書かれています。与えられた関数の一覧と入力のテキストから、LLMが「この質問に答えるためにはget_current_weatherを「{"location": "Tokyo"}」という引数で実行する必要がある」と判断したということです。

　この応答を得られたことを、会話履歴としてmessagesに追加しておきます。

```
response_message = response.choices[0].message
messages.append(response_message.to_dict())
```

　さて、LLMには、Pythonなどの関数を実行する能力はありません。そこで、LLMが使いたいと応答してきたget_current_weather関数は、こちらで実行してあげる必要があります。LLMが指定した引数を解析して、該当の関数を呼び出します。

```
available_functions = {
    "get_current_weather": get_current_weather,
}

# 使いたい関数は複数あるかもしれないのでループ
for tool_call in response_message.tool_calls:
    # 関数を実行
    function_name = tool_call.function.name
    function_to_call = available_functions[function_name]
    function_args = json.loads(tool_call.function.arguments)
    function_response = function_to_call(
        location=function_args.get("location"),
        unit=function_args.get("unit"),
    )

    # 関数の実行結果を会話履歴としてmessagesに追加
    messages.append(
        {
            "tool_call_id": tool_call.id,
            "role": "tool",
            "name": function_name,
            "content": function_response,
        }
    )
```

　このコードを実行すると、次の結果が得られます。

第 2 章　OpenAI のチャット API の基礎

```
{"location": "Tokyo", "temperature": "10", "unit": null}
```

　東京は気温が10度となっています。繰り返しになりますが、これは単にPythonで関数を実行し
ただけです。LLMは関数を実行することはできないため、LLMが使いたいと判断した関数を、LLM
の利用者側でPythonで実行してあげた、ということです。

　上記のコードでは、forループの最後の処理として、関数の実行結果を「"role": "tool"」として会話
履歴を保持するmessagesに追加しました。この時点のmessagesを表示してみます。

```
print(json.dumps(messages, ensure_ascii=False, indent=2))
```

　このコードを実行すると、messagesの値が次のように表示されます。

```
[
  {
    "role": "user",
    "content": "東京の天気はどうですか？"
  },
  {
    "content": null,
    "role": "assistant",
    "tool_calls": [
      {
        "id": "call_if3ni88ahchW2egXXtZXnXA7",
        "function": {
          "arguments": "{\"location\":\"Tokyo\"}",
          "name": "get_current_weather"
        },
        "type": "function"
      }
    ]
  },
  {
    "tool_call_id": "call_if3ni88ahchW2egXXtZXnXA7",
    "role": "tool",
    "name": "get_current_weather",
    "content": "{\"location\": \"Tokyo\", \"temperature\": \"10\", \"unit\": null}"
  }
]
```

　このmessagesを使って、もう一度Chat Completions APIにリクエストを送ります。

```
second_response = client.chat.completions.create(
    model="gpt-4o",
    messages=messages,
)
print(second_response.to_json(indent=2))
```

2.6 Function calling

すると、最終的な回答として、先ほどの関数の実行結果も踏まえて東京の天気を回答してくれます。

```
{
  "id": "chatcmpl-9jj2yLlOLH58g9s38EvgJO42CyefD",
  "choices": [
    {
      "finish_reason": "stop",
      "index": 0,
      "logprobs": null,
      "message": {
        "content": "東京の現在の気温は10度です。天気の詳細を知りたい場合は、具体的な情報を提供できる
天気予報サイトやアプリを参照してください。",
        "role": "assistant"
      }
    }
  ],
  "created": 1720684948,
  "model": "gpt-4o-2024-05-13",
  "object": "chat.completion",
  "system_fingerprint": "fp_dd932ca5d1",
  "usage": {
    "completion_tokens": 43,
    "prompt_tokens": 64,
    "total_tokens": 107
  }
}
```

このように、Function callingを使用すると、LLMが必要に応じて「関数を使いたい」と判断し、その引数まで考えてくれます。その内容を踏まえて、こちらで関数を実行して、実行結果を含めて再度LLMを呼び出せば、LLMが最終的な回答を返してくれるわけです。

パラメータ「tool_choice」

Function callingに関連して、Chat Completions APIのリクエストには「tool_choice」というパラメータもあります。tool_choiceというパラメータに"none"を指定すると、LLMは関数を呼び出すような応答をせず、通常のテキストを返してきます。tool_choiceを"auto"に設定すると、LLMは入力に応じて、指定した関数を使うべきと判断した場合は関数名と引数を返すようになります。パラメータ「tool_choice」のデフォルトの動作は、toolsを与えなかった場合は"none"、toolsを与えた場合は"auto"となっています。

また、パラメータ「tool_choice」には「{"type": "function", "function": {"name": "<関数名>"}}」という値を指定することができます。このように関数名を指定すると、LLMに指定した関数を呼び出すことを強制させることができます。

COLUMN

Function callingを応用したJSONの生成

　Function callingは、LLMに関数を実行したいと判断させる以外にも、単にJSON形式のデータを生成させるのに使うこともできます。LLMに関数を呼び出すつもりでJSON形式のデータを生成させて、実際にはその関数は呼び出さず、引数の値を別の用途に使う、ということです。

図2.17　Function callingの応用のイメージ

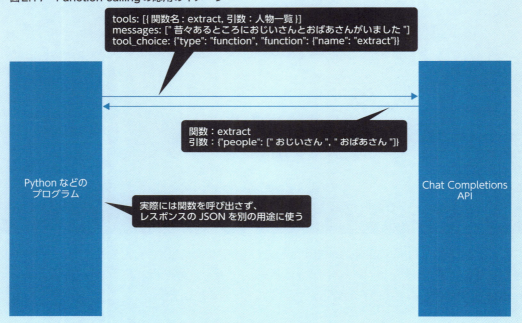

　Chat Completions APIでJSON形式のデータを安定的に出力させたい場合に、このようにFunction callingを応用することも多いです。なお、OpenAIの公式ドキュメントによれば、Function callingでモデルが関数の引数をJSON形式で出力する際は、自動的にJSONモードが有効になっています[注10]。

注10　https://platform.openai.com/docs/guides/text-generation/json-mode

COLUMN
Structured Outputs

単にFunction callingやJSONモードを使用しただけでは、出力がJSONとして有効であることが保証されるだけで、指定したスキーマと一致することは保証されません。

2024年8月にリリースされたStructured Outputs機能を使うと、指定したJSON Schemaでの出力を保証することができます。詳細はOpenAIの公式ブログ[注11]と公式ドキュメント[注12]を参照してください。

本書ではStructured Outputs機能はこのコラムでの紹介にとどめ、JSON形式のデータを出力させる際はFunction callingか単純なJSONモードを使用しています。

2.7 まとめ

この章では、OpenAIのチャットAPIの基本を解説しました。GPT-4oやGPT-4o miniをAPIで使用するには、次の形式のChat Completions APIを使用します。

```
{
  "model": "gpt-4o-mini",
  "messages": [
    {"role": "system", "content": "You are a helpful assistant."},
    {"role": "user", "content": "こんにちは！私はジョンと言います！"},
    {"role": "assistant", "content": "こんにちは、ジョンさん！お会いできて嬉しいです。今日はどんなことをお話ししましょうか？"},
    {"role": "user", "content": "私の名前がわかりますか？"}
  ]
}
```

Chat Completions APIはステートレスであり、会話履歴を踏まえて応答してほしい場合は、会話履歴をすべてリクエストに含めることになります。

料金は主にモデルの種類と入出力のトークン数で決まります。実際に使われたトークン数はレスポンスに含まれており、OpenAIが公開しているTokenizerやtiktokenパッケージを使うことでも確認できます。

注11　https://openai.com/index/introducing-structured-outputs-in-the-api/
注12　https://platform.openai.com/docs/guides/structured-outputs/examples

第 2 章　OpenAI のチャット API の基礎

　Chat Completions API の Function calling 機能を使うと、LLM に関数を使いたいと判断させることができます。この機能は本書の第8章以降で解説する AI エージェントの実装などでよく使われます。

COLUMN

Assistants API

　GPT-4o や GPT-4o mini を使用できる API としては、Chat Completions API と Batch API 以外に、Assistants API（Beta）があります。

　Assistants API では、Chat Completions API の機能をベースとして、会話履歴の管理、ファイルの検索、Code Interpreter といった機能が提供されています。GPT-4o や GPT-4o mini を単純な会話履歴の管理やファイルの検索と組み合わせて使いたいときは、Assistants API が役立つ場合があります。

　ただし、Assistants API はまだ Beta 機能であり、提供される会話履歴の管理やファイルの検索のカスタマイズ性などの制約も大きいことから、利用には注意が必要です。

第 3 章

プロンプトエンジニアリング

この章では、LLMへの入力のプロンプトを工夫する「プロンプトエンジニアリング」の基礎知識を解説します。Chat Completions APIを使い、実際にプロンプトエンジニアリングの手法を試す様子も見ていきます。

本書の第4章以降を読み進めるには、プロンプトエンジニアリングの基本が前提知識となります。この章でしっかり知識を身につけていきましょう。

大嶋勇樹

第 3 章　プロンプトエンジニアリング

3.1　プロンプトエンジニアリングの必要性

　本書のテーマは、LLM アプリケーションの開発です。LLM アプリケーションの開発では、LLM に次のような動きを指定したくなることが多いです。

- LLM の出力をプログラムで扱いやすいよう、指定した JSON 形式で出力してほしい
- 自社の業務の専門家の知識を参考にしながら、ユーザーの質問に回答してほしい

　実際にやってみるとわかりますが、これが意外と難しいです。通常のプログラミングと違い、LLM はなかなかこちらの指示を守ってくれないことも多いです。プロンプトを自分なりに工夫しても、

- 低くない割合で指示を無視されてしまう
- 少しプロンプトを変えただけで指示を無視されてしまう

といったことはよくあります。

　どれだけ工夫したところで、LLM は 100% 指示に従ってくれるわけではありません。とはいえ、実用的な割合で指示に従ってもらえるようにする必要があります。そこで使えるテクニックが「プロンプトエンジニアリング」です。

　プロンプトエンジニアリングの知識を身につけることで、LLM から大きな可能性を引き出せるようになります。LLM アプリケーションを開発するなかで出力を安定させるためにも、プロンプトエンジニアリングの知識は重要です。

　本書の第 4 章からは、LLM アプリケーション開発のフレームワーク「LangChain」を使います。LangChain の機能の多くは、LLM に入力するプロンプトの組み立てにつながります。そのため、プロンプトエンジニアリングの基礎知識を身につけることで、LangChain も学びやすくなります。

COLUMN

プロンプトエンジニアリングとファインチューニング

　OpenAI の API では、GPT-4o や GPT-4o mini のファインチューニングの機能も提供されています。そこで、GPT-4o や GPT-4o mini の出力の調整として、プロンプトエンジニアリングを用いるべきか、ファインチューニングを用いるべきか議論されることがあります。

　従来、機械学習モデルを何らかの用途で使う際は、専用のモデルを0から作るか、既存のモデルに追加の学習をさせる「ファインチューニング」という手法を使うべきだと考えられていました。とくに、専用のモデルを0から作るよりも時間的、金銭的コストが低いことから、ファインチューニングが注目されていました。

　しかし LLM は、ファインチューニングせずとも、プロンプトの工夫 (プロンプトエンジニアリング) でさまざまな用途に活用できます。プロンプトエンジニアリングは、自然言語の文章さえ書ければ取り組めるためハードルが低いです。試行錯誤も高速に可能であり、ファインチューニングよりも取り組み始める金銭的コストも低いです。そのため、まずはプロンプトエンジニアリングから取り組むことが推奨されます。

　実際、OpenAI の公式ドキュメントにも、まずはプロンプトエンジニアリング、複雑なタスクを複数のプロンプトに分割すること、Function calling の活用から取り組み始めるべきであり、ファインチューニングへの時間と労力の投資には慎重であるべきだと書かれています。

参考：When to use fine-tuning

https://platform.openai.com/docs/guides/fine-tuning/when-to-use-fine-tuning

第 3 章 プロンプトエンジニアリング

3.2 プロンプトエンジニアリングとは

　ここまでプロンプトエンジニアリングという単語をなんとなく使ってきましたが、そもそもプロンプトエンジニアリングとは何でしょうか。

　Chat Completions APIを使って、GPT-4o miniに「プロンプトエンジニアリングとは」と聞いてみます。

```
from openai import OpenAI

client = OpenAI()

response = client.chat.completions.create(
    model="gpt-4o-mini",
    messages=[
        {"role": "user", "content": "プロンプトエンジニアリングとは"},
    ],
)
print(response.choices[0].message.content)
```

　すると、GPT-4oは、次のように回答してくれました。

> プロンプトエンジニアリングとは、AIモデル、特に自然言語処理（NLP）モデルに対する入力（プロンプト）を工夫して設計し、モデルの出力を最適化する技術やプロセスのことを指します。具体的には、AIに対してどのような質問や指示を行うか、どのような形式で情報を与えるかを考えることで、より精度の高い、望ましい出力を得ることを目指します。
>
> プロンプトエンジニアリングは、次のような要素を含むことがあります：
>
> 1. **プロンプトの設計**： モデルに適切な指示を与えるための文言や構造を考えます。
> 2. **指示の明確化**： モデルに求める情報やタスクの内容をできるだけ明確に伝えるための方法を模索します。
> 3. **フィードバックループ**： 出力結果を評価し、それに基づいてプロンプトを改良するプロセスを繰り返します。
>
> この技術は、チャットボット、文章生成、翻訳、質問応答など様々なアプリケーションにおいて、より良い結果を引き出すために重要です。プロンプトエンジニアリングは、特に大規模言語モデル（LLM）の利用が進む中で、注目を集める分野となっています。

　GPT-4oやGPT-4o miniに質問に簡潔に回答してほしくても、このように必要以上に長い回答を出力してくることは多いです。そこで、短く回答してくれるよう、プロンプトを工夫してみます。

```
response = client.chat.completions.create(
    model="gpt-4o-mini",
    messages=[
        {"role": "system", "content": "質問に100文字程度で答えてください。"},
        {"role": "user", "content": "プロンプトエンジニアリングとは"},
    ],
)
print(response.choices[0].message.content)
```

すると、GPT-4o miniは、次のように回答してくれました。

> プロンプトエンジニアリングとは、AIモデルに対して望ましい出力を得るために、入力するプロンプト（指示や質問）の設計や最適化を行う技術です。正確な結果や創造的な応答を得るために、言葉の選び方や構造に工夫を凝らします。

プロンプトを工夫することで、意図した長さの回答を得ることができました。これがまさにプロンプトエンジニアリングの例です。

プロンプトエンジニアリングについてまとめた有名なWebサイト「Prompt Engineering Guide」には、次のように書かれています。

> プロンプトエンジニアリングは、幅広いアプリケーションや研究分野で効率的に言語モデルを活用するために、プロンプトの開発と最適化を行う比較的新しい分野です[注1]。

3.3 プロンプトの構成要素の基本

プロンプトエンジニアリングにはさまざまな手法がありますが、まずはプロンプトの構成要素の基本を押さえるのがおすすめです。この節では、GPT-4oやGPT-4o miniを組み込んだアプリケーションを開発する例を考えながら、プロンプトの構成要素の基本を解説します。

題材：レシピ生成AIアプリ

例として、「レシピ生成AIアプリ」（Webアプリケーションやモバイルアプリケーション）について考えてみることにします。このアプリケーションでは、料理名を入力すると、その料理の材料の一覧と調理手順をAIが生成してくれます。

注1　https://www.promptingguide.ai の文章を著者が翻訳しました。

図3.1 レシピ生成AIアプリ

さて、このようなアプリケーションを作る場合、典型的な構成は図3.2のようになります。

図3.2 LLMアプリケーションの典型的な構成

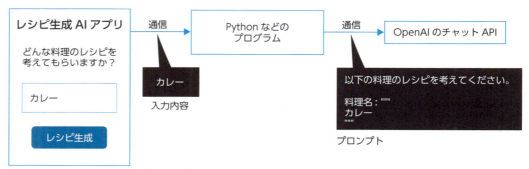

※ Webアプリケーションやモバイルアプリケーションの画面

　Webアプリケーションやモバイルアプリケーションの画面があり、ユーザーは「カレー」などの料理名を入力します。ユーザーの入力内容は、Pythonなどのプログラムに送信されます。Pythonなどのプログラムは、ユーザーの入力内容をもとにプロンプトを作成して、OpenAIのチャットAPIにリクエストを送ります。
　このようなアプリケーションを開発する際のプロンプトについて考えていきます。

プロンプトのテンプレート化

レシピ生成AIアプリを開発する場合、シンプルなプロンプトの例は次のようになります。

```
以下の料理のレシピを考えてください。

料理名: """
カレー
"""
```

このプロンプトの全体をユーザーが入力するわけではありません。ユーザーが入力するのは「カレー」などの料理名だけです。アプリケーションとしては、ユーザーが入力する箇所をテンプレート化した、次のような文字列を用意しておきます。

```
以下の料理のレシピを考えてください。

料理名: """
{dish}
"""
```

ユーザーの入力を受け取ったら、その内容で{dish}の箇所を穴埋めしたうえで、OpenAIのチャットAPI (Chat Completions API) にリクエストを送ります。

このようなコードを実際に記述してみると、次のようになります。

```python
prompt = '''\
以下の料理のレシピを考えてください。

料理名: """
{dish}
"""
'''

def generate_recipe(dish: str) -> str:
    response = client.chat.completions.create(
        model="gpt-4o-mini",
        messages=[
            {"role": "user", "content": prompt.format(dish=dish)},
        ],
    )
    return response.choices[0].message.content

recipe = generate_recipe("カレー")
print(recipe)
```

generate_recipeという関数の中では、プロンプトの{dish}という箇所を文字列（str）のformatメソッドで置換したうえで、Chat Completions APIを呼び出しています。

同じようなプロンプトは、「"role": "system"」を使って次のように実装することもできます。

```python
def generate_recipe(dish: str) -> str:
    response = client.chat.completions.create(
        model="gpt-3.5-turbo",
        messages=[
            {"role": "system", "content": "ユーザーが入力した料理のレシピを考えてください。"},
            {"role": "user", "content": f"{dish}"},
        ],
    )
    return response.choices[0].message.content

recipe = generate_recipe("カレー")
print(recipe)
```

命令と入力データの分離

このようにプロンプトをテンプレート化して、多くのプロンプトでは、命令と入力データを分離することになります。

図3.3　命令と入力データの分離

LLMに実行してほしいタスクを命令として記述して、ユーザーの入力データとは独立させます。そして、入力データはわかりやすいように「"""」や「###」といった記号で区切ることも多いです。

文脈を与える

前提条件や外部情報などを文脈（context）として与えると、文脈に従った回答を得ることができます。アプリケーション次第で、さまざまな情報を文脈として与えることが考えられます。

たとえばレシピ生成AIアプリであれば、「分量は1人分」「味の好みは辛口」といった情報を与えることが考えられます。ユーザー情報としてこのような前提条件を登録しておいて、その内容をプ

3.3 プロンプトの構成要素の基本

ロンプトに含めてあげることで、ユーザーに適したレシピを生成しやすくなります。

```
前提条件を踏まえて、以下の料理のレシピを考えてください。

前提条件："""
分量： 一人分
味の好み： 辛口
"""

料理名："""
カレー
"""
```

他には、さまざまな料理のレシピの一覧をデータベースに用意しておいて、今回入力された内容に近いレシピをプロンプトに含めて参考にさせる、といった工夫も考えられます。

図3.4 データベースに基づいた回答

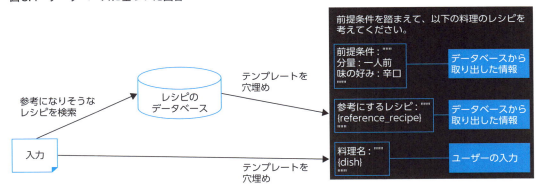

このように、プロンプトに含めた外部の情報を踏まえて回答させるのもLLMアプリケーションの工夫の定番です。

出力形式を指定する

さらに、プロンプトで出力形式を指定することもよくあります。LLMの応答はそのままユーザーに見せることもありますが、一部だけ抽出したり、整形して表示させたりしたい場合もあります。たとえば次のように、プロンプトで出力形式を指定することが考えられます。

```
system_prompt = """\
ユーザーが入力した料理のレシピを考えてください。
```

第 3 章 プロンプトエンジニアリング

```
出力は以下のJSON形式にしてください。
```
{
  "材料": ["材料1", "材料2"],
  "手順": ["手順1", "手順2"]
}
```
"""

response = client.chat.completions.create(
    model="gpt-4o-mini",
    messages=[
        {"role": "system", "content": system_prompt},
        {"role": "user", "content": "カレー"},
    ],
)
print(response.choices[0].message.content)
```

このプロンプトに対して、GPT-4o miniは次のような結果を返してくれました。

```
{
  "材料": ["お米", "カレー粉", "鶏肉", "玉ねぎ", "人参", "じゃがいも", "水", "塩"],
  "手順": [
    "鍋に油を熱し、刻んだ玉ねぎを炒めて透明になるまで炒める。",
    "一口大に切った鶏肉を加え、表面が白くなるまで炒める。",
    "小さく切った人参とじゃがいもを加え、全体を軽く混ぜる。",
    "カレー粉を加えてさらに1〜2分炒め、香りを引き出す。",
    "水を加え、煮立ったら弱火にし、蓋をして約30分煮込む。",
    "塩で味を調えて、お米と一緒に盛り付ける。"
  ]
}
```

このようにJSON形式で出力させることができれば、プログラムで取り扱いやすくなります。なお、実際にはより確実にJSON形式で出力させるために、JSONモードやFunction callingなどを使用することが多いです。

プロンプトの構成要素のまとめ

ここまで、プロンプトの構成要素として、次の4つを紹介しました。

- 命令
- 入力データ

- 文脈（context）
- 出力形式の指定

プロンプトがこのような要素から構成されやすいことは、「Prompt Engineering Guide」[注2]にも書かれています。「Prompt Engineering Guide」は、DAIR.AIがオープンソースとして公開しています。

「Prompt Engineering Guide」のように、プロンプトエンジニアリングの手法をまとめた情報源はたくさんあります。そのような情報を参考にすることで、LLMの可能性を引き出すプロンプトの工夫を知ることができます。

LLMを提供する事業者によるガイド

OpenAIやGoogle、Anthropicといった、LLMを提供する事業者もプロンプトエンジニアリングのガイドを公開しています。

- OpenAI
  https://platform.openai.com/docs/guides/prompt-engineering
- Google
  https://ai.google.dev/gemini-api/docs/prompting-strategies?hl=ja
- Anthropic
  https://docs.anthropic.com/ja/docs/prompt-engineering

3.4 プロンプトエンジニアリングの定番の手法

プロンプトエンジニアリングには、デザインパターン[注3]のように名前が付けられた手法もあります。この節では、プロンプトエンジニアリングの手法として、まず最初に確実に押さえておきたいものを紹介します。

注2　「Prompt Engineering Guide」の「プロンプトの要素」（https://www.promptingguide.ai/jp/introduction/elements）
注3　プログラミングなどで使われる設計のパターン。

Zero-shotプロンプティング

まず、「Zero-shotプロンプティング」を紹介します。

LLMは、特定のタスク[注4]のためにファインチューニングしたりしなくても、プロンプトで指示したタスクをこなせることが少なくありません。たとえば、入力テキストがポジティブなのかネガティブなのか判定する、いわゆるネガポジ判定のプロンプトの例は次のようになります。

```
response = client.chat.completions.create(
    model="gpt-4o-mini",
    messages=[
        {
            "role": "system",
            "content": "入力をポジティブ・ネガティブ・中立のどれかに分類してください。",
        },
        {
            "role": "user",
            "content": "ChatGPTはプログラミングの悩みごとをたくさん解決してくれる",
        },
    ],
)
print(response.choices[0].message.content)
```

このコードを実行すると、GPT-4o miniは次のように回答してくれました。

```
ポジティブ
```

次に紹介するFew-shotプロンプティングと異なり、このようにプロンプトに例を与えずタスクを処理させることをZero-shotプロンプティングと呼びます。

Few-shotプロンプティング

今度は、入力がAIに関係するかGPT-4o miniに回答してもらうことにします。まずはZero-shotプロンプティングで「入力がAIに関係するか回答してください。」と指示してみます。

```
response = client.chat.completions.create(
    model="gpt-4o-mini",
    messages=[
        {"role": "system", "content": "入力がAIに関係するか回答してください。"},
        {"role": "user", "content": "ChatGPTはとても便利だ"},
    ],
)
```

注4　分類や翻訳、要約など、機械学習モデルに実施させる作業を「タスク」と呼びます。

```
print(response.choices[0].message.content)
```

この入力に対して、GPT-4o mini は次のように応答しました。

> はい、ChatGPTは多くのタスクに役立つツールです。質問に答えたり、情報を提供したり、アイデアを考えたりすることができます。何か特定のことについて知りたいことがありますか？

　この判定の結果によってプログラムの処理を分岐したいといったケースでは、単に「true」または「false」だけを出力させたいです。「trueかfalseで出力してください」とプロンプトで指示することもできますが、代わりにいくつかデモンストレーションを与えることでも出力の形式を伝えることができます。回答してほしいテキストの前に、いくつかデモンストレーションを入れたプロンプトを作成します。

```python
response = client.chat.completions.create(
    model="gpt-4o-mini",
    messages=[
        {"role": "system", "content": "入力がAIに関係するか回答してください。"},
        {"role": "user", "content": "AIの進化はすごい"},
        {"role": "assistant", "content": "true"},
        {"role": "user", "content": "今日は良い天気だ"},
        {"role": "assistant", "content": "false"},
        {"role": "user", "content": "ChatGPTはとても便利だ"},
    ],
)
print(response.choices[0].message.content)
```

　このコードを実行すると、GPT-4o mini は次のように応答しました。

> true

　意図したとおり、「true」とシンプルに答えてくれましたね。プロンプトでいくつかデモンストレーションを与えることで、求める回答を得やすくなります。このような手法を、Few-shotプロンプティングと言います。LLMアプリケーションでは、LLMに特定の形式で応答してほしいことはとても多く、そのような場面でFew-shotプロンプティングはおおいに役立ちます。

　Few-shotプロンプティングのように、プロンプト内のいくつかの例によって言語モデルにタスクを学ばせることを、In-context Learning (ICL)[5]と言うこともあります。また、Few-shotプロンプティングのような形式で、とくに例が1つの場合はOne-shotプロンプティングと呼ぶこともあります。

注5　このIn-context Learningの定義は、Dong et al. (2023)「A Survey on In-context Learning」https://arxiv.org/abs/2301.00234を参考にしています。

第 3 章　プロンプトエンジニアリング

> **COLUMN**
>
> ## Few-shot プロンプティングのその他の形式
>
> 　Completions API を使う場合、Few-shot プロンプティングは次のように 1 つのプロンプトにデモンストレーションを含めます。
>
> ```
> prompt = """\
> 入力がAIに関係するか回答してください。
>
> Q: AIの進化はすごい
> A: true
> Q: 今日は良い天気だ
> A: false
> Q: ChatGPTはとても便利だ
> A:
> """
>
> response = client.completions.create(
>     model="gpt-3.5-turbo-instruct",
>     prompt=prompt,
> )
> print(response.choices[0].text)
> ```
>
> 　一方で、Chat Completions API で Few-shot プロンプティングを使う場合は、本文中の例のように「"role": "user"」と「"role": "assistant"」を使っていくつかの例でのデモンストレーションを表現することができます。
>
> ```
> response = client.chat.completions.create(
>     model="gpt-4o-mini",
>     messages=[
>         {"role": "system", "content": "入力がAIに関係するか回答してください。"},
>         {"role": "user", "content": "AIの進化はすごい"},
>         {"role": "assistant", "content": "true"},
>         {"role": "user", "content": "今日は良い天気だ"},
>         {"role": "assistant", "content": "false"},
>         {"role": "user", "content": "ChatGPTはとても便利だ"},
>     ],
> )
> print(response.choices[0].message.content)
> ```
>
> 　この形式は、OpenAI 公式のクックブック[注6]や、LangChain でも採用されています。

注6　https://github.com/openai/openai-cookbook/blob/main/examples/How_to_format_inputs_to_ChatGPT_models.ipynb

もしもFew-shotの例示が会話履歴ではないことを強調したい場合、次のようにsystemメッセージの「name」を「example_user」や「example_assistant」に設定してみることができます。

```
response = client.chat.completions.create(
    model="gpt-4o-mini",
    messages=[
        {"role": "system", "content": "入力がAIに関係するか回答してください。"},
        {"role": "system", "name": "example_user", "content": "AIの進化はすごい"},
        {"role": "system", "name": "example_assistant", "content": "true"},
        {"role": "system", "name": "example_user", "content": "今日は良い天気だ"},
        {"role": "system", "name": "example_assistant", "content": "false"},
        {"role": "user", "content": "ChatGPTはとても便利だ"},
    ],
)
print(response.choices[0].message.content)
```

この方法もOpenAI公式のクックブックで紹介されています。

Zero-shot Chain-of-Thoughtプロンプティング

プロンプトエンジニアリングの手法として、最後にZero-shot Chain-of-Thought（略してZero-shot CoT）プロンプティング[注7]を紹介します。

Zero-shot CoTプロンプティングは、プロンプトに「ステップバイステップで考えてください。」といった一言を追加する手法です。

Zero-shot CoTプロンプティングの有用性を説明するため、まずはGPT-4o miniに「10 + 2 * 3 - 4 * 2」という計算の回答だけを出力させるコードを用意しました。

```
response = client.chat.completions.create(
    model="gpt-4o-mini",
    messages=[
        {"role": "system", "content": "回答だけ一言で出力してください。"},
        {"role": "user", "content": "10 + 2 * 3 - 4 * 2"},
    ],
)
print(response.choices[0].message.content)
```

このコードを実行すると、GPT-4o miniは次のように回答しました。

10

注7　Kojima et al. (2022)「Large Language Models are Zero-Shot Reasoners」https://arxiv.org/abs/2205.11916

第 3 章　プロンプトエンジニアリング

　実際には「8」が正解なので、GPT-4o-miniの回答は誤りです。今度はプロンプトに「ステップバイステップで考えてください。」という指示を入れて、同じ問題に挑戦してもらいます。

```
response = client.chat.completions.create(
    model="gpt-4o-mini",
    messages=[
        {"role": "system", "content": "ステップバイステップで考えてください。"},
        {"role": "user", "content": "10 + 2 * 3 - 4 * 2"},
    ],
)
print(response.choices[0].message.content)
```

　このコードを実行すると、GPT-4o miniの応答は次のようになりました。

```
算式を解くために、演算の優先順位に基づいて計算を行います。まずは掛け算を先に計算します。

1. 2 * 3 = 6
2. 4 * 2 = 8

次に、得られた値を使って足し算と引き算を行います。

3. 10 + 6 - 8

この式を左から右に計算します。

4. 10 + 6 = 16
5. 16 - 8 = 8

したがって、最終的な答えは  **8**  です。
```

　プロンプトでの指示どおりステップバイステップで考えて、最終的に正解となっています[8]。
　このように「ステップバイステップで考えてください。」といった一言を追加することで、正確な応答を得やすくする手法を「Zero-shot Chain-of-Thought (Zero-shot CoT) プロンプティング」と言います。Zero-shot CoTプロンプティングは非常に簡単な手法ですが、多くのタスクで効果的であると言われています[9]。
　なお、Zero-shot CoTプロンプティングと呼ぶのは、先に考案された「Chain-of-Thought (CoT) プロンプティング」では、Few-shotプロンプティングを使い、ステップバイステップで考える例をいくつか含めていたためです。

注8　もちろん、ステップバイステップで考えさせても必ず正解になるとは限りません。しかし、回答だけ答えてもらうよりも正解しやすくなります。
注9　2024年9月リリースされたo1-previewとo1-miniでは、内部でCoTのような動作を行うため、CoTプロンプティングは避けるべきとされています。
　　　https://platform.openai.com/docs/guides/reasoning/advice-on-prompting

58

3.5 まとめ

　この章では、本書を読み進めるのに必要なプロンプトエンジニアリングの基本を解説しました。

　プロンプトエンジニアリングの領域では、他にもさまざまな工夫が考えられています。興味を持って調べてみると、おもしろい発見も多いです。

　プロンプトエンジニアリングは、人間相手に丁寧に指示を出すのと似ていると言われることもあります。LLMに対して丁寧に指示を出すことを考えてみると、自分なりの工夫が見つけられるかもしれません。

　プロンプトをたくさん工夫してもGPT-4o miniでは指示に従わず、GPT-4oにすると見事に指示どおり動くということも少なくありません。もしGPT-4o miniがプロンプトになかなか従ってくれない場合は、GPT-4oで同じプロンプトを試すと、その性能の違いを体験しやすいです。

COLUMN

マルチモーダルモデルのプロンプトエンジニアリング

　GPT-4oなどのマルチモーダルモデルのためのプロンプトも研究されています。ここでは有名な手法として、Set-of-Mark（SoM）プロンプティング[注10]を紹介します。

　Set-of-Markプロンプティングでは、画像を領域に分け、各領域に数字やアルファベットのマークを配置します。このように編集した画像を与えることで、マルチモーダルモデルがより適切な応答をしやすくなるという手法です。

図3.5　Set-of Markプロンプティング

「Set-of-Mark Prompting Unleashes Extraordinary Visual Grounding in GPT-4V」より引用

　今後、マルチモーダルモデルに画像以外のメディアが入力可能になっていった際も、Set-of-Markプロンプティングに似た工夫が有用な場合もあるかもしれません。

注10　Yang et al.（2023）「Set-of-Mark Prompting Unleashes Extraordinary Visual Grounding in GPT-4V」https://arxiv.org/abs/2310.11441

第 **4** 章

LangChainの基礎

この章では、LLMアプリケーション開発のフレームワーク「LangChain」の基礎を解説します。LangChainはLLMアプリケーション開発のための幅広い機能を提供しています。そのため、LangChainを学ぶことはLLMアプリケーションの開発を学ぶことになると言っても過言ではありません。そんなLangChainの基本をしっかり理解することを目指して、LangChainの概要から、各種コンポーネントのコンセプトや使い方をしっかり解説していきます。

大嶋勇樹

第4章 LangChainの基礎

4.1 LangChainの概要

　LangChainは、LLMアプリケーション開発のフレームワークです。LLMを組み込んださまざまな種類のアプリケーションで使うことができます。LangChainを使ったアプリケーションとしては、次のような例が挙げられます。

- ChatGPTのように会話できるチャットボット
- 文章の要約ツール
- 社内文書やPDFファイルへのQ&Aアプリ
- 第8章以降で解説するAIエージェント

　LangChainの公式の実装としては、PythonとJavaScript/TypeScriptの2つが提供されています[注1]。機械学習の周辺分野ではよくあることですが、Pythonの実装のほうが開発が活発です。本書でもPythonの実装を使用します。以後、本書で単にLangChainといった場合は、Pythonの実装を指すことにします。Pythonでは実装されていて、JavaScript/TypeScriptでは未実装な機能も多いので、JavaScript/TypeScriptの実装を使う際はご注意ください。

 なぜLangChainを学ぶのか

　LLMを使ったアプリケーション開発に使えるフレームワーク・ライブラリは、LangChain以外にも多数あります。たとえば、LlamaIndex[注2]やSemantic Kernel[注3]が有名です。

　このようなLLMアプリケーション開発のフレームワーク・ライブラリの中でも、LangChainはとくに幅広い分野を扱っており、活用事例も多いです。そのため、LLMアプリケーション開発を学ぶ最初のステップとして、LangChainを学ぶのはおすすめの選択肢です。LangChainをキャッチアップすることで、LLMアプリケーション開発の幅広い知見を得ることができます。

　LLMアプリケーションの開発自体、まだまだ新しい分野であり、論文などでも次々と新しい手法

注1　公式が提供するPythonとJavaScript/TypeScript以外にも、非公式でGo、Java、Ruby、Elixir、PHPといったさまざまなプログラミング言語でLangChainのOSSが存在しています。
注2　https://github.com/run-llama/llama_index
注3　https://github.com/microsoft/semantic-kernel

が提案されています。LangChain の公式ドキュメントやクックブックには、論文などで提案された手法の実装例が多数掲載されています。そのため、LangChain の知識をベースとして、LLM アプリケーションのより発展的な手法も学ぶことができます。LangChain の公式ドキュメントやクックブックで紹介されている発展的な手法の一部は、第 6 章で紹介します。

LangChain は公式の X アカウント（https://x.com/LangChainAI）でも、毎日のように情報発信しています。LangChain のアップデートや LLM アプリケーション開発のトレンドを押さえる一環として、このアカウントをフォローしておくのもおすすめです。

LangChain の全体像

本書執筆時点（2024 年 8 月）で、LangChain の全体像は図 4.1 のようになっています。

図 4.1　LangChain の全体像

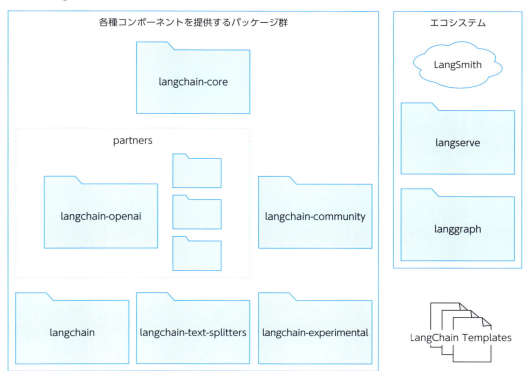

LangChain の構成要素としては、まず、LangChain の各種コンポーネントを提供するパッケージ群（langchain-core や langchain-openai などの Python パッケージ）があります。さらに、公式が

第 4 章　LangChainの基礎

提供するエコシステムとして、LangSmith、LangServe、LangGraphがあります。また、LangChainを使った実装のテンプレートがLangChain Templatesとして提供されています。

この章では、LangChainの各種コンポーネントを提供するパッケージ群を主に解説します。LangSmithはこの章から第7章で適宜解説し、LangServeは第5章のコラムで扱います。LangGraphの解説については、第9章を参照してください。

LangChainの各種コンポーネントを提供するパッケージ群

ここから、LangChainの各種コンポーネントを提供するパッケージ群について解説していきます。

LangChainの開発当初は、「langchain」という名前の1つのパッケージにすべての機能が含まれていました。しかし、各種LLMやデータベースなどのインテグレーションが増加するにつれて、langchainという1パッケージの依存関係が非常に多いといった問題が発生していました。

そこで、LangChain v0.1へのアップデートの前後で、コアの機能をlangchain-coreというパッケージが提供し、周辺機能は別のパッケージが提供するよう、分割が進められました。

langchain-core

langchain-coreは、LangChainのベースとなる抽象化とLangChain Expression Language (LCEL) を提供するパッケージです。

詳細は4.2節「LLM/Chat model」や4.6節「LangChainのRAGに関するコンポーネント」で解説しますが、LangChainではさまざまな言語モデルやベクターデータベースなどを統一的なインターフェースで利用できるようになっています。そのための抽象基底クラスは、langchain-coreで定義されています。

また、4.5節「Chain―LangChain Expression Language (LCEL) の概要」と第5章で解説するLangChain Expression Language も、LangChainの中核的な機能としてlangchain-coreで提供されています。

partners (langchain-openaiなど) とlangchain-community

LangChainには、OpenAIやAnthropicなどの言語モデルをはじめとして、さまざまなサービスやOSSとのインテグレーションが実装されています。

たとえばOpenAIの言語モデルのインテグレーションはlangchain-openaiパッケージに含まれており、Anthropicの言語モデルのインテグレーションはlangchain-anthropicパッケージに含まれています。このように、langchain-coreが提供する抽象基底クラスに対する実装クラスとしては、langchain-openaiやlangchain-anthropicなどのpartnersと呼ばれるパッケージをインストールし

て使うことになります。

　partnersパッケージとしては他にも、langchain-google-genai、langchain-aws、langchain-pineconeなど、非常に多くのパッケージが提供されています。

　なお、partnersパッケージとして独立していない各種インテグレーションについては、langchain-communityというパッケージでまとめて提供されています。

langchain・langchain-text-splitters・langchain-experimental

　LangChainには、langchain-coreが提供する各種抽象化とLCEL、partnersパッケージやlangchain-communityが提供するインテグレーションに加えて、ユースケースに特化した機能の提供という側面があります。langchainパッケージは、そのようなLLMアプリケーションの特定ユースケースに特化した機能を提供しています。

　また、LangChainの機能のうち、テキストを「チャンク」と呼ばれる単位に分割するText splitterという機能については、langchain-text-splittersというさらに別のパッケージで提供されています。

　加えて、研究・実験目的のコードや、既知の脆弱性（CVE）を含むコードについては、langchain-experimentalというパッケージに分離されています。たとえば、LLMの出力次第で任意のPythonプログラムや任意のSQLを実行可能な機能の一部は、langchain-experimentalに含まれます。

 ## LangChainのインストール

　前項でLangChainのコンポーネントがさまざまなパッケージに分割されていることを説明したため、結局どれをインストールして使えばよいのか混乱してしまったかもしれません。

　基本的な考え方としては、langchain-coreに加えて、必要最小限のパッケージをインストールして使うことになります。たとえば、LangChainでOpenAIのChat Completions API（GPT-4oやGPT-4o mini）を使用する場合は、langchain-coreとlangchain-openaiをインストールします。

　この章のLangChainのコンポーネントの解説は、Google Colabでコードを動かしながら読み進めることができるようになっています。Google Colabで次のコマンドを実行することで、langchain-coreとlangchain-openaiをインストールできます[注4]。

```
!pip install langchain-core==0.3.0 langchain-openai==0.2.0
```

　langchain-coreとlangchain-openai以外のパッケージについては、どんな機能を提供しているのかわかりやすいよう、必要になったタイミングでインストールしていきます。

注4　pipでlangchain-openaiをインストールすると、langchain-coreも自動的にインストールされます。ここではバージョンを明確に指定するため、langchain-coreも明示的にインストールしています。

第 4 章　LangChain の基礎

MEMO

パッケージのバージョンに注意

　本書に掲載しているソースコードは、LangChain などのパッケージの特定のバージョンのみで動作確認しています。本書のとおりのソースコードが動作することを期待する場合、「pip install」を実行する際はバージョンまで指定することをおすすめします。バージョンを指定してインストールしても本書のソースコードがうまく動作しない場合は、本書サポートサイト（GitHub）を確認してください。

COLUMN

LangChain v0.1 からの安定性の方針

　LangChain には v0.0.354 まで長らく v0.0 台のバージョン番号が付けられていましたが、2023年12月に v0.1.0 がリリースされました。LangChain v0.1 からは、安定性を重視することが明言され、Beta 機能を除いて破壊的変更が入る際はマイナーバージョン（2桁目）が更新されます。また、ある時点で deprecated となった機能は、その時点と次のマイナーバージョンでは維持されたうえで、その後削除されます。

　このように、LangChain v0.1 からはそれ以前より安定性も重視されています。今後も v0.4、v0.5 のようにある程度の頻度でマイナーバージョンアップされ、破壊的変更が入ることも予想されますが、以前よりは安定して使いやすくなったと言えるのではないでしょうか。

　なお、LangChain のバージョニングや安定性の方針については、公式ドキュメントの次のページにまとめられています。

参照：LangChain releases
https://python.langchain.com/v0.3/docs/versions/release_policy/

LangSmith のセットアップ

　LangChain を使ってアプリケーションを開発する際は、LangSmith がとても便利です。LangSmith は、LangChain 公式が提供する、プロダクション[注5]グレードな LLM アプリケーションのためのプラットフォーム（Web サービス）です。

注5　ここで言うプロダクションは、エンドユーザーが使用する本番環境という意味です。

図4.2 LangSmith（https://www.langchain.com/langsmith）

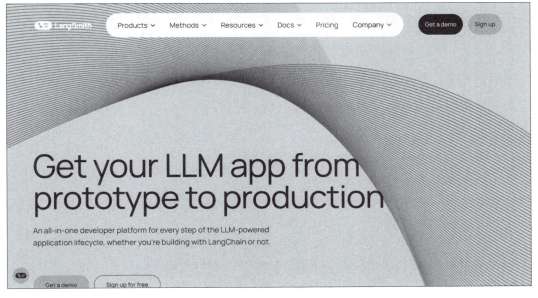

LangSmithを使うと、LangChainの動作のトレースを簡単に収集することができ、開発中のデバッグにも役立ちます。詳細は後ほど説明しますが、ここでセットアップだけ実施しておきましょう。

付録のA.1「各種サービスのサインアップ」の「LangSmithのサインアップ」を参照して、LangSmithに登録し、APIキーを払い出してGoogle Colabのシークレットに保存してください。そのうえで次のコードを実行すると、Google ColabでLangChainのトレースをLangSmithに連携する準備が整います。

```
import os
from google.colab import userdata

os.environ["LANGCHAIN_TRACING_V2"] = "true"
os.environ["LANGCHAIN_ENDPOINT"] = "https://api.smith.langchain.com"
os.environ["LANGCHAIN_API_KEY"] = userdata.get("LANGCHAIN_API_KEY")
os.environ["LANGCHAIN_PROJECT"] = "agent-book"
```

LangChainを使用している場合、LangSmithのセットアップはこれだけで完了です。

第 4 章　LangChain の基礎

 LangChain の主要なコンポーネント

次節から LangChain の主要なコンポーネントを解説していきます。その前に、LangChain のコンポーネントの概要を説明しておきます。

LangChain をキャッチアップする際は、まずはどんなコンポーネントが存在するのかを把握することから始めるのがおすすめです。本書執筆時点で、LangChain には次のようなコンポーネントがあります。

- LLM/Chat model：さまざまな言語モデルとのインテグレーション
- Prompt template：プロンプトのテンプレート
- Example selector：Few-shot プロンプティングの例を動的に選択
- Output parser：言語モデルの出力を指定した形式に変換
- Chain：各種コンポーネントを使った処理の連鎖
- Document loader：データソースからドキュメントを読み込む
- Document transformer：ドキュメントに何らかの変換をかける
- Embedding model：ドキュメントをベクトル化する
- Vector store：ベクトル化したドキュメントの保存先
- Retriever：入力のテキストと関連するドキュメントを検索する
- Tool：Function calling などでモデルが使用する関数を抽象化
- Toolkit：同時に使用することを想定した Tool のコレクション
- Chat history：会話履歴の保存先としての各種データベースとのインテグレーション

このように、LangChain は多くのコンポーネントを提供しています。この章では、これらのコンポーネントのなかから、LangChain の基本を押さえるうえでとくに重要な要素を次の順で解説していきます。

- LLM/Chat model
- Prompt template
- Output parser
- Chain
- RAG に関するコンポーネント

4.2 LLM/Chat model

LangChainの解説の第一歩として、LangChainの「LLM」と「Chat model」を説明します。

「LLM」と「Chat model」は、LangChainでの言語モデルの使用方法を提供するモジュールです。これらを使うことで、さまざまな言語モデルを共通のインターフェースで使用することができます。簡単に言ってしまえば、言語モデルをLangChain流で使えるようにするラッパーのことです。

LLM

LangChainの「LLM」は、1つのテキストの入力に対して1つのテキストの出力を返す、チャット形式ではない言語モデルを扱うコンポーネントです。

たとえばOpenAIのCompletions API (gpt-3.5-turbo-instruct) をLangChainで使うには「OpenAI」というクラスを使用します。サンプルコードは次のようになります。

```
from langchain_openai import OpenAI

model = OpenAI(model="gpt-3.5-turbo-instruct", temperature=0)
output = model.invoke("自己紹介してください。")
print(output)
```

このコードでは、モデルとしてgpt-3.5-turbo-instructを設定し、temperatureとして0を設定しています。temperatureは、大きいほど出力がランダムになり、小さいほど決定的になるパラメータです。この章ではできるだけ同じ出力を得られるよう、temperatureを最小の0に設定しています。

前述のコードの実行結果はたとえば次のようになります。

> こんにちは
>
> こんにちは、私はAIのアシスタントです。あなたのお手伝いをすることができます。何かお困りのことはありますか？

gpt-3.5-turbo-instructが生成したテキストを表示できていますね。なお、第2章で説明したとおり、OpenAIのCompletions APIはすでにLegacyとされています。ここではあくまで、1つのテキストの入力に対して1つのテキストの出力を返す、チャット形式ではない言語モデルの例として使用しています。

Chat model

　OpenAIのChat Completions API（gpt-4oやgpt-4o-mini）は、単に1つのテキストを入力とするのではなく、チャット形式のやりとりを入力して応答を得るようになっています。そのようなチャット形式の言語モデルをLangChainで扱うためのコンポーネントが「Chat model」です。

　LangChainでOpenAIのChat Completions APIを使う際は「ChatOpenAI」クラスを使用します。サンプルコードは次のようになります。

```python
from langchain_core.messages import AIMessage, HumanMessage, SystemMessage
from langchain_openai import ChatOpenAI

model = ChatOpenAI(model="gpt-4o-mini", temperature=0)

messages = [
    SystemMessage("You are a helpful assistant."),
    HumanMessage("こんにちは！私はジョンと言います！"),
    AIMessage(content="こんにちは、ジョンさん！どのようにお手伝いできますか？"),
    HumanMessage(content="私の名前がわかりますか？"),
]

ai_message = model.invoke(messages)
print(ai_message.content)
```

　このコードを実行すると、たとえば次のように表示されます。

```
はい、ジョンさんというお名前を教えていただきました。どんなことについてお話ししたいですか？
```

　LangChainにおける「SystemMessage」「HumanMessage」「AIMessage」は、それぞれChat Completions APIの「"role": "system"」「"role": "user"」「"role": "assistant"」に対応します。そのため、上記のコードでは内部的に次のようなリクエストを送信しています。

```
{
  "model": "gpt-4o-mini"
  "messages": [
    {"role": "system", "content": "You are a helpful assistant."},
    {"role": "user", "content": "こんにちは！私はジョンと言います！"},
    {"role": "assistant", "content": "こんにちは、ジョンさん！どのようにお手伝いできますか？"},
    {"role": "user", "content": "私の名前がわかりますか？"}
  ],
  <一部省略>
}
```

本書では言語モデルとしてOpenAIのChat Completions APIを使用するため、前述のChatOpenAIクラスをよく使うことになります。

ストリーミング

Chat Completions APIはストリーミングで応答を得ることができます。LLMを使ったアプリケーションを実装する場合、UXの向上を目的として、ストリーミングで応答を得たいことも多いです。

LangChainでは、基本的な使い方としてストリーミングもサポートされています。ChatOpenAIをストリーミングで呼び出すサンプルコードは次のようになります。

```
from langchain_core.messages import SystemMessage, HumanMessage
from langchain_openai import ChatOpenAI

model = ChatOpenAI(model="gpt-4o-mini", temperature=0)

messages = [
    SystemMessage("You are a helpful assistant."),
    HumanMessage("こんにちは！"),
]

for chunk in model.stream(messages):
    print(chunk.content, end="", flush=True)
```

このコードを実行すると、次のような内容が徐々に表示されます。

```
こんにちは！どのようにお手伝いできますか？
```

なお、LangChainではCallback機能を使ってストリーミングを実装することもできます。Callback機能を使うと、LLMの処理の開始 (on_llm_start)・新しいトークンの生成 (on_llm_new_token)・LLMの処理の終了 (on_llm_end) などのタイミングで、任意の処理を実行できます。

LLMとChat modelの継承関係

LangChainのLLMやChat modelを使いこなすためには、これらの継承関係を理解しておくことが役立ちます。LLMとChat modelの継承関係は図4.3のようになっています。

第 4 章　LangChain の基礎

図4.3　LLM と Chat model の継承関係

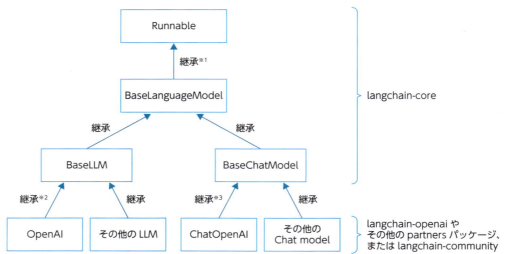

※1：実際には BaseLanguageModel は RunnableSerializable を継承しており、RunnableSerializable が Runnable を継承しています。
※2：実際には OpenAI は BaseOpenAI を継承しており、BaseOpenAI が BaseLLM を継承しています。
※3：実際には ChatOpenAI は BaseChatOpenAI を継承しており、BaseChatOpenAI が BaseChatModel を継承しています。

　まず、第5章で説明する Runnable を継承した、BaseLanguageModel というクラスがあります。BaseLanguageModel は、LangChain における言語モデルを扱うための一番親のクラスです。そして、BaseLanguageModel を継承した、BaseLLM と BaseChatModel が存在します。OpenAI クラスやその他の LLM のクラスは BaseLLM を継承しており、ChatOpenAI クラスやその他の Chat model のクラスは BaseChatModel を継承しています。

　Runnable や BaseLanguageModel、BaseLLM、BaseChatModel といった基礎となる抽象基底クラスは、langchain-core で提供されています。それに対して、具体実装である OpenAI クラスや ChatOpenAI クラスは langchain-openai パッケージで提供されています。

　LangChain はこのような関係で LLM や Chat model を提供しているため、必要に応じてモデルを差し替えることも可能です。たとえば、Anthropic の Claude を使用する場合は、langchain-openai パッケージの ChatOpenAI クラスの代わりに、langchain-anthropic パッケージの ChatAnthropic というクラスを使用することができます。

　また、BaseLLM や BaseChatModel をテストダブルに差し替えるための Fake を使用することも可能です。Fake を使ったモデルの差し替えについて、興味がある方は次の YouTube 動画で解説しているので参照してください。

> 参照：【LangChain ゆる勉強会 #5】LangChain のテスト関連機能を動かす【ランチタイム開催】
> https://youtube.com/live/BX9AgTxLLHY

LLM/Chat modelのまとめ

ここまで、LangChainのLLMとChat modelについて解説してきました。LangChainのLLMとChat modelを使うことで、各種言語モデルを統一的なインターフェースで扱うことができます。

本書ではOpenAIのGPT-4oとGPT-4o miniを主に使用しますが、LangChain自体は他にもさまざまな言語モデルに対応しています。たとえばAnthropicのClaudeやGoogleのGemini、オープンモデルのLlamaなどを使うことも可能です。また、LangChain公式が未対応のモデルであっても、Custom LLMとして使用できます。

4.3 Prompt template

LLMアプリケーションの開発で非常に重要な要素が、言語モデルへの入力のプロンプトです。ここから、LangChainにおける、プロンプトの扱いを抽象化したコンポーネントを解説します。

PromptTemplate

最初に紹介するのが「PromptTemplate」です。その名のとおり、PromptTemplateを使うとプロンプトをテンプレート化できます。

図4.4 PromptTemplateのイメージ

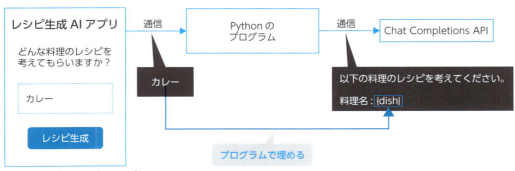

PromptTemplateを使う簡単な例は次のようになります。

```
from langchain_core.prompts import PromptTemplate

prompt = PromptTemplate.from_template("""以下の料理のレシピを考えてください。

料理名: {dish}""")

prompt_value = prompt.invoke({"dish": "カレー"})
print(prompt_value.text)
```

実行結果は次のようになります。

```
以下の料理のレシピを考えてください。

料理名: カレー
```

PromptTemplateのinvokeメソッドにより、テンプレートの「{dish}」の箇所が「カレー」に置き換えられました。なお、PromptTemplateは、プログラムで文字列の一部を置き換えているだけで、内部でLLMを呼び出すようなことはしていません。

MEMO

プロンプトの変数が1つの場合

上記の例のようにプロンプトの変数が1つの場合は、prompt.invoke("カレー")のように、辞書（dict）ではなく単一の文字列で呼び出すこともできます。

ChatPromptTemplate

PromptTemplateをChat Completions APIなどのチャット形式のモデルに対応させたのが、ChatPromptTemplateです。SystemMessage、HumanMessage、AIMessageをそれぞれテンプレート化して、ChatPromptTemplateというクラスでまとめて扱うことができます。

ChatPromptTemplateを使うサンプルコードは次のようになります。

```
from langchain_core.prompts import ChatPromptTemplate

prompt = ChatPromptTemplate.from_messages(
    [
        ("system", "ユーザーが入力した料理のレシピを考えてください。"),
        ("human", "{dish}"),
    ]
```

"human"と書くと"role": "user"に対応
"ai"と書くと"role": "assistant"に対応

```
)

prompt_value = prompt.invoke({"dish": "カレー"})
print(prompt_value)
```

このコードの実行結果は次のようになります。

```
messages=[SystemMessage(content='ユーザーが入力した料理のレシピを考えてください。'), HumanMessage(content='カレー')]
```

 ## MessagesPlaceholder

チャット形式のプロンプトには、会話履歴のように複数のメッセージが入るプレースホルダーを設けたいことも多いです。そこで使えるのがMessagesPlaceholderです。MessagesPlaceholderを使う例は次のようになります。

```
from langchain_core.messages import AIMessage, HumanMessage
from langchain_core.prompts import ChatPromptTemplate, MessagesPlaceholder

prompt = ChatPromptTemplate.from_messages(
    [
        ("system", "You are a helpful assistant."),
        MessagesPlaceholder("chat_history", optional=True),
        ("human", "{input}"),
    ]
)

prompt_value = prompt.invoke(
    {
        "chat_history": [
            HumanMessage(content="こんにちは！私はジョンと言います！"),
            AIMessage("こんにちは、ジョンさん！どのようにお手伝いできますか？"),
        ],
        "input": "私の名前がわかりますか？",
    }
)
print(prompt_value)
```

実行結果は次のようになります。

```
messages=[SystemMessage(content='You are a helpful assistant.'), HumanMessage(content='こんにちは！私はジョンと言います！'), AIMessage(content='こんにちは、ジョンさん！どのようにお手伝いできますか？'), HumanMessage(content='私の名前がわかりますか？')]
```

このように、チャット形式のモデルのプロンプトに会話履歴を含める場合は、MessagesPlaceholderを使うことになります。

LangSmithのPrompts

本格的にLLMアプリケーションを開発していると、プロンプトをソースコードと別途管理したくなることは多いです。LangSmithの「Prompts」を使うと、プロンプトの共有やバージョン管理ができます。

図4.5の画面キャプチャは、著者がLangSmith上で作成して公開しているプロンプトの例です。

図4.5　LangSmith上で作成して公開したプロンプトの例

LangSmithのPromptsでは、プロンプトをLangSmithの画面上で編集したり共有したりできます。また、プロンプトを編集した際はGitのようにバージョン管理されます。

著者が公開している図4.5のプロンプトを取得して使うコードは次のようになります。

```
from langsmith import Client

client = Client()
prompt = client.pull_prompt("oshima/recipe")

prompt_value = prompt.invoke({"dish": "カレー"})
```

```
print(prompt_value)
```

LangSmithのPromptsには他にも、LangSmith上でプロンプトを試すPlaygroundといった機能もあります。このようにプロンプトを管理できるWebサービスとしては「PromptLayer[注6]」も有名です。

COLUMN

マルチモーダルモデルの入力の扱い

LangChainでは、GPT-4oやGPT-4o miniのようなマルチモーダルモデルを使うこともできます。LangChainのChatPromptTemplateで画像の入力を扱う例は次のようになります。

```python
from langchain_core.prompts import ChatPromptTemplate
from langchain_openai import ChatOpenAI

prompt = ChatPromptTemplate.from_messages(
    [
        (
            "user",
            [
                {"type": "text", "text": "画像を説明してください。"},
                {"type": "image_url", "image_url": {"url": "{image_url}"}},
            ],
        ),
    ]
)
image_url = "https://raw.githubusercontent.com/yoshidashingo/langchain-book/
main/assets/cover.jpg"

prompt_value = prompt.invoke({"image_url": image_url})
```

このプロンプトを穴埋めした値を使ってGPT-4oを呼び出すコードは次のようになります。

```python
model = ChatOpenAI(model="gpt-4o", temperature=0)
ai_message = model.invoke(prompt_value)
print(ai_message.content)
```

上記のコードを実行すると、次のように画像の内容を説明してくれます。

> この画像は、日本語の書籍の表紙です。表紙には以下の情報が含まれています:
>
> **タイトル:**

注6　https://promptlayer.com/

第 4 章 LangChain の基礎

```
ChatGPT/ LangChainによるチャットシステム構築「実践」入門
  :
<以下、省略>
```

マルチモーダルモデルはOpenAIやAnthropic、Googleなど各社から提供されていますが、まだ入出力の形式が定まっているとは言いがたい状況です。そのため現時点では、LangChainも上記のコードのような軽量な抽象化だけを提供する方針となっています。

  Prompt templateのまとめ

ここまで、LangChainにおけるプロンプトの扱いを抽象化したモジュールについて解説してきました。PromptTemplateやChatPromptTemplateによって、プロンプトをテンプレート化して扱うことができます。

Prompt templateについて学ぶと、単なる文字列の置換であり、Pythonが標準で提供するf文字列やformatメソッドで十分ではないかと思うかもしれません。確かに、単純なプロンプトの穴埋めは、Pythonが標準で提供する機能で十分な場合もあります。

一方で、LangChainのPrompt templateは、チャット形式のモデルのプロンプトにも対応していることや、後述するLCELの部品として使えることが大きな特徴です。

また、LLMアプリケーションでは、Few-shotプロンプティングの例を動的に選択してプロンプトに含めたい場合もあります。LangChainのPrompt templateはそのようなケースにも対応しています。Few-shotプロンプティングで使う例を動的に選択する機能は、LangChainでは「Example selector」として提供されています。興味があればぜひ調べてみてください。

 ## 4.4 Output parser

前節では、LLMの入力に関するコンポーネントであるPrompt templateを解説しました。次は、LLMの出力に注目します。LLMに特定の形式で出力させて、その出力をプログラム的に扱いたい場合があります。そこで使えるのが「Output parser」です。

4.4 Output parser

Output parserの概要

Output parserは、JSONなどの出力形式を指定するプロンプトの作成と、応答のテキストのPythonオブジェクトへの変換機能を提供します。Output parserを使うと、LLMの応答から該当箇所を抽出してPythonのオブジェクト（辞書型や自作したクラス）にマッピングするという定番の処理を簡単に実装できます。

図4.6 Output parserの概要

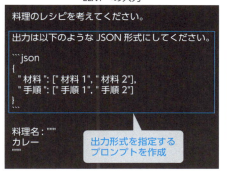
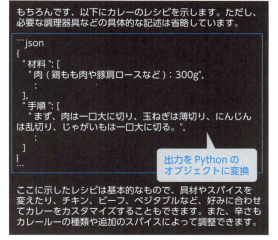

PydanticOutputParserを使ったPythonオブジェクトへの変換

LangChainのOutput parserの一種である「PydanticOutputParser」を使うと、LLMの出力をPythonのオブジェクトに変換できます。ここから、PydanticOutputParserを使って、LLMが出力したレシピをRecipeクラスのインスタンスに自動で変換する例を見ていきます。

> **with_structured_output**
>
> ここでは、Output parserという重要なコンポーネントのコンセプトを理解するためにPydanticOutputParserを解説します。実際にLangChainでLLMに構造化データを出力させるときは、PydanticOutputParserを直接使うのではなく、後ほど紹介する「with_structured_output」を使うことをおすすめします。

第 4 章　LangChain の基礎

　まず、LLMに出力させたい「材料一覧 (ingredients)」と「手順 (steps)」をフィールドとするRecipe クラスを、Pydantic[注7]のモデルとして定義します。

```
from pydantic import BaseModel, Field

class Recipe(BaseModel):
    ingredients: list[str] = Field(description="ingredients of the dish")
    steps: list[str] = Field(description="steps to make the dish")
```

　このRecipeクラスを与えて、PydanticOutputParserを作成します。

```
from langchain_core.output_parsers import PydanticOutputParser

output_parser = PydanticOutputParser(pydantic_object=Recipe)
```

　そして、PydanticOutputParserから、プロンプトに含める出力形式の説明文を作成します。

```
format_instructions = output_parser.get_format_instructions()
print(format_instructions)
```

　ここで作成したformat_instructionsは、Recipeクラスに対応した出力形式の指定の文字列です。 format_instructionsをprintで表示すると、次のようになります。

```
The output should be formatted as a JSON instance that conforms to the JSON schema
below.

As an example, for the schema {"properties": {"foo": {"title": "Foo", "description":
"a list of strings", "type": "array", "items": {"type": "string"}}}, "required":
["foo"]}
the object {"foo": ["bar", "baz"]} is a well-formatted instance of the schema. The
object {"properties": {"foo": ["bar", "baz"]}} is not well-formatted.

Here is the output schema:
```
{"properties": {"ingredients": {"description": "ingredients of the dish", "items":
{"type": "string"}, "title": "Ingredients", "type": "array"}, "steps":
{"description": "steps to make the dish", "items": {"type": "string"}, "title":
"Steps", "type": "array"}}, "required": ["ingredients", "steps"]}
```
```

　「出力はこのようなJSON形式にしてください」といった内容ですね。このformat_instructions をプロンプトに埋め込むことで、LLMがこの形式に従った応答を返すようにします。続きとして、

注7　Pydanticは、Pythonでデータの入れ物として使うクラスを簡単に作成できる有名なパッケージです。Python標準のdataclass と異なり、Pydanticは実行時にデータ型を検証する機能などを持ちます。

format_instructionsを使ったChatPromptTemplateを作成します。

```python
from langchain_core.prompts import ChatPromptTemplate

prompt = ChatPromptTemplate.from_messages(
    [
        (
            "system",
            "ユーザーが入力した料理のレシピを考えてください。\n\n"
            "{format_instructions}",
        ),
        ("human", "{dish}"),
    ]
)

prompt_with_format_instructions = prompt.partial(
    format_instructions=format_instructions
)
```

prompt.partialという箇所では、プロンプトの一部を穴埋めしています。このChatPrompt Templateに対して、例として入力を与えてみます。

```python
prompt_value = prompt_with_format_instructions.invoke({"dish": "カレー"})
print("=== role: system ===")
print(prompt_value.messages[0].content)
print("=== role: user ===")
print(prompt_value.messages[1].content)
```

すると、プロンプトを穴埋めした結果は次のようになります。

```
=== role: system ===
ユーザーが入力した料理のレシピを考えてください。

The output should be formatted as a JSON instance that conforms to the JSON schema
below.

As an example, for the schema {"properties": {"foo": {"title": "Foo", "description":
"a list of strings", "type": "array", "items": {"type": "string"}}}, "required":
["foo"]}
the object {"foo": ["bar", "baz"]} is a well-formatted instance of the schema. The
object {"properties": {"foo": ["bar", "baz"]}} is not well-formatted.

Here is the output schema:
```
{"properties": {"ingredients": {"title": "Ingredients", "description": "ingredients
of the dish", "type": "array", "items": {"type": "string"}}, "steps": {"title":
"Steps", "description": "steps to make the dish", "type": "array", "items": {"type":
"string"}}}, "required": ["ingredients", "steps"]}
```
```

```
```
=== role: user ===
カレー
```

Recipeクラスの定義をもとに、出力形式を指定するプロンプトが自動で埋め込まれていますね。このテキストを入力として、LLMを実行してみます。

```python
from langchain_openai import ChatOpenAI

model = ChatOpenAI(model="gpt-4o-mini", temperature=0)

ai_message = model.invoke(prompt_value)
print(ai_message.content)
```

すると、次のような応答を得られます。

```
{
  "ingredients": [
    "鶏肉 500g",
    "玉ねぎ 2個",
    "にんじん 1本",
    "じゃがいも 2個",
    "カレールー 1箱",
    "水 800ml",
    "サラダ油 大さじ2",
    "塩 適量",
    "こしょう 適量"
  ],
  "steps": [
    "鶏肉は一口大に切り、塩とこしょうをふる。",
    "玉ねぎは薄切り、にんじんとじゃがいもは一口大に切る。",
    "鍋にサラダ油を熱し、玉ねぎを炒めて透明になるまで炒める。",
    "鶏肉を加え、表面が白くなるまで炒める。",
    "にんじんとじゃがいもを加え、全体を混ぜる。",
    "水を加え、沸騰したらアクを取り、弱火で20分煮る。",
    "カレールーを加え、よく溶かしてさらに10分煮込む。",
    "味を見て、必要に応じて塩で調整する。",
    "ご飯と一緒に盛り付けて完成。"
  ]
}
```

この応答をPydanticのモデルのインスタンスに変換して使いたいことは多いです。その変換処理も、PydanticOutputParserを使うと簡単です。

```python
recipe = output_parser.invoke(ai_message)
print(type(recipe))
print(recipe)
```
```

4.4 Output parser

このように実装すると、Pydanticのモデルのインスタンスを得ることができます。このコードを実行すると、次のように表示されます。

```
<class '__main__.Recipe'>
ingredients=['鶏肉 500g', '玉ねぎ 2個', 'にんじん 1本', 'じゃがいも 2個', 'カレールー 1箱', '水 800ml', 'サラダ油 大さじ2', '塩 適量', 'こしょう 適量'] steps=['鶏肉は一口大に切り、塩とこしょうをふる。', '玉ねぎは薄切り、にんじんとじゃがいもは一口大に切る。', '鍋にサラダ油を熱し、玉ねぎを炒めて透明になるまで炒める。', '鶏肉を加え、表面が白くなるまで炒める。', 'にんじんとじゃがいもを加え、全体を混ぜる。', '水を加え、沸騰したらアクを取り、弱火で20分煮る。', 'カレールーを加え、よく溶かしてさらに10分煮込む。', '味を見て、必要に応じて塩で調整する。', 'ご飯と一緒に盛り付けて完成。']
```

ここまで、Output parserを使う例を見てきました。ポイントは次の2つです。

- Recipeクラスの定義をもとに、出力形式を指定する文字列が自動的に作られた
- LLMの出力を簡単にRecipeクラスのインスタンスに変換できた

このようにとても便利なOutput parserですが、LLMが不完全なJSONを返してきたりするとエラーになってしまいます。JSONなどの構造化データをLLMに安定的に出力させるには、Chat Completions APIのJSONモードのような機能を使ったり、Function callingを応用することが有用です。LangChainでFunction callingを応用して構造化データを出力する方法は、後ほどwith_structured_outputのコラムで紹介します。

StrOutputParser

Output parserのコンセプトを理解したところで、非常に頻繁に使用することになる「StrOutputParser」を紹介します。

StrOutputParserは、LLMの出力をテキストに変換するために使用します。たとえば、ChatOpenAIをinvokeすると、AIMessageが得られます。AIMessageに対してStrOutputParserをinvokeすると、テキストを取り出すことができます。サンプルコードは次のようになります。

```python
from langchain_core.messages import AIMessage
from langchain_core.output_parsers import StrOutputParser

output_parser = StrOutputParser()

ai_message = AIMessage(content="こんにちは。私はAIアシスタントです。")
output = output_parser.invoke(ai_message)
print(type(output))
print(output)
```

このコードの実行結果は次のようになります。

```
<class 'str'>
こんにちは。私はAIアシスタントです。
```

このサンプルコードだけを見ると、「わざわざStrOutputParserを使わなくても、ai_message.contentと書いてテキストを取り出せばいいのではないか」と思うかもしれません。しかし、StrOutputParserは次節で解説するLangChain Expression Language（LCEL）の構成要素として重要な役割を果たします。LangChain Expression Language（LCEL）を学ぶと、StrOutputParserがなぜ存在するのか理解できるはずです。

Output parserのまとめ

この節では、LLMの出力を変換するOutput parserを解説しました。LangChainでは、この節で紹介したPydanticOutputParserやStrOutputParser以外にも、XMLやCSVなどの形式に対応したOutput Parserも提供されています。

ここまでに紹介してきたLLMとChat model・Prompt template・Output parserは、LangChainの動作の根幹となるコンポーネントです。これらを使って「Chain」を構築するのが、LangChainの醍醐味です。

4.5 Chain—LangChain Expression Language（LCEL）の概要

LLMアプリケーションでは、単にLLMに入力して出力を得て終わりではなく、処理を連鎖的につなぎたいことが多いです。たとえば、次のような連鎖が考えられます。

- Prompt templateを穴埋めして、その結果をChat modelに与え、その結果をPythonのオブジェクトに変換したい
- 第2章で紹介したZero-shot CoTプロンプティングでステップバイステップで考えさせて、その結果を要約させたい
- LLMの出力を得たあとで、その内容がサービスのポリシーに違反しないか（たとえば差別的な表現でないか）チェックしたい

4.5 Chain―LangChain Expression Language（LCEL）の概要

- LLMの出力結果をもとに、SQLを実行してデータを分析させてみたい

このような処理の連鎖を実現するのが、LangChainの「Chain」です。

LangChain Expression Language（LCEL）とは

LangChain Expression Language（LCEL）は、LangChainでのChainの記述方法です。LCELではプロンプトやLLMを「|」でつなげて書き、処理の連鎖（Chain）を実装します。2023年10月頃から、LangChainではLCELを使う実装が標準的となりました。

この節では、Chainの基本的なコンセプトを理解できるよう、LCELの概要を紹介します。LCELを使いこなすための詳細については、次の第5章で解説します。それでは、LCELの基本的な例をいくつか見ていきましょう。

promptとmodelの連鎖

まず、LCELを使う最もシンプルな例として、promptとmodelをつないでみます。はじめに、prompt（ChatPromptTemplate）とmodel（ChatOpenAI）を準備します。

```
from langchain_core.prompts import ChatPromptTemplate
from langchain_openai import ChatOpenAI

prompt = ChatPromptTemplate.from_messages(
    [
        ("system", "ユーザーが入力した料理のレシピを考えてください。"),
        ("human", "{dish}"),
    ]
)

model = ChatOpenAI(model_name="gpt-4o-mini", temperature=0)
```

そして、これらをつないだchainを作成します。

```
chain = prompt | model
```

このchainを実行します。

```
ai_message = chain.invoke({"dish": "カレー"})
print(ai_message.content)
```

85

すると、次のようにLLMの生成した応答が表示されます。

```
カレーのレシピをご紹介します。シンプルで美味しい基本のカレーを作りましょう。

### 材料（4人分）
- 鶏肉（もも肉または胸肉）：400g
- 玉ねぎ：2個
<以下略>
```

　prompt（PromptTeamplte）の穴埋めと、model（ChatOpenAI）の呼び出しが、連鎖的に実行されたということです。LCELでは、上記の「chain = prompt | model」のように、プロンプトやLLMを「|」でつなげて書き、処理の連鎖（Chain）を実装します。

StrOutputParserを連鎖に追加

　先ほどの例では、chainをinvokeした結果がAIMessageであるため、ai_message.contentのように書いてテキストを取り出しました。StrOutputParserをchainに追加すると、ChatOpenAIなどのChat modelの出力であるAIMessageを文字列に変換できます。サンプルコードは次のようになります。

```python
from langchain_core.output_parsers import StrOutputParser

chain = prompt | model | StrOutputParser()
output = chain.invoke({"dish": "カレー"})
print(output)
```

　このコードの実行結果は次のようになります。

```
カレーのレシピをご紹介します。シンプルで美味しい基本のカレーを作りましょう。

### 材料（4人分）
- 鶏肉（もも肉または胸肉）：400g
- 玉ねぎ：2個
<以下略>
```

　promptとmodelとStrOutputParserを接続するこのコードは、LCELの最も基本形と言えます。

PydanticOutputParserを使う連鎖

LCELの2つ目の例として、promptとmodelにPydanticOutputParserをつないでみます。LLMに料理のレシピを生成させて、その結果をRecipeクラスのインスタンスに変換する、という処理の連鎖を実装してみます。

まず、Recipeクラスを定義し、output_parser（PydanticOutputParser）を準備します。

```python
from langchain_core.output_parsers import PydanticOutputParser
from pydantic import BaseModel, Field

class Recipe(BaseModel):
    ingredients: list[str] = Field(description="ingredients of the dish")
    steps: list[str] = Field(description="steps to make the dish")

output_parser = PydanticOutputParser(pydantic_object=Recipe)
```

続いて、prompt（PromptTemplate）とmodel（ChatOpenAI）を準備します。

```python
from langchain_core.prompts import ChatPromptTemplate
from langchain_openai import ChatOpenAI

prompt = ChatPromptTemplate.from_messages(
    [
        ("system", "ユーザーが入力した料理のレシピを考えてください。\n\n{format_instructions}"),
        ("human", "{dish}"),
    ]
)

prompt_with_format_instructions = prompt.partial(
    format_instructions=output_parser.get_format_instructions()
)

model = ChatOpenAI(model="gpt-4o-mini", temperature=0).bind(
    response_format={"type": "json_object"}
)
```

promptの{format_instructions}の箇所には、Recipeクラスの定義をもとに「こんな形式のJSONを返してね」というテキストが含まれます。また、modelの設定としてChat Completions APIのJSON modeを使用しています。

LCELの記法で、promptとmodel、output_parserをつないだchainを作成します。

```python
chain = prompt_with_format_instructions | model | output_parser
```

chainを実行してみます。

```
recipe = chain.invoke({"dish": "カレー"})
print(type(recipe))
print(recipe)
```

このコードの実行結果は次のようになります。

```
<class '__main__.Recipe'>
ingredients=['鶏肉 500g', '玉ねぎ 2個', 'にんじん 1本', 'じゃがいも 2個', 'カレールー 1箱', '水 800ml', 'サラダ油 大さじ2', '塩 適量', 'こしょう 適量'] steps=['鶏肉は一口大に切り、塩とこしょうをふる。', '玉ねぎは薄切り、にんじんとじゃがいもは一口大に切る。', '鍋にサラダ油を熱し、玉ねぎを炒めて透明になるまで炒める。', '鶏肉を加え、表面が白くなるまで炒める。', 'にんじんとじゃがいもを加え、全体を混ぜる。', '水を加え、沸騰したらアクを取り、弱火で20分煮る。', 'カレールーを加え、よく溶かしてさらに10分煮込む。', '味を見て、必要に応じて塩で調整する。', 'ご飯と一緒に盛り付けて完成。']
```

最終的な出力として、Recipeクラスのインスタンスが得られました。chain.invokeという呼び出しで、プロンプトの穴埋め・LLMの呼び出し・出力の変換が、連鎖的に実行されたということです。

Chainのまとめ

LangChainの重要なコンセプトである「Chain」と、自由自在にChainを実装するための「LangChain Expression Language (LCEL)」の概要を解説しました。

LangChainでは、Prompt template・LLM/Chat model・Output parserを連結して、Chainとして一連の処理を実行するのが基本となります。

LCELはより複雑な処理の連鎖を実現することもできます。たとえば、独自の関数をChainにはさんだり、複数のChainを並列につないで実行することも可能です。このようなLCELのより実践的な使い方については、次の第5章で解説します。

4.5 Chain—LangChain Expression Language (LCEL) の概要

COLUMN

with_structured_output

この章では、Output parser や Chain のコンセプトを解説するために PydanticOutputParser を使う例を解説しました。実際に LangChain で LLM に構造化データを出力させるときは、PydanticOutputParser を直接使うよりも簡単なため、「with_structured_output」を使うことをおすすめします。with_structured_output で同様の処理を行うコードは次のようになります。

```python
from langchain_core.prompts import ChatPromptTemplate
from langchain_openai import ChatOpenAI
from pydantic import BaseModel, Field

class Recipe(BaseModel):
    ingredients: list[str] = Field(description="ingredients of the dish")
    steps: list[str] = Field(description="steps to make the dish")

prompt = ChatPromptTemplate.from_messages(
    [
        ("system", "ユーザーが入力した料理のレシピを考えてください。"),
        ("human", "{dish}"),
    ]
)

model = ChatOpenAI(model="gpt-4o-mini")

chain = prompt | model.with_structured_output(Recipe)

recipe = chain.invoke({"dish": "カレー"})
print(type(recipe))
print(recipe)
```

with_structured_output はすべてのモデルで使用できるわけではなく、ChatOpenAI など一部の Chat model のみでサポートされています。with_structured_output をサポートしているモデルは、公式ドキュメントの次のページで確認できます。

▌参照：Chat models

https://python.langchain.com/v0.3/docs/integrations/chat/

ChatOpenAI の with_structured_output は、デフォルトでは Function calling を使用して JSON 形式のデータを出力させています。Function calling は、実際に関数を呼び出さずに、JSON 形式のデータを確実に出力させる目的で使われることも多いです。

4.6 LangChainのRAGに関するコンポーネント

LangChainのコンポーネントの解説の最後に、「RAG」に関するコンポーネントを解説します。

RAG (Retrieval-Augmented Generation)

まずはRAG (Retrieval-Augmented Generation) について説明します。

GPT-4oやGPT-4o miniは、本書執筆時点では2023年10月までのデータで学習しているため、その時点までの公開されている情報しか知りません。しかし、より新しい情報やプライベートな情報にもとづいてLLMに回答させたいことは多いです。そこで、プロンプトに文脈 (context) を入れる方法が考えられます。

たとえば、LangChainのエコシステムの1つである「LangGraph」は2024年に登場したため、GPT-4oはLangGraphについて正確に回答できません。そこで、LangGraphの概要が書かれている、LangChainのREADME[注8]の内容を文脈 (context) としてプロンプトに含めて質問してみます。

```
文脈を踏まえて質問に1文で回答してください。

文脈："""
<LangChainのREADMEの内容>
"""

質問：LangGraphとは？
```

すると、contextを踏まえてLangGraphについて回答してくれました。

図4.7 プロンプトにLangGraphの情報を含めた場合の応答

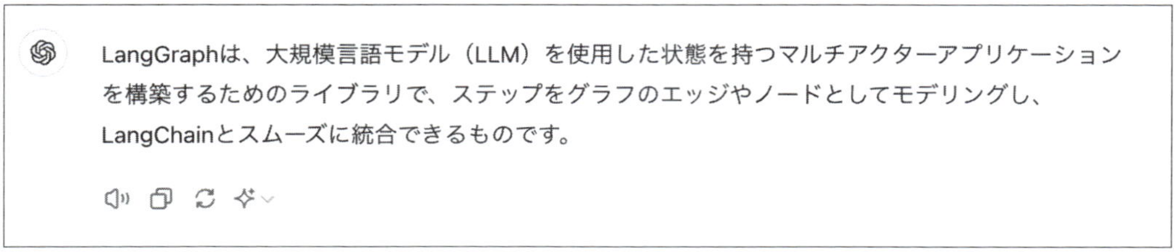

> LangGraphは、大規模言語モデル（LLM）を使用した状態を持つマルチアクターアプリケーションを構築するためのライブラリで、ステップをグラフのエッジやノードとしてモデリングし、LangChainとスムーズに統合できるものです。

注8　https://github.com/langchain-ai/langchain/blob/master/README.md

このように、質問に関係する文書をcontextに含めることで、LLMが本来知らないことを回答してもらうことができます。ただし、LLMにはトークン数の最大値の制限があるため、あらゆるデータをcontextに入れることはできません。

そこで、入力をもとに文書を検索して、検索結果をcontextに含めてLLMに回答させる手法があります。このような手法はRAG (Retrieval-Augmented Generation) [注9] と呼ばれます。

RAGの典型的な構成としては、ベクターデータベースを使い、文書をベクトル化して保存しておいて、入力のテキストとベクトルの近い文書を検索してcontextに含めます。文書のベクトル化にはOpenAIのEmbeddings APIなどを使用します。

図4.8　RAG（Retrieval-Augmented Generation）の典型的な構成

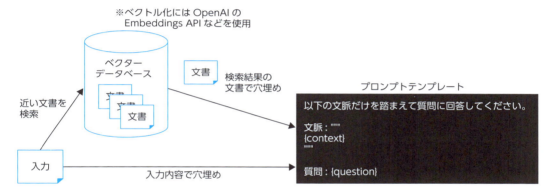

なお、テキストのベクトル化とは、テキストを数値の配列に変換することです。テキストのベクトル化にはさまざまな手法がありますが、一般に、登場するキーワードや意味が近いテキストがベクトルとしても距離が近くなるように変換します。テキストのベクトル化自体は最近登場した技術ではなく、自然言語処理の分野で以前からよく使われています。後ほど具体的にどのようなベクトルになるのか例を見てみます。

注9　実際には、RAGが提案されたLewis et al. (2020)「Retrieval-Augmented Generation for Knowledge-Intensive NLP Tasks」https://arxiv.org/abs/2005.11401 では本書での解説とは少し異なる手法が使われています。しかし、本書執筆時点では事実上、ベクトル検索した文書をプロンプトに含めて回答を生成する手法や、さらに広くは各種データベースやGoogleなどのWeb検索エンジンなどで検索したデータをプロンプトに含めて回答を生成する手法もRAGと呼ばれるようになってきています。

第 4 章　LangChain の基礎

LangChain の RAG に関するコンポーネントの概要

LangChain では、RAG に使用するためのさまざまなコンポーネントが提供されています。まず押さえたい主要なコンポーネントとしては、次の 5 つがあります。

- Document loader：データソースからドキュメントを読み込む
- Document transformer：ドキュメントに何らかの変換をかける
- Embedding model：ドキュメントをベクトル化する
- Vector store：ベクトル化したドキュメントの保存先
- Retriever：入力のテキストと関連するドキュメントを検索する

これらは情報源（ソース）となるデータから Retriever による検索まで、図 4.9 のようにつながります。

図 4.9　RAG を実現するコンポーネントのつながり

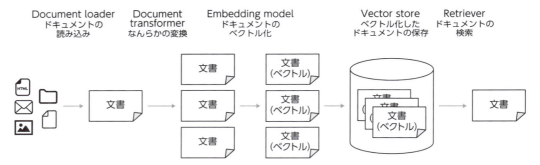

LangChain の公式ドキュメントを読み込んで gpt-4o-mini に質問する例で、実際にこの流れを実行してみましょう。

Document loader

まずは LangChain の公式ドキュメントを読み込む必要があります。データの読み込みに使うのが「Document loader」です。

ここでは、GitHub のリポジトリで公開されている LangChain の公式ドキュメントの一部を読み込むことにします。まず、langchain-community と GitPython というパッケージをインストールします。

4.6　LangChainのRAGに関するコンポーネント

```
!pip install langchain-community==0.3.0 GitPython==3.1.43
```

続いて、Document loaderの一種であるGitLoaderを使い、LangChainのリポジトリから、.mdxという拡張子のファイルを読み込みます[注10]。

```
from langchain_community.document_loaders import GitLoader

def file_filter(file_path: str) -> bool:
    return file_path.endswith(".mdx")

loader = GitLoader(
    clone_url="https://github.com/langchain-ai/langchain",
    repo_path="./langchain",
    branch="master",
    file_filter=file_filter,
)

raw_docs = loader.load()
print(len(raw_docs))
```

このコードを実行すると、読み込んだデータの件数が次のように表示されます[注11]。

```
277
```

LangChainではとても多くのDocument loaderが提供されています。そのうちいくつかを表4.1にまとめました。

表4.1　LangChainが提供するDocument loader（一部）

Document loader	概要
UnstructuredLoader	テキストファイル、パワーポイント、HTML、PDF、画像などのファイルを読み込む
DirectoryLoader	ディレクトリ内のファイルをUnstructuredLoaderなどで読み込む
SitemapLoader	サイトマップに従ってWebサイトの各ページを読み込む
S3DirectoryLoader	Amazon S3のバケットを指定してオブジェクトを読み込む
GitLoader	リポジトリからファイルを読み込む
BigQueryLoader	Google BigQueryにSQLを発行し、行ごとにドキュメントとして読み込む
GoogleDriveLoader	Google Driveからファイルを読み込む
ConfluenceLoader	Confluenceのページを読み込む
NotionDirectoryLoader	Notionからexportしたファイルを読み込む
SlackDirectoryLoader	Slackからexportしたファイルを読み込む
HuggingFaceDatasetLoader	Hugging Face Hubからデータセットを読み込む

注10　LangChainのドキュメントは執筆時点で.mdや.mdx、.ipynbなどの形式で書かれています。ここでは.mdxで書かれたドキュメントだけを読み込んでいます。また、本来はドキュメントをビルドしてから読み込むようにすると、より適切な挙動になる可能性がありますが、ドキュメントのビルド処理にはある程度時間がかかるため、本書では省略しています。

注11　表示される値はLangChainのアップデートで変わる可能性があります。この節の以後の実行結果も、LangChainのアップデートなどにより変わる可能性があります。

93

LangChainには本稿執筆時点でも150を超えるDocument loaderがあります。LangChainの各種インテグレーションは公式ドキュメント（https://python.langchain.com/v0.3/docs/integrations/document_loaders/）にまとまっています。

Document transformer

Document loaderで読み込んだデータは「ドキュメント」と呼びます。読み込んだドキュメントには何らかの変換をかけることも多いです。ドキュメントに何らかの変換をかけるのが「Document transformer」です。

たとえば、ドキュメントをある程度の長さでチャンク[注12]に分割したい場合があります。ドキュメントを適切な大きさのチャンクに分割することで、LLMに入力するトークン数を削減したり、より正確な回答を得やすくなる場合があります。

LangChainではドキュメントをチャンク化する機能群は「Text splitter」と呼ばれており、langchain-text-splittersというパッケージに分離されています。そこでまずlangchain-text-splittersをインストールします。

```
!pip install langchain-text-splitters==0.3.0
```

langchain-text-splittersが提供するCharacterTextSplitterというクラスを使ってドキュメントをチャンクに分割する例は、次のようになります。

```
from langchain_text_splitters import CharacterTextSplitter

text_splitter = CharacterTextSplitter(chunk_size=1000, chunk_overlap=0)

docs = text_splitter.split_documents(raw_docs)
print(len(docs))
```

このコードを実行すると、次のように表示されます。

```
925
```

もともと277個だったドキュメントが925個に分割されました。

この例では、文字数でチャンクに分割しました。LangChainでは他にも、tiktokenで計測したトークン数で分割したり、Pythonなどのソースコードをできるだけクラスや関数のようなまとまりで分割したりする機能も提供されています。

[注12] 分割したテキストの1つ1つを「チャンク」と呼びます。

また、ドキュメントをチャンクに分割する以外にも、いくつかの変換処理がサポートされています。

表4.2　LangChainが提供するDocument transformer（一部）

Document transformer	概要
Html2TextTransformer	HTMLをプレーンテキストに変換する
OpenAIMetadataTagger	メタデータを抽出する
GoogleTranslateTransformer	ドキュメントを翻訳する
DoctranQATransformer	ユーザーの質問と関連しやすくなるよう、ドキュメントからQ&Aを生成する

Embedding model

ドキュメントの変換処理を終えたら、テキストをベクトル化します。本書ではOpenAIのEmbeddings APIを使い、text-embedding-3-smallというモデルでテキストをベクトル化します。

LangChainにはOpenAIのEmbeddings APIをラップした、OpenAIEmbeddingsというクラスがあります。OpenAIEmbeddingsのようにテキストのベクトル化に使えるのが「Embedding model」です。まず、OpenAIEmbeddingsのインスタンスを作成します。

```
from langchain_openai import OpenAIEmbeddings

embeddings = OpenAIEmbeddings(model="text-embedding-3-small")
```

ドキュメントのベクトル化の処理は、次に説明するVector storeのクラスにデータを保存する際に内部的に実行されます。しかしそれではベクトル化のイメージがつきにくいので、ここでベクトル化を試してみます。

OpenAIEmbeddingsを使ってテキストをベクトル化してみます。

```
query = "AWSのS3からデータを読み込むためのDocument loaderはありますか？"

vector = embeddings.embed_query(query)
print(len(vector))
print(vector)
```

このコードを実行すると、次のように表示されます。

```
1536
[-0.012128759175539017, -0.005645459052175283, <省略>, 0.01510775275528431]
```

「AWSのS3からデータを読み込むためのDocument loaderはありますか？」という文字列が、1536次元のベクトル（数値のリスト）に変換されています。

Vector store

続いて、保存先のVector storeを準備して、ドキュメントをベクトル化して保存します。本章では、「Chroma」[注13]というローカルで使用可能なVector storeを使います。まず、Chromaを使うのに必要なパッケージをインストールします。

```
!pip install langchain-chroma==0.1.4
```

チャンクに分割したドキュメントと、Embedding modelをもとに、Vector storeを初期化します。

```
from langchain_chroma import Chroma

db = Chroma.from_documents(docs, embeddings)
```

これで、用意したドキュメントをベクトル化してVector storeに保存できました。
なおLangChainでは、Chroma以外にもFaiss[注14]、Elasticsearch[注15]、Redis[注16]などVector storeとして使える多くのインテグレーションが提供されています。
Vector storeに対しては、ユーザーの入力に関連するドキュメントを得る操作を行います。LangChainにおいて、テキストに関連するドキュメントを得るインターフェースを「Retriever」と言います。
Vector storeのインスタンスからRetrieverを作成します。

```
retriever = db.as_retriever()
```

Retrieverを使って、試しに「AWSのS3からデータを読み込むためのDocument loaderはありますか?」という質問に近いドキュメントを検索してみます。

```
query = "AWSのS3からデータを読み込むためのDocument loaderはありますか?"

context_docs = retriever.invoke(query)
print(f"len = {len(context_docs)}")

first_doc = context_docs[0]
print(f"metadata = {first_doc.metadata}")
print(first_doc.page_content)
```

注13 https://www.trychroma.com/
注14 https://faiss.ai/index.html
注15 https://www.elastic.co/jp/elasticsearch
注16 https://redis.io/

このコードを実行すると、次のように表示されます。

```
len = 4
metadata = {'file_name': 'aws.mdx', 'file_path': 'docs/docs/integrations/platforms/
aws.mdx', 'file_type': '.mdx', 'source': 'docs/docs/integrations/platforms/aws.
mdx'}
## Document loaders

### AWS S3 Directory and File

>[Amazon Simple Storage Service (Amazon S3)](https://docs.aws.amazon.com/AmazonS3/
latest/userguide/using-folders.html)
> is an object storage service.
>[AWS S3 Directory](https://docs.aws.amazon.com/AmazonS3/latest/userguide/using-
folders.html)
>[AWS S3 Buckets](https://docs.aws.amazon.com/AmazonS3/latest/userguide/UsingBucket.
html)

See a [usage example for S3DirectoryLoader](/docs/integrations/document_loaders/aws_
s3_directory).

See a [usage example for S3FileLoader](/docs/integrations/document_loaders/aws_s3_
file).

```python
from langchain_community.document_loaders import S3DirectoryLoader, S3FileLoader
```

Amazon Textract

>[Amazon Textract](https://docs.aws.amazon.com/managedservices/latest/userguide/
textract.html) is a machine
> learning (ML) service that automatically extracts text, handwriting, and data from
scanned documents.

See a [usage example](/docs/integrations/document_loaders/amazon_textract).
```

　4つのドキュメントが見つかり、そのうち1つ目は「docs/docs/integrations/platforms/aws.mdx」で、AWSのS3を対象としたDocument loaderについて書かれています。Retrieverに与えたテキストと近い文書を得ることができていますね。

　Retrieverの内部では、与えられたテキスト（query）をベクトル化して、Vector storeに保存された文書のうち、ベクトルの距離が近いものを探しています。

COLUMN
4次元以上のベクトルの距離

この節では、類似する文書の検索のために、1,536次元のベクトルの距離という概念を使いました。4次元以上のベクトルの距離は想像がつかないと言われることがあります。このコラムでは、4次元以上のベクトルの距離を理解するための例として、[2, 3, -1, 0] と [4, -2, 1, 1] という2つのベクトルの距離を計算してみます。

実は、ベクトルの距離にはいくつも種類があります。ここではとくに単純な「マンハッタン距離」を計算してみます。マンハッタン距離は、2つのベクトルの「各要素の差の絶対値」を「合計」した値です。[2, 3, -1, 0] と [4, -2, 1, 1] の各要素の差の絶対値は [2, 5, 2, 1] です。[2, 5, 2, 1] を合計して、マンハッタン距離は10となります。

図4.10　マンハッタン距離

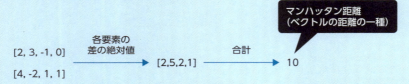

各要素の差の絶対値を合計しているので、各要素が近いほどマンハッタン距離は小さくなります。また、例として4次元ベクトルのマンハッタン距離を計算してみましたが、次元（要素数）がいくつであっても同じように計算できます。たとえば、1,536次元のベクトルと1,536次元のベクトルのマンハッタン距離も、同じ手順で計算できます。プログラミングでは、要素数が2つ・3つの配列を理解できれば、要素数が4つ・5つ……1,536個の配列もその延長だと考えられます。同じように、4次元以上のベクトルの距離も、2次元・3次元のベクトルの距離の延長で計算すればよいということです。

4次元以上のベクトルを理解するため、図形を想像しようとして苦戦している方も多いと思います。しかし、ベクトルの距離を理解するうえで、必ずしも図形を想像する必要はありません。

なお、このコラムでは説明が簡単な「マンハッタン距離」を紹介しましたが、実際に最も有名な距離は「ユークリッド距離」です。また、実際のベクトルの類似度検索では、ある条件下でユークリッド距離と同じ大小関係になる「コサイン類似度」を使うことが多いです。

LCELを使ったRAGのChainの実装

ここまでで、ドキュメントをベクトル化して保存しておいて、ユーザーの入力に近いドキュメントを検索（Retrieve）する処理を実施してみました。チャットボットなどのアプリケーションとしては、入力に関連する文書を検索（Retrieve）するのに加えて、検索結果をPromptTemplateにcontextとして埋め込んで、LLMに質問して回答（QA）してもらいたい場合があります。

図4.11　RAGの処理の連鎖

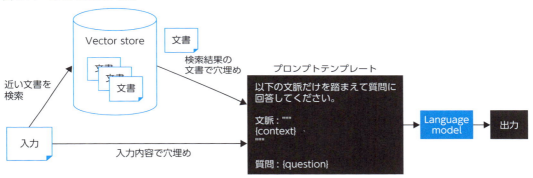

この一連の処理をLCELでChainとして実装してみます。まず、prompt（ChatPromptTemplate）とmodel（ChatOpenAI）を準備します。

```
from langchain_core.prompts import ChatPromptTemplate
from langchain_openai import ChatOpenAI

prompt = ChatPromptTemplate.from_template('''\
以下の文脈だけを踏まえて質問に回答してください。

文脈："""
{context}
"""

質問：{question}
''')

model = ChatOpenAI(model_name="gpt-4o-mini", temperature=0)
```

続いて、LCELでRAGのChainを実装して実行します。

```
from langchain_core.output_parsers import StrOutputParser
from langchain_core.runnables import RunnablePassthrough

chain = (
    {"context": retriever, "question": RunnablePassthrough()}
    | prompt
    | model
    | StrOutputParser()
)

output = chain.invoke(query)
print(output)
```

このLCELのchainでは、最初に{"context": retriever, "question": RunnablePassthrough()}と書かれています。これは、入力がretrieverに渡されつつ、promptにも渡される、というイメージです。この記述の詳細は次の第5章で解説します。

このコードを実行すると、LLMの回答は次のようになります。

```
はい、AWSのS3からデータを読み込むためのDocument loaderとして、`S3DirectoryLoader`と`S3FileLoader`があります。これらは、AWS S3のディレクトリやファイルからデータを読み込むために使用されます。
```

Retrieverで検索したテキストを踏まえて回答してくれていることがわかります。LangChainを使って、RAGの基本的な処理を実装することができました。

Chainクラスの非推奨化

LangChainでは、LCELが実装されたことで、それまでよりも自由自在にChainを組むことができるようになりました。LCELが実装される以前は、特定の処理の連鎖が実装済みのLLMChainやRetrievalQAといったクラスを使っていました。しかし、これらのクラスはすでに非推奨となっており、v0.3以降のどこかのタイミングで廃止される予定です。

LangChainで処理の連鎖を実装したい場合は、LLMChainやRetrievalQAなどのクラスは使わずに、LCELを使って実装してください。もしもRetrievalQAのようにLangChainが提供する既製品のChainを使いたい場合は、create_retrieval_chainなど、create_xxx_chainという名称の関数を使用してください。なお、create_xxx_chainといった関数で提供される既製品のChainはカスタマイズが難しいことも多く、自前でLCELを記述するのが望ましいことが多いです。

LangChain の RAG に関するコンポーネントのまとめ

　この節では、LangChain の RAG に関するコンポーネントの基本を解説してきました。これらのコンポーネントを使うことで、たとえば社内文書に対して Q&A が可能なチャットボットを実装することができます。

　RAG は LLM アプリケーションで非常によく採用され、さまざまな工夫が考案されています。本書の第 6 章では、より高度な RAG の手法を扱います。

> **COLUMN**
> **Indexing API**
>
> 　この節では、LangChain を使った RAG の実装の基本を解説しました。実際に RAG の機能を運用する際は、ドキュメントを一度だけ Vector store に格納すればよいわけではなく、ドキュメントの更新時に Vector store と同期する処理が必要になることが多いです。このような同期処理をうまく実現するために、LangChain では Indexing API と呼ばれる機能が提供されています。興味を持った方は公式ドキュメントの次のページを参照してください。
>
> **参照：How to use the LangChain indexing API**
> https://python.langchain.com/v0.3/docs/how_to/indexing/

4.7　まとめ

　この章では、LangChain に登場する基本的な概念を整理しました。LangChain を学ぶことは、単に 1 つのフレームワークを習得することにとどまらず、LLM アプリケーションの開発についてさまざまなアイデアを学ぶことになります。LangChain の公式ドキュメントを読んだり、アップデートを追いかけてみたりするのは、LLM の使い方の例を学ぶ目的でもとてもおすすめです。

第 4 章　LangChain の基礎

> **COLUMN**
>
> ## Agent
>
> 　LangChainにはもともとAIエージェントを実装するための「Agent」と呼ばれる機能がありましたが、すでにLegacyな機能とされ、非推奨化に向けて動いています。代替として、LangChainのAgent機能よりも制御やカスタマイズのしやすい「LangGraph」を使うことが推奨されています。AIエージェントやLangGraphの詳細は第8章以降の解説を参照してください。

第 **5** 章

LangChain Expression Language(LCEL) 徹底解説

前章では、LangChain の概要や各種コンポーネントの基本を解説しました。LangChain を使いこなすためには、LangChain Expression Language（LCEL）の理解が重要です。この章では、LCEL を徹底解説します。

大嶋勇樹

第 5 章　LangChain Expression Language（LCEL）徹底解説

RunnableとRunnableSequence
―LCELの最も基本的な構成要素

　この章では、LangChainを使いこなしたい方のために、LangChain Expression Language（LCEL）を丁寧に解説します。

> **この章の想定読者について**
> 　この章の解説は、LLMアプリケーションの開発で幅広く使える基本ではなく、LangChainに特化した内容です。LangChainを使いこなしたい方は、この章を読みながら、ぜひ実際にコードも動かしてみてください。
> 　LangChainに限らず使えるRAGやAIエージェントのエッセンスだけ学びたい方は、この章は飛ばして次章に進んでも構いません。ただし、次章以降のサンプルコードでは、この章で解説する内容を使用するのでご注意ください。

　LCELの最も基本的な実装は、Prompt template・Chat model・Output parserの3つを連結することです。前章で解説したように、Prompt template、Chat model、Output parserはすべて「invoke」メソッドで実行することができます。LCELをよく理解できるよう、まずはこれらを順にinvokeすることを試してみます。まず、prompt（ChatPromptTemplate）・model（ChatOpenAI）・output_parser（StrOutputParser）を準備します。

```
from langchain_core.output_parsers import StrOutputParser
from langchain_core.prompts import ChatPromptTemplate
from langchain_openai import ChatOpenAI

prompt = ChatPromptTemplate.from_messages(
    [
        ("system", "ユーザーが入力した料理のレシピを考えてください。"),
        ("human", "{dish}"),
    ]
)

model = ChatOpenAI(model="gpt-4o-mini", temperature=0)

output_parser = StrOutputParser()
```

prompt・model・output_parserを順にinvokeするコードは次のようになります。

```
prompt_value = prompt.invoke({"dish": "カレー"})
ai_message = model.invoke(prompt_value)
output = output_parser.invoke(ai_message)

print(output)
```

このようなコードでもPrompt template、Chat model、Output parserを順に実行できますが、LCELではこれらを「|」で連結してから実行します。

実は、ChatPromptTemplate・ChatOpenAI・StrOutputParserは、すべてLangChainの「Runnable」という抽象基底クラスを継承しています。Runnableを「|」でつなぐと「RunnableSequence」になります。RunnableSequenceもRunnableの一種です。

図5.1 Runnableの連結

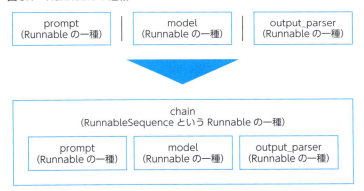

RunnableSequenceをinvokeすると、連結したRunnableが順にinvokeされます。

```
chain = prompt | model | output_parser
output = chain.invoke({"dish": "カレー"})
```
内部でprompt・model・output_parserが順にinvokeされる

このように、Runnableを「|」でつないで新たなRunnableを作り、それをinvokeしたときに内部のRunnableが順にinvokeされるというのがLCELの基本です。

Runnableの実行方法—invoke・stream・batch

まず押さえたいRunnableの実行方法として、invoke以外に、streamとbatchがあります。それぞれ簡単に見ていきます。

第 5 章　LangChain Expression Language（LCEL）徹底解説

まず、Runnable をストリーミングで実行するには、次のように stream メソッドを使います。

```
chain = prompt | model | output_parser

for chunk in chain.stream({"dish": "カレー"}):
    print(chunk, end="", flush=True)
```

また、batch メソッドを使うと、複数の入力をまとめて処理することができます。

```
chain = prompt | model | output_parser

outputs = chain.batch([{"dish": "カレー"}, {"dish": "うどん"}])
print(outputs)
```

　chain（RunnableSequence）の stream メソッドを呼び出すと、内部の Runnable の stream メソッドが順に呼び出されます。また、chain（RunnableSequence）の batch メソッドを呼び出すと、内部の Runnable の batch メソッドが順に呼び出されます。

　このように、Runnable クラスを継承したクラスは、invoke・stream・batch といった統一的なインターフェースで呼び出すことができます。さらに、これらを非同期処理にした ainvoke・astream・abatch というメソッドも提供されています。

COLUMN

LCEL はどのように実現されているのか

　ここで、LCEL の「|」記法がどのように実現されているのかを簡単に解説します。
　LCEL は、LangChain の各種モジュールが継承している Runnable クラスによって実現されています。LangChain（langchain-core）のソースコードで、Runnable は抽象基底クラス（ABC）として定義されています。

```
class Runnable(Generic[Input, Output], ABC):
```
引用元：https://github.com/langchain-ai/langchain/blob/langchain-core%3D%3D0.3.0/libs/core/langchain_core/
　　　　runnables/base.py#L108

　Runnable では __or__ と __ror__ というメソッドが次のように実装されています。

```
    def __or__(
        self,
        other: Union[
            Runnable[Any, Other],
            Callable[[Any], Other],
            Callable[[Iterator[Any]], Iterator[Other]],
```

```
                    Mapping[str, Union[Runnable[Any, Other], Callable[[Any], Other],
Any]],
        ],
    ) -> RunnableSerializable[Input, Other]:
        """Compose this runnable with another object to create a
RunnableSequence."""
        return RunnableSequence(first=self, last=coerce_to_runnable(other))

    def __ror__(
        self,
        other: Union[
            Runnable[Other, Any],
            Callable[[Other], Any],
            Callable[[Iterator[Other]], Iterator[Any]],
            Mapping[str, Union[Runnable[Other, Any], Callable[[Other], Any],
Any]],
        ],
    ) -> RunnableSerializable[Other, Output]:
        """Compose this runnable with another object to create a
RunnableSequence."""
        return RunnableSequence(first=coerce_to_runnable(other), last=self)
```

引用元：https://github.com/langchain-ai/langchain/blob/langchain-core%3D%3D0.3.0/libs/core/langchain_core/
　　　runnables/base.py#L557

　Pythonでは、__or__や__ror__によって「|」を演算子オーバーロードすることができます。そのため、「chain = prompt | model」のような記法ができるということです。

MEMO

JavaScript/TypeScript版のLCEL

　JavaScript/TypeScript版のLangChainでは、LCELを使うコードは次のようになります。

```
const chain = prompt.pipe(model);
```

　JavaScript/TypeScriptでは演算子オーバーロードを普通には実装できないため、このようなインターフェースになっているのだと考えられます。

第 5 章　LangChain Expression Language (LCEL) 徹底解説

 LCELの「|」でさまざまなRunnableを連鎖させる

ここで、「|」を使った処理の連鎖について、もう少し掘り下げていきます。

「|」を使うとRunnableとRunnableを連結できます。Runnableを連結したchainもRunnableなので、chainとchainも「|」で連結することができます。

例として、Zero-shot CoTでステップバイステップで考えさせて、その結果から結論だけを抽出させてみます。まず、model (ChatOpenAI) と output_parser (StrOutputParser) を準備します。

```
from langchain_core.output_parsers import StrOutputParser
from langchain_core.prompts import ChatPromptTemplate
from langchain_openai import ChatOpenAI

model = ChatOpenAI(model="gpt-4o-mini", temperature=0)

output_parser = StrOutputParser()
```

1つ目のChainとして、Zero-shot CoTでステップバイステップで考えさせるChainを作成します。

```
cot_prompt = ChatPromptTemplate.from_messages(
    [
        ("system", "ユーザーの質問にステップバイステップで回答してください。"),
        ("human", "{question}"),
    ]
)

cot_chain = cot_prompt | model | output_parser
```

2つ目のChainとして、ステップバイステップで考えた回答から結論を抽出するChainを作成します。

```
summarize_prompt = ChatPromptTemplate.from_messages(
    [
        ("system", "ステップバイステップで考えた回答から結論だけ抽出してください"),
        ("human", "{text}"),
    ]
)
summarize_chain = summarize_prompt | model | output_parser
```

2つのChainをつなげたChainを作成して、実行してみます。

```
cot_summarize_chain = cot_chain | summarize_chain
cot_summarize_chain.invoke({"question": "10 + 2 * 3"})
```

すると、最終的な実行結果として、次の出力が得られます。

最終的に要約されたシンプルな回答が得られました。このとき cot_summarize_chain の内部では、まず cot_chain が実行され、ステップバイステップで考えた冗長な回答を得ます。その回答を入力として summarize_chain を実行し、要約されたシンプルな回答を得ています。LLM を 2 回呼び出すことで、Zero-shot CoT を使って回答の精度を高めつつ、最終的にはシンプルな出力を得ることができたということです。

LLM アプリケーションでは、複雑なタスクを 1 度の LLM の呼び出しで解決しようとすると、プロンプトの作成や改善が難しくなってしまうことも多いです。複数のプロンプトで複数回 LLM を呼び出す方針にすることで、タスクを解決しやすくなることは少なくありません。

なお、cot_chain と summarize_chain を「|」で連結して実行できるのは、cot_chain の出力の型と summarize_chain の入力の型の整合性がとれているためです。

図 5.2　cot_chain と summarize_chain の連結

Runnable を「|」で連結するときは、出力の型と入力の型の整合性に注意する必要があります。

LangSmith での Chain の内部動作の確認

LCEL で記述した Chain の内部では、前の例のように複数回 LLM を呼び出したり、後ほど紹介するように検索処理を実行したりすることが多いです。処理の連鎖が複雑になると、処理の途中の状況を確認したくなります。そこで役立つのが LangSmith です。4.1 節「LangChain の概要」の「LangSmith のセットアップ」で解説した手順で LangSmith をセットアップ済みであれば、LangSmith の画面から次のように Chain の内部動作を確認することができます。

第 5 章 LangChain Expression Language (LCEL) 徹底解説

図5.3 LangSmithでChainの内部動作を確認する様子

> **COLUMN**
>
> ### なぜLCELが提供されているのか
>
> ここで、なぜLCELが提供されているのかがわかるよう、LCELの特徴を2つ紹介します。
>
> まず1つ目として、LCELではPrompt tempalate、Chat model、Output parserといったさまざまなコンポーネントに、invoke・stream・batch（およびこれらの非同期版）といった統一的なインターフェースが与えられています。
>
> LangChainは当初、PromptTemplateはformatメソッドで呼び出し、ChatOpenAIはrunメソッドで呼び出し、OutputParserはparseメソッドで呼び出すように、コンポーネントごとに呼び出し方が異なりました。コンポーネントごとに呼び出し方が異なるということは、コンポーネントを連結する処理は個別に実装しなくてはいけません。
>
> 一方、LCELではRunnableの統一的なインターフェースをもとにChainを組めるようになっています。そのため、コンポーネントを自由自在に連結できるようになりました。たとえば、独自のコンポーネントを実装するときもRunnableに従うことで、さまざまなChainの部品として使うことができます。
>
> LCELの2つめの特徴は、LangSmithでのトレースのわかりやすさです。LCELを使わなくても、Runnableを次のように順に呼び出すことは可能です。

```
prompt_value = prompt.invoke({"dish": "カレー"})
ai_message = model.invoke(prompt_value)
output = output_parser.invoke(ai_message)
```

　しかしこのコードでは、プロンプトの穴埋め・LLM の呼び出し・出力の変換という一連の処理が、無関係のトレースとして記録されてしまいます。
　「chain = prompt | model | output_parser」のように、Chain という 1 つのオブジェクトにまとめてから呼び出すことで、一連の処理のトレースが自動的にひもづくようになっています[注1]。このように、処理の連鎖の各トレースをひもづけるうえでも、LCEL は巧みな設計となっています。

5.2 RunnableLambda ─任意の関数を Runnable にする

　LCEL では、Runnable 同士を「|」で接続できる以外にも幅広いカスタマイズ方法が提供されています。ここでは任意の関数を Runnable にする「RunnableLambda」を解説します。
　LLM アプリケーションでは、LLM の応答に対してルールベースでさらに処理を加えたり、何らかの変換をかけたいことも多いです。RunnableLambda を使うと、LCEL の Chain に任意の処理（関数）を連結することができます。
　例として、LLM の生成したテキストに対して、小文字を大文字に変換する処理を連鎖させる Chain を実装してみます。まず、prompt（ChatPromptTemplate）・model（ChatOpenAI）・output_parser（StrOutputParser）を準備します。

```
from langchain_core.output_parsers import StrOutputParser
from langchain_core.prompts import ChatPromptTemplate
from langchain_openai import ChatOpenAI

prompt = ChatPromptTemplate.from_messages(
    [
        ("system", "You are a helpful assistant."),
        ("human", "{input}"),
    ]
)
```

注1　LCEL で Chain を構築する以外に、langsmith パッケージの traceable というデコレーターを付与した関数内で一連の処理を実行することでも、各処理のトレースをひもづけることができます。

```
model = ChatOpenAI(model="gpt-4o-mini", temperature=0)

output_parser = StrOutputParser()
```

続いて、小文字を大文字に変換する関数を実装して、これらをChainとして連結して実行します。

```
from langchain_core.runnables import RunnableLambda

def upper(text: str) -> str:
    return text.upper()

chain = prompt | model | output_parser | RunnableLambda(upper)

output = chain.invoke({"input": "Hello!"})
print(output)
```

実行結果は次のようになります。

```
HELLO! HOW CAN I ASSIST YOU TODAY?
```

確かに出力がすべて大文字になっています。RunnableLambdaを使うと、任意の関数[注2]をRunnableに変換することができます。LLMの呼び出しと独自の処理を連鎖させたいケースは多く、RunnableLambdaは頻繁に使うことになります。

chainデコレーターを使ったRunnableLamdaの実装

RunnableLambdaを作成するために、chainデコレーター(@chain)を使うこともできます。chainデコレーターを使うサンプルコードは次のようになります。

```
from langchain_core.runnables import chain

@chain
def upper(text: str) -> str:
    return text.upper()

chain = prompt | model | output_parser | upper

output = chain.invoke({"input": "Hello!"})
print(output)
```

注2　正確には任意のCallable（関数、またはその他の呼び出し可能オブジェクト）をRunnableに変換することができます。

chainデコレーター（@chain）により、upper関数がRunnableLambdaに変換されたということです。

RunnableLambdaへの自動変換

ここまでの説明では、明示的にRunnableLambdaを作成して、Runnableと連結する例を見てきました。実は、明示的にRunnableLambdaを作成しなくても、Runnableと任意の関数を「|」で接続することができます。まずは次のサンプルコードを見てください。

```python
def upper(text: str) -> str:
    return text.upper()

chain = prompt | model | output_parser | upper
```

このコードでは、Runnableとupperという関数が「|」で連結されています。このとき、upperは自動的にRunnableLambdaに変換されます。実は、「|」の左右のどちらかがRunnableの場合、もう一方が関数であれば自動的にRunnableLambdaに変換されるようになっているのです。

LangChainの公式ドキュメントやクックブックでは、RunnableLambdaへの自動変換が使用されていることも多いです。本書の以後の例でも、RunnableLambdaへの自動変換を適宜使用します。

Runnableの入力の型と出力の型に注意

ここまで、「|」を使ってさまざまなRunnableを連結してきましたが、どんなRunnable同士を連結してもうまく動作するわけではありません。たとえば、次のコードはエラーになります。

```python
def upper(text: str) -> str:
    return text.upper()

chain = prompt | model | upper

output = chain.invoke({"input": "Hello!"})
```

このコードでは、modelとupper関数を直接連結しています。実行すると、次のエラーが発生します。

```
AttributeError: 'AIMessage' object has no attribute 'upper'
```

このエラーは、upper関数内のtext.upper()の箇所で発生します。modelがAIMessageを出力するのに対して、自作したupper関数は入力としてstrを期待していることが原因です。

図5.4 modelの出力とupperの入力の整合性がとれない様子

繰り返しになりますが、Runnableを「|」で連結するときは、出力の型と入力の型の整合性に注意する必要があります。上記のエラーの例は、次のようにStrOutputParserを使ってmodelの出力をstrに変換してからupper関数に渡すと解決します。

```
chain = prompt | model | StrOutputParser() | upper
```

COLUMN

独自の関数をstreamに対応させたい場合

上記のchainをstreamメソッドで呼び出すと、chainの実行結果は徐々に出力されず、最後まで処理が終わったタイミングでまとめて出力されます。その理由は、upper関数が入力をまとめて処理して一度だけ値を返すためです。

Pythonでは、ジェネレータ関数として、入力を徐々に処理して徐々に値を返す関数を実装できます。LCELはそのようなジェネレータ関数の連結をサポートしており、連結したChain全体をストリーミングの挙動に対応させることができます。サンプルコードは次のようになります。

```
from typing import Iterator

def upper(input_stream: Iterator[str]) -> Iterator[str]:
    for text in input_stream:
        yield text.upper()

chain = prompt | model | StrOutputParser() | upper

for chunk in chain.stream({"input": "Hello!"}):
    print(chunk, end="", flush=True)
```

(ジェネレータ関数)

ジェネレータ関数に慣れていない場合、このようなコードを実装するのは難しいと感じるかもしれません。しかし、ストリーミングに対応するためにジェネレータ関数を実装することは、LangChain特有の設計ではありません。Pythonでストリーミングのような挙動に対応した関数を部品として作成したい場合、ジェネレータ関数を実装することは自然な選択肢の1つです。

5.3 RunnableParallel—複数のRunnableを並列につなげる

LCELを実装していると、Runnableを並列につなげたいこともあります。例として、ユーザーの入力したトピックについて、LLMに楽観的な意見と悲観的な意見を生成させてみます。

図5.5 楽観的な意見と悲観的な意見を生成

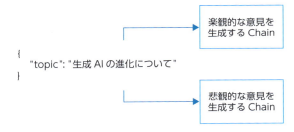

まず、model（ChatOpenAI）とoutput_parser（StrOutputParser）を準備します。

```
from langchain_core.output_parsers import StrOutputParser
from langchain_core.prompts import ChatPromptTemplate
from langchain_openai import ChatOpenAI

model = ChatOpenAI(model="gpt-4o-mini", temperature=0)
output_parser = StrOutputParser()
```

続いて、楽観的な意見を生成するChainを実装します。

```
optimistic_prompt = ChatPromptTemplate.from_messages(
    [
        ("system", "あなたは楽観主義者です。ユーザーの入力に対して楽観的な意見をください。"),
        ("human", "{topic}"),
    ]
)
optimistic_chain = optimistic_prompt | model | output_parser
```

また、悲観的な意見を生成するChainを実装します。

第 5 章　LangChain Expression Language（LCEL）徹底解説

```python
pessimistic_prompt = ChatPromptTemplate.from_messages(
    [
        ("system", "あなたは悲観主義者です。ユーザーの入力に対して悲観的な意見をください。"),
        ("human", "{topic}"),
    ]
)
pessimistic_chain = pessimistic_prompt | model | output_parser
```

「RunnableParallel」を使い、楽観的な意見を生成するChain（optimistic_chain）と悲観的な意見を生成するChain（pessimistic_chain）を、並列につないだChainを作成して実行します。

```python
import pprint
from langchain_core.runnables import RunnableParallel

parallel_chain = RunnableParallel(
    {
        "optimistic_opinion": optimistic_chain,
        "pessimistic_opinion": pessimistic_chain,
    }
)

output = parallel_chain.invoke({"topic": "生成AIの進化について"})
pprint.pprint(output)
```

実行結果は次のようになります。

```
{'optimistic_opinion': '生成AIの進化は本当に素晴らしいですね！技術が進むことで、私たちの生活がより便
利で豊かになる可能性が広がっています。クリエイティブな作業や問題解決の手助けをしてくれるAIが増えてきて、私
たちのアイデアを実現するためのパートナーとして活躍しています。これからも新しい発見や革新が続くことで、私たち
の未来はますます明るくなるでしょう！どんな新しい可能性が待っているのか、ワクワクしますね。',
 'pessimistic_opinion': '生成AIの進化は確かに目覚ましいものがありますが、その一方で多くの懸念も伴い
ます。技術が進化することで、私たちの仕事が奪われたり、情報の信頼性が低下したりするリスクが高まっています。さ
らに、AIが生成するコンテンツが人間の創造性を脅かし、私たちの思考や感情に悪影響を及ぼす可能性もあります。結
局のところ、便利さの裏には常に不安がつきまとい、私たちの未来はますます不透明になっていくのではないでしょう
か。'}
```

楽観的な意見と悲観的な意見が、dictとして出力されました。

このように、複数のRunnableを並列に接続して実行できるのが「RunnableParallel」です。実際、上記の例optimistic_chainとpessimistic_chainは同時に実行されるため、順番に実行するよりも短い時間で全体の処理が完了します。

RunnableParallelは、実質的にはキーがstrで値がRunnable（またはRunnableに自動変換できる関数など）であるdictです。

116

RunnableParallelの出力をRunnableの入力に連結する

RunnableParallel も Runnable の一種なので、Runnable と「|」で連結することができます。RunnableParallel と Runnable を「|」で連結する例として、楽観的意見と悲観的意見を出したうえで、客観的にまとめる Chain を組んでみます。

図5.6 RunnableParallel の出力を Runnable の入力に連結する様子

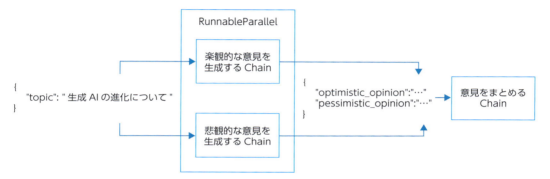

まず、楽観的な意見と悲観的な意見をまとめるプロンプト（synthesize_prompt）を用意します。

```
synthesize_prompt = ChatPromptTemplate.from_messages(
    [
        ("system", "あなたは客観的AIです。2つの意見をまとめてください。"),
        ("human", "楽観的意見：{optimistic_opinion}\n悲観的意見：{pessimistic_opinion}"),
    ]
)
```

楽観的な意見を生成するChain（optimistic_chain）と悲観的な意見を生成するChain（pessimistic_chain）を並列につないだRunnableParallelを、synthesize_prompt・model・output_parserに連結して実行します。

```
synthesize_chain = (
    RunnableParallel(
        {
            "optimistic_opinion": optimistic_chain,
            "pessimistic_opinion": pessimistic_chain,
        }
    )
    | synthesize_prompt
    | model
    | output_parser
)
```

```
output = synthesize_chain.invoke({"topic": "生成AIの進化について"})
print(output)
```

このコードの実行結果は次のようになります。

> 生成AIの進化については、楽観的な意見と悲観的な意見が存在します。楽観的な見方では、生成AIの技術が進むことで私たちの生活が便利で豊かになり、クリエイティブな作業や問題解決のパートナーとしての役割を果たすことが期待されています。この進化により新しい発見や革新が続き、未来への期待感が高まっています。
> 一方で、悲観的な見方では、生成AIの進化には多くの懸念が伴い、仕事の喪失や情報の信頼性の低下といったリスクが指摘されています。また、AIが生成するコンテンツが人間の創造性を脅かし、思考や感情に悪影響を及ぼす可能性も懸念されています。このように、便利さの裏には不安がつきまとい、未来が不透明になる可能性があるとされています。
> 総じて、生成AIの進化は多くの可能性を秘めている一方で、慎重な対応が求められる状況であると言えるでしょう。

RunnableParallelの2つのChainで生成した意見をまとめることができています。

RunnableParallelへの自動変換

Runnableと関数を「|」で接続すると、関数が自動的にRunnableLambdaに変換されました。同じように、キーがstrで値がRunnable（またはRunnableに自動変換できる関数など）であるdictは、RunnableParallelに自動変換されます。たとえば、前項のコードは次のように書くこともできます。

```
synthesize_chain = (
    {
        "optimistic_opinion": optimistic_chain,
        "pessimistic_opinion": pessimistic_chain,
    }
    | synthesize_prompt
    | model
    | output_parser
)
```

（RunnableParallelに自動変換される）

RunnableParalellを使う際は、この形式でコードを書くことも多いです。

 MEMO

> **Chainのルーティング**
>
> RunnableParallelでは並列につないだRunnableが両方実行されますが、状況に応じてどちらかのChainだけを選択して実行したい場合もあります。LCELではそのようなChainの「ルーティング」も可能です。詳細は公式ドキュメントの次のページを参照してください。
>
> ▌参照：How to route between sub-chains
> https://python.langchain.com/v0.3/docs/how_to/routing/

RunnableLambdaとの組み合わせ―itemgetterを使う例

RunnableParalellの解説の最後に、「itemgetter」を使う例を紹介します。

itemgetterは、Pythonの標準ライブラリで提供されている関数です。itemgetterを使うと、dictなどから値を取り出す関数を簡単に作ることができます。たとえば、{"topic": "生成AIの進化について"}というdictからitemgetter("topic")を使ってtopicを取り出す例は次のようになります。

```
from operator import itemgetter

topic_getter = itemgetter("topic")
topic = topic_getter({"topic": "生成AIの進化について"})
print(topic)
```

このコードを実行すると、実行結果は次のようになります。

```
生成AIの進化について
```

{"topic": "生成AIの進化について"}から、"生成AIの進化について"という値が取り出されたということです。

LCELでは、このitemgetterを使うと便利な場面が多いです。たとえば、次のコードは{"topic": "生成AIの進化について"}からitemgetter("topic")で値を取り出して、ChatPromptTemplateの{topic}の箇所に穴埋めしています。

```
from operator import itemgetter

synthesize_prompt = ChatPromptTemplate.from_messages(
    [
        (
            "system",
            "あなたは客観的AIです。{topic}について2つの意見をまとめてください。",
        ),
        (
            "human",
            "楽観的意見: {optimistic_opinion}\n悲観的意見: {pessimistic_opinion}",
        ),
    ]
)

synthesize_chain = (
    {
        "optimistic_opinion": optimistic_chain,
        "pessimistic_opinion": pessimistic_chain,
        "topic": itemgetter("topic"),
    }
```

RunnableLambda(itemgetter("topic"))に自動変換される

```
    | synthesize_prompt
    | model
    | output_parser
)

output = synthesize_chain.invoke({"topic": "生成AIの進化について"})
print(output)
```

itemgetterを理解するには少し慣れが必要かもしれませんが、LCELではよく登場するので、ぜひ押さえておきましょう。

5.4 RunnablePassthrough —入力をそのまま出力する

　LCELの構成要素の最後に紹介するのが「RunnablePassthrough」です。前節で解説したRunnableParalellを使用する際、その要素の一部で入力の値をそのまま出力したい場合があります。入力をそのまま出力するために使えるのがRunnablePassthroughです。

図5.7　RunnableParallelの値の1つにRunnablePassthroughを使う様子

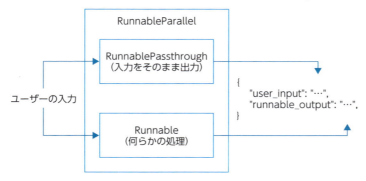

　RunnablePassthroughを使う例として、シンプルなRAGのChainを実装してみます。RAGの典型的な実装では、文書をベクトルデータベースに格納してベクトル検索しますが、ここではより実装が簡単なWeb検索で実装することにします。
　Web検索には、LLMやRAGのために最適化された検索エンジンである「Tavily」を使うことにします。TavilyのWebサイト (https://tavily.com/) から登録して、APIキーを取得してください。取

得したAPIキーは、Google Colabのシークレットに「TAVILY_API_KEY」という名前で保存してください。その後、次のコードを実行して、TAVILY_API_KEYを環境変数に設定してください。

```
import os
from google.colab import userdata

os.environ["TAVILY_API_KEY"] = userdata.get("TAVILY_API_KEY")
```

LangChainでTavilyを使うため、tavily-pythonというパッケージをインストールします。次のコマンドを実行してください。

```
!pip install tavily-python==0.5.0
```

それではTavilyでのWeb検索を使ったRAGの処理を実装していきます。まず、prompt（ChatPromptTemplate）・model（ChatOpenAI）を準備します。

```
from langchain_core.prompts import ChatPromptTemplate
from langchain_openai import ChatOpenAI

prompt = ChatPromptTemplate.from_template('''\
以下の文脈だけを踏まえて質問に回答してください。

文脈: """
{context}
"""

質問: {question}
''')

model = ChatOpenAI(model_name="gpt-4o-mini", temperature=0)
```

続いて、TavilyをLangChainのRetriverとして使うためのTavilySearchAPIRetrieverを準備します。

```
from langchain_community.retrievers import TavilySearchAPIRetriever

retriever = TavilySearchAPIRetriever(k=3)
```

TavilySearchAPIRetrieverのkというパラメータでは、検索する件数を指定することができます。ここまでに準備したprompt・model・retrieverを使い、RAGのChainを実装します。

```
from langchain_core.runnables import RunnablePassthrough

chain = (
    {"context": retriever, "question": RunnablePassthrough()}
    | prompt
    | model
    | StrOutputParser()
)

output = chain.invoke("東京の今日の天気は？")
print(output)
```

（RunnableParallelに自動変換される）

このChainのうち、promptの入力までを図示すると図5.8のようになります。

図5.8　RunnableParallelとRunnablePassthroughを組み合わせたRAGのChainの一部

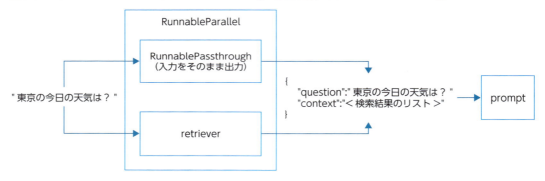

RunnablePassthroughは、入力をそのまま出力します。promptの入力のうち「question」については、"東京の今日の天気は？"という文字列がそのまま入ります。一方で、promptの入力のうち「context」については、retrieverの実行結果である検索結果のリストが入ります。このように、RunnableParallelの出力の1つとして入力の値をそのまま使いたい場合、RunnablePassthroughを使うことができます。

assign—RunnableParallelの出力に値を追加する

前項で実装したRAGのChainでは、LLMが生成した最終的な回答だけがChain全体の出力になります。しかし、retrieverの検索結果もChain全体の出力に含めたいというケースはよくあります。
　そこで使えるのが、RunnablePassthroughのassignというクラスメソッドです。サンプルコードは次のようになります。

5.4 RunnablePassthrough—入力をそのまま出力する

```python
import pprint

chain = {
    "question": RunnablePassthrough(),
    "context": retriever,
} | RunnablePassthrough.assign(answer=prompt | model | StrOutputParser())

output = chain.invoke("東京の今日の天気は？")
pprint.pprint(output)
```

「|」で連結されたChain

実行結果は次のようになります。

```
{'answer': '東京の今日の天気は大雨と冷える予想です。気温は30℃から26℃の間で、北西の風が強くなります。
また、週間天気では曇りや雨の日が多く、熱中症に注意が必要です。',
 'context': [Document(metadata={'title': '東京（東京）の天気 − Yahoo!天気・災害', 'source':
'https://weather.yahoo.co.jp/weather/jp/13/4410.html', 'score': 0.9987648, 'images':
[]}, page_content='東京の今日と明日の天気は大雨と冷える予想です。気温は30℃から26℃の間で、風は北西の
風が強くなります。週間天気では、曇りや雨の日が多く、熱中症に注意が必要です。'),
         Document(metadata={'title': '東京都の天気 − 日本気象協会 tenki.jp',
'source': 'https://tenki.jp/forecast/3/16/', 'score': 0.9867772, 'images': []},
page_content='日本気象協会の天気予報サイトでは、東京都の各地の今日と10日間の天気、気温、降水確率を地図
や表で見ることができます。台風7号の影響で ...'),
         Document(metadata={'title': '東京都 天気｜今日・明日・明後日の天気予報｜Nhk',
'source': 'https://www.nhk.or.jp/kishou-saigai/pref/weather/tokyo/', 'score':
0.98208266, 'images': []}, page_content='東京都 天気｜今日・明日・明後日の天気予報')],
 'question': '東京の今日の天気は？'}
```

RunnablePassthrough.assignの箇所では、RunnableParallelの実行結果を保持したまま、「answer」を追加したdictを出力したということです。

図5.9　RunnablePassthrough.assign

```
{                          ┌─────────┐          {
    "question":"…"         │ assign  │              "question":"…"
    "context":"…"   ──────▶│(answer=…)│──────▶      "context":"…"
}                          └─────────┘              "answer":"…"
                                                }
```

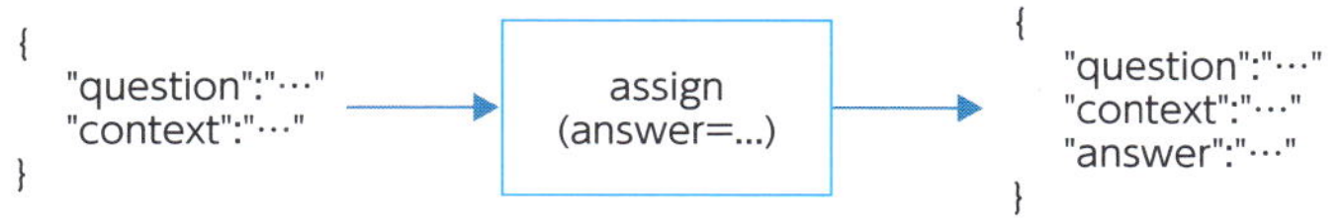

なお、assignは、RunnablePassthroughのクラスメソッド以外に、Runnableのインスタンスメソッドとしても提供されています。そのため、前の例と同様の処理を次のように書くこともできます。

```python
chain = RunnableParallel(
    {
        "question": RunnablePassthrough(),
        "context": retriever,
    }
).assign(answer=prompt | model | StrOutputParser())
```

第 5 章　LangChain Expression Language (LCEL) 徹底解説

　このようにassignを使うことで、contextのようなChainの中間の値をChainの最終出力に含めることができます。そのため、プロンプトを穴埋めした結果を画面に表示したい場合など、Chainの中間の値をUI上に表示したい場合にもassignが役立ちます。

> **pick**
>
> 　Runnableの「pick」メソッドを使うと、assignとは逆にdictの一部だけをピックアップすることができます。たとえば、前掲の例をもとに、questionは出力せず、contextとanswerだけを出力するChainを実装する例は次のようになります。
>
> ```
> chain = (
>     RunnableParallel(
>         {
>             "question": RunnablePassthrough(),
>             "context": retriever,
>         }
>     )
>     .assign(answer=prompt | model | StrOutputParser())
>     .pick(["context", "answer"])
> )
> ```

COLUMN

astream_events

　Chainの中間の値を出力するためには、assignを使う以外にastream_eventsを使う方法もあります。astream_eventsを使う例は次のようになります。

```
chain = (
    {"context": retriever, "question": RunnablePassthrough()}
    | prompt
    | model
    | StrOutputParser()
)

async for event in chain.astream_events("東京の今日の天気は?", version="v2"):
    print(event, flush=True)
```

　このコードを実行すると、次のようにイベントが次々と表示されます。

```
{'event': 'on_chain_start', 'data': ...
{'event': 'on_chain_start', 'data': ...
```

5.4　RunnablePassthrough—入力をそのまま出力する

```
{'event': on_retriever_start, data: ...
     :
<中略>
     :
{'event': 'on_chain_end', ...
```

astream_eventsを使うと、このようにChainやChat model、Retrieverなどの開始（start）・途中（stream）・終了（end）といったイベントの発生タイミングで処理することができます。

astream_eventsのイベントの種類次第で処理を分岐するコードを書くことで、Chainの中間の値を出力することができます。たとえば、検索結果と最終出力を表示するコードは次のようになります。

```python
async for event in chain.astream_events("東京の今日の天気は？", version="v2"):
    event_kind = event["event"]

    if event_kind == "on_retriever_end":
        print("=== 検索結果 ===")
        documents = event["data"]["output"]
        for document in documents:
            print(document)

    elif event_kind == "on_parser_start":
        print("=== 最終出力 ===")

    elif event_kind == "on_parser_stream":
        chunk = event["data"]["chunk"]
        print(chunk, end="", flush=True)
```

このコードを実行すると、検索結果と最終出力が次のように順に表示されます。

```
=== 検索結果 ===
page_content='東京都の天気予報です。...
page_content='東京（東京）の天気予報。...
page_content='東京の最新天気情報。...
=== 最終出力 ===
東京の今日の天気は、最高気温13℃、最低気温3℃で、降水確率は午前中は0％、午後も0％です。
```

このように、astream_eventsを使うことでも、Chainの中間の値を扱うことができます。この機能は、LangGraphでAIエージェントを実装する際にも便利です。

ただし、astream_eventsは本稿執筆時点でBeta APIとされており、突然破壊的変更が入る可能性もあります。よく検討して使用するようにしてください。

なお、Runnableには、astream_eventsより解析に手間がかかるものの詳細なログを出力するastream_logというメソッドもあります。astream_logはBeta APIとはされていないため、必要に応じてastream_logを使うことも検討してください。

第 5 章　LangChain Expression Language (LCEL) 徹底解説

5.5 まとめ

この章では、LangChain Expression Language (LCEL) を手厚く解説しました。

LangChainは各コンポーネントをライブラリのように使うだけでも便利です。しかし、LCELを使いこなすことができれば、LangSmithのトレースとの連携などをより有効活用できます。

LCELは、部分的に学んだだけでは、自分なりにカスタマイズして使おうとした際に苦戦しやすいです。LCELを使いこなすためには、ライブラリではなくフレームワークをキャッチアップする心構えを持ち、体系的に学ぶことが重要です。

一方で、LCELは慣れないうちは難しいことも事実であり、LCELを学ぶコストを支払いたくないケースも考えられます。LangChainを使うからといって、すべての処理をLCELで記述しなくてはならないわけではありません。LCELで実装するのが難しいと感じる場合、その箇所は通常のプログラミングで実装する選択肢も考えてみてください。

COLUMN

Chat history と Memory

LangChainを使ってチャットボットを実装していると、会話履歴を管理したくなることが多いです。LangChainには、会話履歴の管理のためのChat historyとMemoryという機能があります。

Chat history

Chat historyは、LangChainで会話履歴の保存先の読み書きを担うコンポーネントです。LangChainのChat historyの一種であるSQLChatMessageHistoryを使ってSQLiteで会話履歴を管理する関数の実装例は次のようになります[注3]。

```
from langchain_community.chat_message_histories import SQLChatMessageHistory

def respond(session_id: str, human_message: str) -> str:
    chat_message_history = SQLChatMessageHistory(
        session_id=session_id, connection="sqlite:///sqlite.db"
    )
    messages = chat_message_history.get_messages()
```

注3　このサンプルコードのようにLangChainで会話履歴を扱う場合、「会話履歴を読み込む」「Chainを実行する」「会話履歴を保存する」という一連の処理が登場します。この処理の流れは自前で実装する以外に、RunnableWithMessageHistoryというクラスを使うことでも実現できます。

```
ai_message = chain.invoke(
    {
        "chat_history": messages,
        "input": human_message,
    }
)

chat_message_history.add_user_message(human_message)
chat_message_history.add_ai_message(ai_message)

return ai_message
```

この関数を呼び出す例は次のようになります。

```
from uuid import uuid4

session_id = uuid4().hex

output1 = respond(
    session_id=session_id,
    human_message="こんにちは！私はジョンと言います！",
)
print(output1)

output2 = respond(
    session_id=session_id,
    human_message="私の名前が分かりますか？",
)
print(output2)
```

　上記のコードで使用したSQLChatMessageHistoryのように、LangChainでは会話履歴としてさ
まざまなデータベースとのインテグレーションが提供されています。いくつか例を紹介します。

表5.1　LangChainのChat historyのインテグレーションの一部

クラス名	会話履歴の保存先
InMemoryChatMessageHistory	インメモリ
SQLChatMessageHistory	SQLAlchemyがサポートする各種リレーショナルデータベース
RedisChatMessageHistory	Redis
DynamoDBChatMessageHistory	Amazon DynamoDB
CosmosDBChatMessageHistory	Azure Cosmos DB
MomentoChatMessageHistory	Momento

　これらはいずれもBaseChatMessageHistoryという抽象基底クラスを継承しているため、同じイ
ンターフェースで使うことができます。
　これらのインテグレーションが提供する形式で会話履歴を管理すれば十分な場合は、このような

クラスはとても便利です。一方で、独自に定義したデータベースのスキーマで会話履歴を管理したい場合は、無理にChat historyのインテグレーションを使わず、自前で実装したほうが簡単なこともあります。

Memory

実際にLLMを使ったアプリケーションを実装しようとすると、会話履歴についてさらに高度な処理を実装したくなる場合があります。たとえば、直近K個の会話履歴だけをプロンプトに含めたい、LLMを使って会話履歴を要約したい、といった場合があります。LangChainはこのような処理を実装したコンポーネントとして、ConversationBufferWindowMemoryやConversationSummaryMemoryなどを提供しています。

ただし、これらのBaseMemoryを継承したクラスは、LangChain v0.1の時点でBeta機能とされており、v0.2では公式ドキュメントから記載が削除されています。これらのクラスはカスタマイズが難しいこともあり、あまり積極的に使用しないほうがいいかもしれません。

なお、LangChainの公式ドキュメントでは、これらのクラスを使う代替として、同様の機能をLCELで実装する方法が解説されています。興味があれば以下のページを参照してください。

参照：Modifying chat history
https://python.langchain.com/v0.3/docs/how_to/chatbots_memory/#modifying-chat-history

---

COLUMN

LangServe

LangChainのRunnableを簡単にREST APIにするパッケージとして「LangServe」が提供されています。LangServeは簡単に言えば、FastAPIでLangChainのRunnableを簡単に扱えるライブラリです。TensorFlowに対するTensorFlow Serving、PyTorchに対するTorchServeのような立ち位置のパッケージだと言えます。

LangServeでは、APIを提供するサーバー側と、APIを呼び出すクライアント側が実装されています。たとえば、ストリーミングで応答するAPIを自前で実装するのは少し手間がかかりますが、LangServeを使うと非常に簡単に実装することができます。LangChainで実装したChainなどをWeb APIとしてホスティングしたい場合は、ぜひLangServeの利用を検討してみてください。

第6章

Advanced RAG

この章では、RAGの発展的な手法を紹介します。RAGはLLMアプリケーションの定番の手法であり、RAGの出力を改善するため、さまざまな工夫が考案されています。この章では、LangChainを使ったハンズオン形式でRAGの工夫をいくつか試していきます。ハンズオンではLCELを活用するため、前章で解説したLCELのより実践的な使い方を学ぶこともできます。

大嶋勇樹

第6章 Advanced RAG

6.1 Advanced RAGの概要

　RAGの発展的な手法は、「Advanced RAG」と呼ばれることがあります。まずはAdvanced RAGの概要を説明します。

　第4章で解説したように、ベクターデータベースを使ったシンプルなRAGの構成は図6.1のようになります。

図6.1　ベクターデータベースを使ったシンプルなRAGの構成

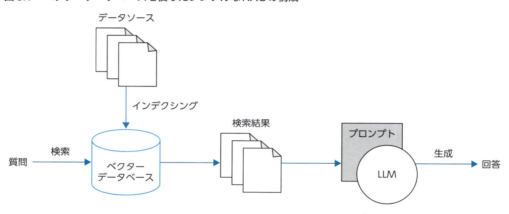

　あらかじめ、データソースの文書をベクトル化して、ベクターデータベースにインデクシング[注1]しておきます。ユーザーの質問に対して、質問を検索クエリとしてベクターデータベースを検索し、検索結果を得ます。検索結果はプロンプトに入れて、LLMが回答を生成します。

　Advanced RAGでは、次のように上記の処理の各所に工夫を入れるのが基本となります。

- インデクシングの工夫
- 検索クエリの工夫
- 検索後の工夫
- 複数のRetrieverを使う工夫
- 生成後の工夫

注1　ここでは、データベースにデータを保存して効率的に検索可能にする過程を「インデクシング」を呼んでいます。

このようにRAGの処理の各所の工夫を整理した例として、LangChainが公開しているrag-from-scratchというリポジトリでは、図6.2の図が掲載されています。

図6.2 LangChainの「rag-from-scratch」での図解

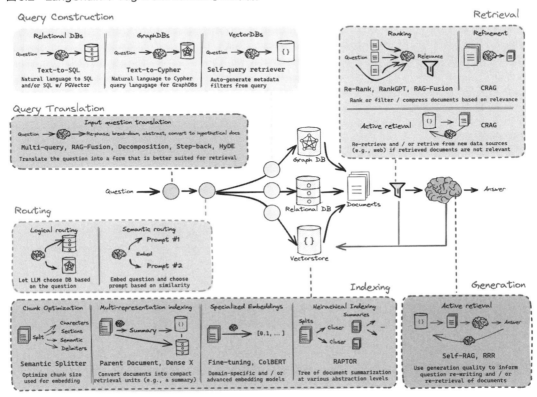

引用元：https://github.com/langchain-ai/rag-from-scratch

この図では、Indexing・Query Translation・Routing・Query Construction・Retrieval・Generationという6ヵ所に、それぞれさまざまな手法があることがまとめられています。もちろん手法によってはこれらの複数ヵ所に工夫を施すものもあります。しかし、このように拡張できるポイントを整理することで、さまざまな手法を比較したり理解したりしやすくなります。

他にも、RAGの拡張ポイントをまとめた論文の例として、次の2つがあります。

- Gao et al. (2023)「Retrieval-Augmented Generation for Large Language Models: A Survey」https://arxiv.org/abs/2312.10997

第 6 章　Advanced RAG

- Akkiraju et al. (2024)「FACTS About Building Retrieval Augmented Generation-based Chatbots」https://arxiv.org/abs/2407.07858

　LangChainのrag-from-scratchやこれらの論文でのRAGの拡張ポイントのまとめ方は、必ずしも1対1で対応するわけではありません。しかし、RAGの構成を要素分解してどんな工夫ができるかをまとめている、という点では類似しています。

　この章では、検索クエリの工夫・検索後の工夫・複数のRetrieverを使う工夫、という3点について、実際のコードでのハンズオンとともに解説します。

6.2　ハンズオンの準備

　まずはハンズオンの準備として、シンプルなRAGを実装してみます。

　最初に、この章で使用するパッケージをインストールします。

```
!pip install langchain-core==0.3.0 langchain-openai==0.2.0 \
    langchain-community==0.3.0 GitPython==3.1.43 \
    langchain-chroma==0.1.4 tavily-python==0.5.0
```

　この章のハンズオンでも、検索対象として主にLangChainの公式ドキュメントを使うことにします。LangChainのGitLoaderを使ってLangChainの公式ドキュメントを読み込みます。

```python
from langchain_community.document_loaders import GitLoader

def file_filter(file_path: str) -> bool:
    return file_path.endswith(".mdx")

loader = GitLoader(
    clone_url="https://github.com/langchain-ai/langchain",
    repo_path="./langchain",
    branch="master",
    file_filter=file_filter,
)

documents = loader.load()
print(len(documents))
```

　このコードを実行すると、読み込んだドキュメントの数が表示されます。

続いて、OpenAIのEmbeddingモデルを使ってドキュメントをベクトル化し、Chromaにインデクシングします[注2]。

```python
from langchain_chroma import Chroma
from langchain_openai import OpenAIEmbeddings

embeddings = OpenAIEmbeddings(model="text-embedding-3-small")
db = Chroma.from_documents(documents, embeddings)
```

これで、RAGのさまざまな手法を実装してみる準備が整いました。例として、シンプルなRAGを実装してみます。

```python
from langchain_core.output_parsers import StrOutputParser
from langchain_core.prompts import ChatPromptTemplate
from langchain_core.runnables import RunnablePassthrough
from langchain_openai import ChatOpenAI

prompt = ChatPromptTemplate.from_template('''\
以下の文脈だけを踏まえて質問に回答してください。

文脈: """
{context}
"""

質問: {question}
''')

model = ChatOpenAI(model="gpt-4o-mini", temperature=0)

retriever = db.as_retriever()

chain = {
    "question": RunnablePassthrough(),
    "context": retriever,
} | prompt | model | StrOutputParser()

chain.invoke("LangChainの概要を教えて")
```

このコードをベースとして、RAGのさまざまな工夫を試していきます。

注2　本書執筆時点で、本文中のコードで読み込まれるドキュメントの各ファイルは、text-embedding-3-smallというEmbeddingモデルの最大である8,191トークンに収まるサイズとなっています。もしもトークン数の最大値を超える場合は、チャンク化などの対応が必要になります。

第 6 章 Advanced RAG

> **COLUMN**
> **インデクシングの工夫**
>
> この章では、ベクターデータベースにドキュメントをインデクシングする箇所は、とくに工夫を入れませんでした。実際には、インデクシングする時点でもさまざまな工夫が考えられます。
>
> たとえば、大きなドキュメントの場合は、適切な大きさでチャンク化することが有用な場合があります。他には、インデクシングする際にドキュメントのカテゴリーなどをメタデータとして保存しておくことで、検索時にフィルタリングすることができ、検索精度を高められる場合があります。
>
> そもそも、RAGの精度は検索対象のドキュメントの質に大きく依存します。もしもRAGの精度が向上しない原因がドキュメントの質であれば、その部分を改善する必要があります。RAGの精度向上には、ドキュメントの質・検索の精度・生成の精度といった、どこがボトルネックなのかに注意して取り組むことが重要です。

6.3 検索クエリの工夫

それでは、RAGのさまざまな手法を試していきます。まずは検索クエリの工夫に取り組みます。

HyDE (Hypothetical Document Embeddings)

シンプルなRAGの構成では、ユーザーの質問に対して埋め込みベクトルの類似度の高いドキュメントを検索します。しかし、実際に検索したいのは、質問に類似するドキュメントではなく、回答に類似するドキュメントです。そこで、HyDE (Hypothetical Document Embeddings)[注3] という手法があります。HyDEでは、ユーザーの質問に対してLLMに仮説的な回答を推論させ、その出力を埋め込みベクトルの類似度検索に使用します。

図6.3 HyDEの処理

注3　Gao et al. (2022)「Precise Zero-Shot Dense Retrieval without Relevance Labels」https://arxiv.org/abs/2212.10496

LangChainでHyDEを使ったRAGを実装していきます。まず、仮説的な回答を生成するChainを実装します。

```
hypothetical_prompt = ChatPromptTemplate.from_template("""\
次の質問に回答する一文を書いてください。

質問: {question}
""")
hypothetical_chain = hypothetical_prompt | model | StrOutputParser()
```

　　　　　　　　　　　　　　　　　　　　　　　　　　　← 仮説的な回答を生成するChain

続いて、仮説的な回答を生成するChainを使ったRAGのChainを実装します。

```
hyde_rag_chain = {
    "question": RunnablePassthrough(),
    "context": hypothetical_chain | retriever,
} | prompt | model | StrOutputParser()

hyde_rag_chain.invoke("LangChainの概要を教えて")
```

　　　　　　　　　　　　　　　← 仮説的な回答を生成するChainの出力をretrieverに渡す

上記のコードを実行してLangSmithでトレースを確認すると、LLMが生成した仮説的な回答をもとに検索していることを確認できます。

図6.4　HyDEを使ったRAGのトレース

第6章 Advanced RAG

　HyDEはユーザーの質問よりも仮説的な回答のほうが埋め込みベクトルの類似度検索に適しているという想定の手法です。そのため、HyDEがとくに有効なのはLLMが仮説的な回答を推論しやすいケースだと考えられます。

> **MEMO**
>
> **HypotheticalDocumentEmbedder**
> 　LangChainは、HyDEを実装したHypotheticalDocumentEmbedderというクラスを提供しています。上記のコードでは、状況に応じたカスタマイズに応用しやすいよう、HypotheticalDocumentEmbedderを使わずに自前でHyDEの処理を実装しています。
>
> **参考**
> https://github.com/langchain-ai/langchain/blob/master/cookbook/hypothetical_document_embeddings.ipynb

複数の検索クエリの生成

　前の例では、仮説的な回答を1つだけ生成して検索クエリとして使用しました。LLMに対して、複数の検索クエリを生成させることも考えられます。複数の検索クエリを使うことで、適切なドキュメントが検索結果に含まれやすくなる可能性があります。LangChainを使って、LLMに複数の検索クエリを生成させて検索する例を実装してみます。

図6.5　LLMに複数の検索クエリを生成させて検索

　まず、クエリを生成するChain（query_generation_chain）を実装します。LangChainの「with_structured_output」を使って検索クエリのリストを生成する例は次のようになります[注4]。

注4　プロンプトはLangChainのMultiQueryRetrieverを参考に作成しました。
　　https://github.com/langchain-ai/langchain/blob/langchain-core%3D%3D0.2.30/libs/langchain/langchain/retrievers/multi_query.py#L31

6.3　検索クエリの工夫

```python
from pydantic import BaseModel, Field

class QueryGenerationOutput(BaseModel):
    queries: list[str] = Field(..., description="検索クエリのリスト")

query_generation_prompt = ChatPromptTemplate.from_template("""\
質問に対してベクターデータベースから関連文書を検索するために、
3つの異なる検索クエリを生成してください。
距離ベースの類似性検索の限界を克服するために、
ユーザーの質問に対して複数の視点を提供することが目標です。

質問: {question}
""")

query_generation_chain = (
    query_generation_prompt
    | model.with_structured_output(QueryGenerationOutput)
    | (lambda x: x.queries)
)
```

このquery_generation_chainは、検索クエリの文字列のリストを出力します。query_generation_chainの出力をもとに検索するRAGのChainを作成して実行するコードは、次のようになります。

```python
multi_query_rag_chain = {
    "question": RunnablePassthrough(),
    "context": query_generation_chain | retriever.map(),
} | prompt | model | StrOutputParser()

multi_query_rag_chain.invoke("LangChainの概要を教えて")
```

上記のコードのretriever.map()では、通常retrieverがstrを受け取ってlist[Document]を返すのに対して、list[str]を受け取ってlist[list[Document]]を返すように変換しています。mapはLangChainのRunnableが提供するメソッドの1つで、もとのRunnableに対して引数と戻り値をlist化するメソッドです。

上記のコードを実行して、LangSmithでトレースを確認すると、複数の検索クエリでそれぞれ検索されていることを確認できます。

第6章 Advanced RAG

図6.6 複数の検索クエリを生成して使うRAGのトレース

MultiQueryRetriever

　LangChainはこのように複数の検索クエリを生成するためのMultiQueryRetrieverというクラスも提供しています。上記のコードでは、状況に応じたカスタマイズに応用しやすいよう、自前で同様の処理を実装しています。

> 参考：How to use the MultiQueryRetriever
> https://python.langchain.com/v0.3/docs/how_to/MultiQueryRetriever/

検索クエリの工夫のまとめ

　ここまで、検索クエリの工夫として、ユーザーの質問をもとにLLMで検索クエリを生成する例を2つ実装してみました。検索クエリを生成する手法としては他にも、もとの質問を抽象度の高い質問に言い換えるStep-Back Prompting[注5]などもあります。

[注5] Zheng et al. (2023)「Take a Step Back: Evoking Reasoning via Abstraction in Large Language Models」https://arxiv.org/abs/2310.06117

6.4 検索後の工夫

続いて、検索後の工夫の例を実装してみます。ここでは、検索結果をあらためて並べ替える例を2つ紹介します。

RAG-Fusion

前節では、検索クエリの工夫として、複数の検索クエリを生成する例を実装しました。各クエリの検索結果をプロンプトに入れる際は、何らかの順番で並べる必要があります。

図6.7 複数のクエリの検索結果を並べる

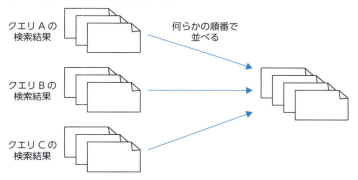

複数の検索結果の順位を融合して並べるアルゴリズムとして、RRF（Reciprocal Rank Fusion）があります。RRFでは、各検索クエリの「1 / (順位＋k)」の合計値をスコアとして、スコアの大きさで検索結果を並べます。kはRRFのパラメータであり、60などの値を使用します。

たとえばクエリAの検索結果が1位、クエリBの検索結果が2位、クエリCでは検索結果に含まれなかったドキュメントの場合、スコアは図6.8のように算出します。

図6.8 RRFのスコアの算出

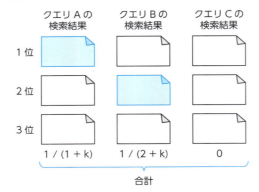

複数の検索クエリを生成し、それらの検索結果をRRFで並べるRAGの手法として、LangChain公式のクックブック[注6]で紹介されている「RAG-Fusion」[注7]があります。RAG-Fusionを図解すると図6.9のようになります。

図6.9 RAG-Fusion

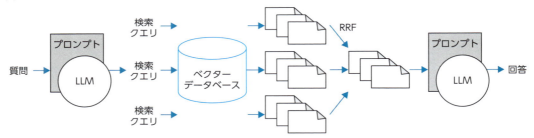

ここから、LangChainでRAG-Fusionを実装していきます。まず、RRFの処理を関数として実装します。

注6 https://github.com/langchain-ai/langchain/blob/master/cookbook/rag_fusion.ipynb
注7 https://towardsdatascience.com/forget-rag-the-future-is-rag-fusion-1147298d8ad1
　　https://github.com/Raudaschl/rag-fusion

```python
from langchain_core.documents import Document

def reciprocal_rank_fusion(
    retriever_outputs: list[list[Document]],
    k: int = 60,
) -> list[str]:
    # 各ドキュメントのコンテンツ（文字列）とそのスコアの対応を保持する辞書を準備
    content_score_mapping = {}

    # 検索クエリごとにループ
    for docs in retriever_outputs:
        # 検索結果のドキュメントごとにループ
        for rank, doc in enumerate(docs):
            content = doc.page_content

            # 初めて登場したコンテンツの場合はスコアを0で初期化
            if content not in content_score_mapping:
                content_score_mapping[content] = 0

            # (1 / (順位 + k)) のスコアを加算
            content_score_mapping[content] += 1 / (rank + k)

    # スコアの大きい順にソート
    ranked = sorted(content_score_mapping.items(), key=lambda x: x[1], reverse=True)
    return [content for content, _ in ranked]
```

この関数を使って、RAG-FusionのChain全体を実装します。

```python
rag_fusion_chain = {
    "question": RunnablePassthrough(),
    "context": query_generation_chain | retriever.map() | reciprocal_rank_fusion,
} | prompt | model | StrOutputParser()

rag_fusion_chain.invoke("LangChainの概要を教えて")
```

　上記のコードを実行してLangSmithのトレースを確認すると、検索結果がRRFで並べられていることがわかります。

図6.10 RAG-Fusionのトレース

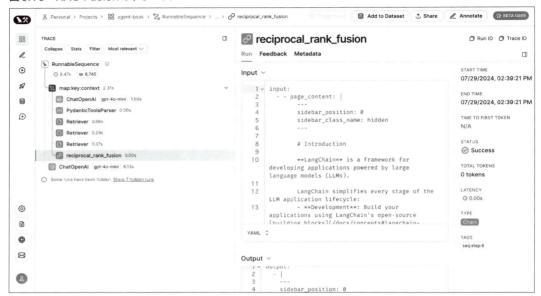

　ここまでのRAG-Fusionの実装例では、スコアを付けて並べたドキュメントのすべてを、スコアの順でプロンプトに入れています。追加の工夫として、並べた結果の上位だけをプロンプトに入れることも考えられます。また、検索結果をプロンプトに入れる際、よりスコアの高いドキュメントをプロンプトの先頭と末尾に交互に配置する手法もあります[注8]。

リランクモデルの概要

　RRFでは、複数の検索結果の順位を融合して並べました。別の観点として、1つの検索結果の順位についても、改めて並べ替えること（リランク）が有用な場合があります[注9]。検索結果を並べ替える方法の1つは、リランクモデル（リランク用の機械学習モデル）を使うことです。リランクモデルとしては、埋め込みベクトルの類似度検索よりも計算コストが高い代わりに、ランキングの精度が高いモデルを使用します[注10]。そのため、まずは計算コストの低い埋め込みベクトルの類似度検索を行い、そのあとでリランクモデルを適用することが有用な場合があります。

[注8] https://python.langchain.com/v0.3/docs/how_to/long_context_reorder/
[注9] RRFのあとの処理としてリランクを実施することもあります。
[注10] 埋め込みベクトルの類似度検索と別モデルでのリランクの組み合わせを説明するリソースとしては、Sentence Transformersの公式ドキュメントがあります。
https://www.sbert.net/examples/applications/cross-encoder/README.html

図6.11　リランク

ここから、CohereのリランクモデルをAPIで使用してリランク処理を実装してみます。なお、Cohereのリランクモデルは、本書執筆時点で無料プランでも試すことができます。

Cohereのリランクモデルを使用する準備

CohereのリランクモデルをAPIで使用する準備をしていきます。まずは付録A.1「Cohereのサインアップ」の手順で、Cohereに登録してAPIキーをGoogle Colabのシークレットに保存してください。

APIキーをGoogle Colabのシークレットに保存したら、次のコードを実行して、CohereのAPIキーを環境変数に設定してください。

```
os.environ["COHERE_API_KEY"] = userdata.get("COHERE_API_KEY")
```

続いて、LangChainのCohereインテグレーションである「langchain-cohere」をインストールします。

```
!pip install langchain-cohere==0.3.0
```

Cohereのリランクモデルの導入

複数の検索クエリで検索した結果をCohereのリランクモデルでリランクするコードは、次のように実装できます。

```python
from typing import Any

from langchain_cohere import CohereRerank
from langchain_core.documents import Document

def rerank(inp: dict[str, Any], top_n: int = 3) -> list[Document]:
    question = inp["question"]
    documents = inp["documents"]

    cohere_reranker = CohereRerank(model="rerank-multilingual-v3.0", top_n=top_n)
```

（リランク結果の上位何件を返すか設定するパラメータ → `top_n=top_n`）

第 6 章 Advanced RAG

```
    return cohere_reranker.compress_documents(documents=documents, query=question)

rerank_rag_chain = (
    {
        "question": RunnablePassthrough(),
        "documents": retriever,
    }
    | RunnablePassthrough.assign(context=rerank)
    | prompt | model | StrOutputParser()
)

rerank_rag_chain.invoke("LangChainの概要を教えて")
```

> RunnablePassthrough.assignにより、
> ```
> {
>     "question": RunnablePassthrough(),
>     "documents": retriever,
> }
> ```
> の出力がrerank関数の引数inp: dict[str, Any]に渡されます。

このコードでは、リランクした結果の上位3件だけをRAGのプロンプトに入れるようにしています。

上記のコードを実行してLangSmithのトレースを確認すると、リランクの様子を確認することができます。

図6.12 リランクを導入したRAGのトレース

6.5 複数のRetrieverを使う工夫

ContextualCompressionRetriever

リランク処理の実装には、LangChainのContextualCompressionRetrieverというクラスを使うこともできます。LangChainの公式ドキュメントでCohereのリランクモデルを解説しているページには、ContextualCompressionRetrieverを使う例が掲載されています。

▌参考：Cohere reranker
  https://python.langchain.com/v0.3/docs/integrations/retrievers/cohere-reranker/

 検索後の工夫のまとめ

この節では、検索後の工夫として、複数の検索結果の順位を融合するRRFや、Cohereのリランクモデルによるリランクを紹介しました。検索後の工夫としては、検索結果のドキュメントが質問に関連しそうか、LLMにフィルタリングさせるといった手法もあります。

 複数のRetrieverを使う工夫

ここまで解説した例では、埋め込みベクトルの類似度検索のRetrieverだけを使ってきました。場合によっては、複数のRetrieverを使うことが有用な場合があります。この節では、複数のRetrieverを使う工夫を紹介します。

 LLMによるルーティング

アプリケーションによっては、ユーザーの質問に応じて検索対象のRetrieverを使い分けたいかもしれません。例として、質問内容を踏まえて、LangChainの公式ドキュメントの検索とWeb検索を使い分けるRAGの構成を実装してみます。

第6章 Advanced RAG

図6.13 LLMによるルーティング

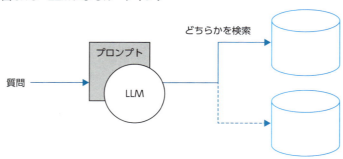

まず、LangChainの公式ドキュメントを検索するRetriever (langchain_document_retriever) と、Web検索のRetriever (web_retriever) を準備します。

```
from langchain_community.retrievers import TavilySearchAPIRetriever

langchain_document_retriever = retriever.with_config(
    {"run_name": "langchain_document_retriever"}
)

web_retriever = TavilySearchAPIRetriever(k=3).with_config(
    {"run_name": "web_retriever"}
)
```

上記のコードでは、LangSmithのトレースがわかりやすくなるよう、with_configメソッドでrun_nameを設定しています。

続いて、ユーザーの入力をもとにLLMがRetrieverを選択するChain (route_chain) を実装します。LangChainのwith_structured_outputを使ってRetrieverを選択させるChainは次のようになります。

```
from enum import Enum

class Route(str, Enum):
    langchain_document = "langchain_document"
    web = "web"

class RouteOutput(BaseModel):
    route: Route

route_prompt = ChatPromptTemplate.from_template("""\
質問に回答するために適切なRetrieverを選択してください。
```

6.5 複数のRetrieverを使う工夫

```
質問: {question}
""")

route_chain = (
    route_prompt
    | model.with_structured_output(RouteOutput)
    | (lambda x: x.route)
)
```

最後に、ルーティングの結果を踏まえて検索するrouted_retriever関数と、処理全体の流れの
Chain (route_rag_chain) を実装します。

```
def routed_retriever(inp: dict[str, Any]) -> list[Document]:
    question = inp["question"]
    route = inp["route"]

    if route == Route.langchain_document:
        return langchain_document_retriever.invoke(question)
    elif route == Route.web:
        return web_retriever.invoke(question)

    raise ValueError(f"Unknown route: {route}")

route_rag_chain = (
    {
        "question": RunnablePassthrough(),
        "route": route_chain,
    }
    | RunnablePassthrough.assign(context=routed_retriever)
    | prompt | model | StrOutputParser()
)
```

このChainを使って「LangChainの概要を教えて」と質問してみます。

```
route_rag_chain.invoke("LangChainの概要を教えて")
```

LangSmithのトレースを確認すると、langchain_document_retrieverを使って質問に回答して
くれたことがわかります。

第 6 章 Advanced RAG

図6.14 langchain_document_retrieverを使って質問に回答する様子

今度は、「東京の今日の天気は？」と質問してみます。

```
route_rag_chain.invoke("東京の今日の天気は？")
```

LangSmithのトレースを確認すると、web_retrieverを使って質問に回答してくれたことがわかります。

図6.15 web_retrieverを使って質問に回答する様子

質問内容によってRetrieverを使い分けていることを確認できました。

ハイブリッド検索の例

検索対象として複数のRetrieverを使用する場合、どれか1つを選択して検索する以外に、複数のRetrieverの検索結果を組み合わせて使うことも考えられます。

図6.16 ハイブリッド検索

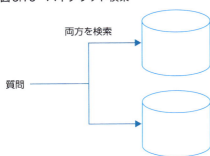

第6章 Advanced RAG

RAGの典型的な実装では、埋め込みベクトルの類似度検索を行います。Embeddingモデルで作成する埋め込みベクトルは、学習データの範囲で、意味が近いテキストであればベクトルの類似度が高くなるようにされています。しかし、汎用的に作られたEmbeddingモデルでは、学習データに含まれない固有名詞や専門用語の類似度検索は難しい場合があります。

自然言語処理の古典的な手法として、単語の登場頻度をベースにテキストの類似度を算出する手法があります。有名な例としては、TF-IDFや、TF-IDFを拡張したBM25 (Elasticsearchのデフォルトのランキングアルゴリズム) が知られています。これらのアルゴリズムで作成したベクトルの場合、共通する単語が多いテキストはベクトルの類似度が高くなりやすいです。

つまり、固有名詞や専門用語を扱う場合、汎用的なEmbeddingモデルの埋め込みベクトルの類似度検索よりも、TF-IDFやBM25で作成したベクトルの類似度検索のほうが有効な可能性があります。そこで、この2つを組み合わせたハイブリッド検索を実施することが考えられます。

TF-IDFやBM25で作成したベクトルは、多くの要素が0になる[注11]ことから「疎ベクトル (Sparse Vector)」と呼ばれます。一方、埋め込みベクトルは「密ベクトル (Dense Vector)」と呼ばれます。

図6.17 EmbeddingモデルによるベクトルとTF-IDFやBM25によるベクトル化

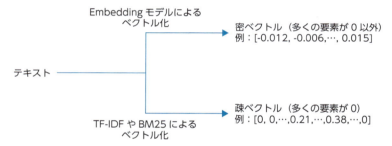

ベクターデータベースのクラウドサービスである「Pinecone」でも、疎ベクトルでの検索と密ベクトルでの検索を組み合わせたハイブリッド検索が提供されています[注12]。

なお、「ハイブリッド検索」という言葉自体は、複数の検索手法を組み合わせることを指します。どんな検索手法をどのように組み合わせるかは、ハイブリッド検索を提供するサービスによって異なります。

注11　単語の一覧に対して単語の登場回数を [0, 0, 1, 0, 2, ...] のように表現する考え方を発展させた手法のため、多くの要素が0になります。
注12　https://docs.pinecone.io/guides/data/understanding-hybrid-search
　　　https://www.pinecone.io/learn/hybrid-search-intro/

ハイブリッド検索の実装

ここから、ハイブリッド検索の例を実装していきます。LangChainの公式ドキュメントについて、埋め込みベクトルの類似度検索と、BM25を使った検索を組み合わせることにします。検索結果の順位の融合には、前述したRRFを使うことにします。

まずはLangChainのBM25Retrieverを使うのに必要なパッケージをインストールします。

```
!pip install rank-bm25==0.2.2
```

続いて、埋め込みベクトルの類似度検索のRetriever (chroma_retriever) と、BM25を使った検索のRetriever (bm25_retriever) を準備します。

```
from langchain_community.retrievers import BM25Retriever

chroma_retriever = retriever.with_config(
    {"run_name": "chroma_retriever"}
)

bm25_retriever = BM25Retriever.from_documents(documents).with_config(
    {"run_name": "bm25_retriever"}
)
```

そして、これらの両方の検索を実施するhybrid_retrieverを実装します。

```
from langchain_core.runnables import RunnableParallel

hybrid_retriever = (
    RunnableParallel({
        "chroma_documents": chroma_retriever,
        "bm25_documents": bm25_retriever,
    })
    | (lambda x: [x["chroma_documents"], x["bm25_documents"]])
    | reciprocal_rank_fusion
)
```

このコードでは、chroma_retrieverとbm25_retrieverの検索結果の順位を、RRFで融合して並べています。最後に、hybrid_retrieverを使ったRAGのChainを実装して実行します。

```
hybrid_rag_chain = (
    {
        "question": RunnablePassthrough(),
        "context": hybrid_retriever,
    }
    | prompt | model | StrOutputParser()
```

```
)

hybrid_rag_chain.invoke("LangChainの概要を教えて")
```

このコードを実行してLangSmithのトレースを確認すると、chroma_retrieverとbm25_retrieverが実行され、その結果がRRFで並べられていることがわかります。

図6.18 ハイブリッド検索のトレース

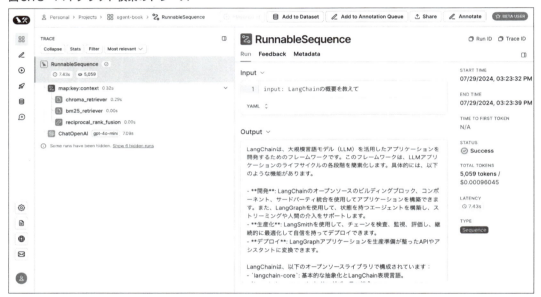

EnsembleRetriever

LangChainでは、複数のRetrieverの検索結果を組み合わせるEnsembleRetrieverが提供されています。上記のコードの処理はEnsembleRetrieverを使って実装することもできます。

> 参考：How to combine results from multiple retrievers
> https://python.langchain.com/v0.3/docs/how_to/ensemble_retriever/

複数のRetrieverを使う工夫のまとめ

この節では、複数のRetrieverを使う工夫を紹介しました。この節で扱った以外の検索対象としては、リレーショナルデータベースやグラフデータベースを使うことも考えられます。リレーショ

ナルデータベースを検索する場合は、LLMに検索条件を出力させることもできれば、SQL全体を生成させること（Text-to-SQL）も考えられます。また、最近ではグラフデータベースを使ったナレッジグラフも注目されています。

> **COLUMN**
> **生成後の工夫**
>
> この章のハンズオンでは扱いませんでしたが、生成後に処理を入れるという工夫もあります。たとえば、検索が不十分な場合、検索クエリを生成し直して再度検索することが考えられます。
>
> 図6.19　生成後の工夫の例
>
>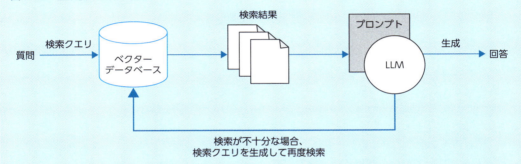
>
> このように、RAGの工夫によっては、状況によって手前に処理を戻すループのような構造を実装したくなる場合もあります。LangChainのLCELだけでは、このようなループ構造は簡単に実装できません。第9章で解説するLangGraphは、このようなループ構造を含むワークフローを実装することを意識して作られています。

6.6 まとめ

この章では、RAGの発展的な手法をいくつか紹介しました。RAGの発展的な手法を取り入れるうえでは、扱うデータなどの性質を踏まえて、適切なポイントに工夫を入れることが重要です。

この章の解説の中では、LangChainがRAGの工夫のためのさまざまなクラスを提供していることも紹介しました。LangChainの公式ドキュメントやクックブックでは、RAGを含むLLMアプリ

第 6 章　Advanced RAG

ケーションのさまざまな工夫が紹介されています。実装にLangChainを使わない場合であっても、LangChainが公開している工夫は参考にできます。

　LLMアプリケーションにおいて、RAGのような検索処理の応用は幅広いです。たとえば、チャットボットの応答をキャッシュしたい場合、埋め込みベクトルの類似度でキャッシュを検索して応答することが有用な場合があります。このような処理は、GPTCache[注13]というOSSでも提供されています。他には、長期記憶の実装のために、会話履歴などの記憶をベクターデータベースに保存しておいて類似度検索するといった工夫もあります。

　RAGにさまざまな工夫を取り入れるためには、評価に取り組むことも重要です。次章ではRAGアプリケーションの評価のハンズオンを実施します。

COLUMN

マルチモーダルRAG

　本書執筆時点で、GPT-4oの入力にはテキストと画像を与えることができます。このようなマルチモーダルなモデルをRAGに適用する「マルチモーダルRAG」と呼ばれる手法もあります。LangChainのCookbook[注14]では、マルチモーダルRAGの3つの手法が紹介されています。

1. CLIP[注15]のようなマルチモーダルのEmbeddingモデルで画像とテキストの埋め込みベクトルを作成して類似度検索する。検索結果の画像とテキストをもとにマルチモーダルなLLMに回答させる
2. GPT-4oのようなマルチモーダルなLLMを使い、画像の要約テキストを生成して埋め込みベクトルの類似度検索を行う。検索結果のテキストをもとにLLMに回答させる
3. GPT-4oのようなマルチモーダルなLLMを使い、画像の要約テキストを生成して埋め込みベクトルの類似度検索を行う。検索結果のテキストと元の画像をもとにマルチモーダルなLLMに回答させる

　上記の手法はテキストに加えて画像をRAGで扱う例ですが、動画や音声などのメディアを扱う場合も考え方が参考になるかもしれません。

注13　https://github.com/zilliztech/GPTCache
注14　https://github.com/langchain-ai/langchain/blob/master/cookbook/multi_modal_RAG_chroma.ipynb
　　　https://github.com/langchain-ai/langchain/blob/master/cookbook/Semi_structured_and_multi_modal_RAG.ipynb
　　　https://github.com/langchain-ai/langchain/blob/master/cookbook/Multi_modal_RAG.ipynb
注15　https://openai.com/index/clip/

第 **7** 章

LangSmithを使った RAGアプリケーションの 評価

LLMアプリケーションの開発が活発になり、最近ではプロダクショ ングレードなLLMアプリケーションについて議論されることが増え ています。プロダクショングレードなLLMアプリケーションを開発 するためのプラットフォームの1つが「LangSmith」です。この章では、 LangSmithを使ったRAGアプリケーションの評価に取り組みます。

大嶋勇樹

第 7 章　LangSmithを使ったRAGアプリケーションの評価

第7章で取り組む評価の概要

　この章では、LangSmithを使ってLLMアプリケーションの評価のハンズオンを実施します。題材として、RAGアプリケーションの評価を扱います。

　RAGは適当に実装しても、ある程度それらしく回答してくれることが少なくありません。しかし、より良い回答を得るためにプロンプトを工夫したり第6章で解説したような手法を導入したりするためには、何らかの方法で評価することが重要です。

　また、新しいモデルがリリースされたときに、本番システムで使用するモデルを新しいモデルに変更しても問題ないか評価したいことも多いです。

　この章では、評価を整備したうえでRAGの改善や運用に取り組むために、LangSmithを活用する例を解説します。

オフライン評価とオンライン評価

　機械学習アプリケーションの評価には、オフライン評価とオンライン評価の2つがあります。

　オフライン評価は、あらかじめ用意したデータセットを使った評価です。機械学習（LLMを含む）を使った処理を本番システムに反映する前に実施します。

　オンライン評価は、実ユーザーの反応など、実際のトラフィックを使った評価です。機械学習（LLMを含む）を使った処理を本番システムに反映したあとで実施します。

　LangSmithは、オフライン評価とオンライン評価の両方の機能を持っています。本書では、LangSmithを活用したオフライン評価を主に扱います。

7.2 LangSmithの概要

ここで、あらためてLangSmithの概要を説明します。LangSmithは、LangChainの開発元が提供する、プロダクショングレードなLLMアプリケーションのためのプラットフォーム（Webサービス）です。プロトタイプ開発からベータテスト、プロダクションと、LLMアプリケーション開発のさまざまなフェーズで活用することができます。

LangSmithはLangChainと統合してトレースを収集できることで有名です。しかし実は、LangSmithの機能はさらに多岐にわたっています。プロンプトの管理・共有のための機能や、評価のための機能など、LLMアプリケーション開発のさまざまな場面で活用することができます。

LangChainを使わないケースでも、LangSmithのみ単独で活用することもできます。しかし、LangChainとLangSmithを組み合わせて使うことで、より大きなメリットを享受することができます。

LangSmithの料金プラン

LangSmithの料金プランは本書執筆時点（2024年8月時点）で次のとおりです。

- Developerプラン
  1ユーザーのみ、無料で使い始めることができるプランです。
- Plusプラン
  Developerプランの機能に加えて、チームのための機能やレートリミットの上昇が含まれるプランです。1ユーザーあたり月額39ドルで使用することができます。
- Enterpriseプラン
  Plusプランのすべての機能に加えて、シングルサインオンやサービスレベル保証、セルフホスティングといったエンタープライズ向けの機能が追加されたプランです。
- Startupsプラン
  スタートアップ向けの割引価格のプランです。

これらのプラン以外に、LangSmithはAzureのMarketplaceでも提供されています。

開発者1名で使い始める場合は、Developerプランで基本的な機能を無料で使い始めることができます。本書の範囲であれば、Developerプランでも実施可能です。

LangSmithの機能の全体像

LangSmithは大きく次の3種類の機能を持ちます。

1. Tracing（トレースの収集に関する機能）
2. Prompts（プロンプトの管理に関する機能）
3. Evaluation（評価に関する機能）

LangSmithのTracing機能とPrompts機能の概要は、第4章と第5章で紹介しました。この章では、主にEvaluation機能に関する基本的な概念と使い方を解説していきます。

7.3 LangSmithとRagasを使ったオフライン評価の構成例

本書では、RAGアプリケーションの評価の例として「Ragas」を使うことにします。

Ragasとは

Ragasは有名なRAGの評価フレームワークです。GitHubでOSSとして公開されており[1]、arXivで論文も公開されています[2]。

RagasはRAGの評価のためにいくつかの評価メトリクスを提供しています。本書でもそれらの評価メトリクスを使用します。Ragasの評価メトリクスの詳細は後述します。

RagasはRAGの評価のためのデータ生成機能も持っています。次節では、オフライン評価に使うデータセットをRagasで生成して準備します。

注1　https://github.com/explodinggradients/ragas
注2　Es et al.（2023）「RAGAS: Automated Evaluation of Retrieval Augmented Generation」https://arxiv.org/abs/2309.15217

この章で構築するオフライン評価の構成

この章で構築するオフライン評価の構成は、次の図のようになります。

図7.1　この章で構築するオフライン評価の構成

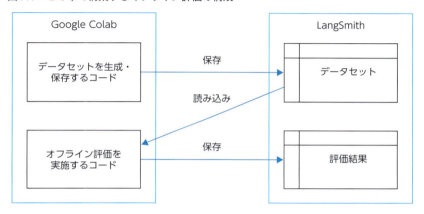

まず、Google Colab上でデータセットを生成し、LangSmithに保存します。そのあとで、オフライン評価を実装し、LangSmith上からデータセットを読み込んで評価を実行します。評価結果はLangSmith上に保存します。

この章のハンズオンで発生する料金

　この章では、合成テストデータの生成と評価のために、gpt-4oを何度も呼び出します。この章のハンズオンだけで数ドル程度の料金が発生することが想定されます。

7.4 Ragasによる合成テストデータの生成

オフライン評価に取り組むためには、データセットを準備する必要があります。本書ではRagasの機能を使い、RAGの検索対象のドキュメントから、テストデータを生成することにします[注3]。

Ragasの合成テストデータ生成機能の概要

評価用のテストデータは人手で作成することもできますが、そのためには大きな労力がかかります。そこで、LLMを使ってテストデータを生成する場合があります。LLMなどを使用して生成したデータは、「合成データ（Synthetic data）」と呼ばれます。

しかし、単純なプロンプトで生成した合成テストデータでは、生成される質問が単調になってしまうといった理由で、十分な評価ができない可能性があります。

Ragasの合成テストデータ生成機能は、単純なプロンプトでの生成よりも実践的なデータを生成するための工夫がなされています。具体的には、生成された質問を変更してより複雑な質問にしたり、複数の情報を組み合わせないと回答できない質問を生成するようになっています。

パッケージのインストール

ここから、実際にRagasの合成テストデータ生成機能を使い、オフライン評価のためのデータを生成していきます。まずはオフライン評価で使用する各種パッケージをインストールします。次のコマンドを実行してください[注4]。

```
!pip install langchain-core==0.2.30 langchain-openai==0.1.21 \
    langchain-community==0.2.12 GitPython==3.1.43 \
    langchain-chroma==0.1.2 chromadb==0.5.3 \
    ragas==0.1.14 nest-asyncio==1.6.0
```

注3　2024年8月に、LangSmithにも合成テストデータの生成機能が追加されています。
　　　https://docs.smith.langchain.com/how_to_guides/datasets/manage_datasets_in_application#generate-synthetic-examples
　　　https://changelog.langchain.com/announcements/generate-synthetic-examples-to-enhance-a-langsmith-dataset

注4　本書執筆時点でのRagasの最新バージョンは、LangChain v0.3に未対応です。そのため、本章ではLangChain v0.2を使用します。Ragas v0.2以降ではLangChain v0.3がサポートされる予定です。
　　　https://github.com/explodinggradients/ragas/issues/1328#issuecomment-2357523697

> **nest-asyncio**
>
> ここではRagasに加えてnest-asyncioというパッケージをインストールします。Ragasの合成テストデータ生成機能は内部的にasyncioを使用しており、Google Colab上で簡単に実行するためにはnest-asyncioが便利なためです。

検索対象のドキュメントのロード

この章でのRAGの検索対象としては、LangChainの公式ドキュメントを使うことにします。LangChainのDocument loaderを使ってLangChainの公式ドキュメントをロードするコードは、次のようになります。

```
from langchain_community.document_loaders import GitLoader

def file_filter(file_path: str) -> bool:
    return file_path.endswith(".mdx")

loader = GitLoader(
    clone_url="https://github.com/langchain-ai/langchain",
    repo_path="./langchain",
    branch="master",
    file_filter=file_filter,
)

documents = loader.load()
print(len(documents))
```

このコードを実行してしばらくすると、読み込まれたドキュメントの件数が表示されます。

Ragasによる合成テストデータ生成の実装

続いて、Ragasで合成テストデータを生成します。まずはRagasが使用するメタデータである「filename」を設定します。

```
for document in documents:
    document.metadata["filename"] = document.metadata["source"]
```

そして、Ragasの機能で合成テストデータを生成します。

```
import nest_asyncio
from ragas.testset.generator import TestsetGenerator
from ragas.testset.evolutions import simple, reasoning, multi_context
from langchain_openai import ChatOpenAI, OpenAIEmbeddings

nest_asyncio.apply()

generator = TestsetGenerator.from_langchain(
    generator_llm=ChatOpenAI(model="gpt-4o"),
    critic_llm=ChatOpenAI(model="gpt-4o"),
    embeddings=OpenAIEmbeddings(),
)

testset = generator.generate_with_langchain_docs(
    documents,
    test_size=4,  ← 生成するデータの数を4つに設定
    distributions={simple: 0.5, reasoning: 0.25, multi_context: 0.25},
)
```

注意

このコードを実行すると数ドル程度の料金が発生します

　このコードではできるだけ有用なデータを生成できるよう、モデルとしてgpt-4oを使用します。Ragasの合成テストデータ生成機能では、繰り返しLLMを呼び出すことになります。そのため、上記のコードのとおりgpt-4oを使用すると、数ドル程度の料金が発生します。もしも料金をできるだけ抑えたい場合は、gpt-4o-miniを使用してください。ただし、gpt-4o-miniを使用すると、生成されるデータの品質が低くなることが想定されます。

　上記のコードでは、合成テストデータの生成にかかる料金をできるだけ抑えるため、生成するデータ数は4件のみとしました。そのうち1/2は単純な質問（simple）、1/4は回答に推論が必要な質問（reasoning）、1/4は回答に複数の情報源が必要な質問（multi_context）となるよう設定しました。
　コードを実行してしばらくすると、テストデータの生成が完了します。次のコードを実行すると、生成されたテストデータを確認することができます。

```
testset.to_pandas()
```

このコードの実行結果は、たとえば次のようになります。

図7.2　Ragasで生成したデータ

```
testset.to_pandas()
```

	question	contexts	ground_truth	evolution_type	metadata	episode_done
0	How does MindsDB enable developers to customiz...	[# MindsDB\n\nMindsDB is the platform for cust...	MindsDB enables developers to customize AI usi...	simple	[{'source': 'docs/docs/integrations/providers/...	True
1	How does the Potassium Python framework facili...	[# Banana\n\n>[Banana](https://www.banana.dev/...	The Potassium Python framework facilitates ser...	simple	[{'source': 'docs/docs/integrations/providers/...	True
2	Which API offers 48-hr forecasts & 40+ yrs of ...	[# OpenWeatherMap\n\n>[OpenWeatherMap](https:/...	OpenWeatherMap API offers 48-hr forecasts & 40...	reasoning	[{'source': 'docs/docs/integrations/providers/...	True
3	What do Stripe and Spreedly offer in payment p...	[# Stripe\n\n>[Stripe](https://stripe.com/en-c...	Stripe offers payment-processing software and ...	multi_context	[{'source': 'docs/docs/integrations/providers/...	True

Ragasの合成テストデータ生成機能によって、QAデータが生成されたことがわかります。本書ではこのデータを使ってオフライン評価を実施します。

なお、Ragasで生成したテストデータは、必ずしも十分な品質とは限りません。実際に評価に使用する際は、生成されたデータの品質を確認するようにしてください。Ragasの合成テストデータ生成機能で十分な品質のデータを生成できない場合は、Ragasの実装やプロンプトを参考にしつつ、自前でデータ生成処理を実装することも考えられます。または、生成以外の方法でデータセットを用意することも検討してください。

LangSmithのDatasetの作成

オフライン評価に使うデータセットは、適切に保存して管理することが重要です。LangSmithには、評価用の「Dataset」を管理する機能があります。

まずはLangSmithでデータセットを管理する「Dataset」というオブジェクトを作成します。次のコードを実行してください。

```
from langsmith import Client

dataset_name = "agent-book"

client = Client()

if client.has_dataset(dataset_name=dataset_name):
    client.delete_dataset(dataset_name=dataset_name)
```

第 7 章　LangSmithを使ったRAGアプリケーションの評価

```
dataset = client.create_dataset(dataset_name=dataset_name)
```

実行が完了したら、LangSmithの画面で、左側のメニューから「Datasets & Testing」を選択し、Datasetの一覧を開きます。

図7.3　Dataset一覧画面

すると、「agent-book」という名前のデータセットが追加されていることがわかります。ここに、Ragasで生成した合成テストデータを保存します。

合成テストデータの保存

Ragasで生成したデータをLangSmithのDatasetに保存するコードを記述して実行していきます。まずは、生成したデータセットをLangSmithのDatasetに保存する形式に変換します。

```
inputs = []
outputs = []
metadatas = []

for testset_record in testset.test_data:
    inputs.append(
        {
            "question": testset_record.question,
        }
    )
    outputs.append(
        {
            "contexts": testset_record.contexts,
            "ground_truth": testset_record.ground_truth,
        }
    )
    metadatas.append(
        {
            "source": testset_record.metadata[0]["source"],
            "evolution_type": testset_record.evolution_type,
        }
    )
```

続いて、LangSmithのクライアントを使用して、DatasetのIDを指定してデータを保存します。なお、LangSmithでは、Datasetに保存するデータの1件1件を「Example」と呼びます。

```
client.create_examples(
    inputs=inputs,
    outputs=outputs,
    metadata=metadatas,
    dataset_id=dataset.id,
)
```

このコードを実行し、LangSmithのDataset一覧画面で「agent-book」を選択して、「Examples」タブを開くと、次のように表示されます。

第 7 章　LangSmithを使ったRAGアプリケーションの評価

図7.4　Example一覧画面

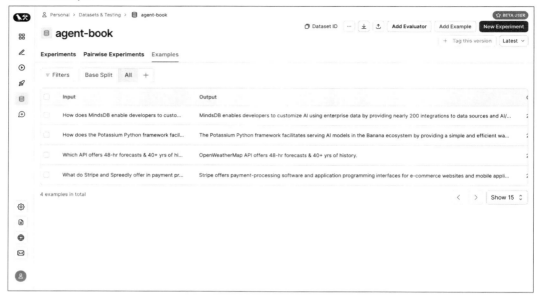

Ragasで生成した合成テストデータがLangSmith上に保存されたことがわかります。Exampleの1つをクリックすると、詳細を確認することができます。

図7.5　Exampleの詳細

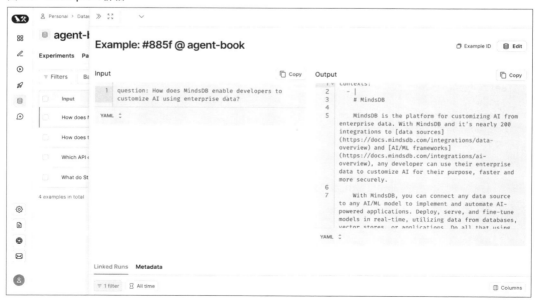

このように、LangSmithのDataset機能を使うと、オフライン評価のためのデータセットをLangSmith上で管理できます。LangSmithのDataset機能で管理するデータは、自動でバージョニングされるというメリットもあります。

今回はPythonのプログラムからLangSmithのDatasetにデータを保存しましたが、LangSmithの画面上の操作でデータを追加したり、CSVファイルをインポートすることもできます。また、LangSmith上のトレースを選択してデータセットに追加する操作も可能です。

> **COLUMN**
>
> **評価用のデータセットのデータ数**
>
> 本書では読者の方のAPI料金を抑えるため、評価用のデータセットはできるだけ少ないデータ数にしました。実際の評価でどの程度のデータ数が必要になるかは状況次第です。
>
> たとえば、比較したい2つの手法に大きな差を見込んでいる場合は、比較的少ないデータ数であっても手法の優劣を確認しやすいです。一方で、2つの手法に小さな差しか見込んでいない場合は、より多くのデータ数が必要になります。
>
> 実際には、このような分析上の都合に加えて、データセットを準備するための時間的・金銭的コストも考慮して、どの程度のデータ数を用意するか検討する必要があります。
>
> なお、LangSmithの旧ドキュメント[注5]には、データセットは通常100個から1,000個以上のデータで構成すると書かれています。

7.5 LangSmithとRagasを使ったオフライン評価の実装

データセットの準備ができたので、LangSmithとRagasを使ったオフライン評価を実装していきます。

LangSmithのオフライン評価の概要

まずはLangSmithのオフライン評価の概要を説明します。LangSmithのオフライン評価機能では、LangSmithのクライアントが提供する「evaluate」関数を使用します。

注5　https://docs.smith.langchain.com/old/evaluation/recommendations#use-aggregate-evals

第7章 LangSmithを使ったRAGアプリケーションの評価

　引数に推論の関数、Datasetの名前、Evaluator（評価器）を指定してevaluate関数を実行すると、LangSmithの画面上で評価結果を確認することができます。

```
# 後ほど実行するコードです。この時点では実行できません。

from langsmith.evaluation import evaluate

evaluate(
    predict,            # 推論の関数
    data="agent-book",  # Datasetの名前
    evaluators=evaluators,  # Evaluator（評価器）
)
```

　評価を実行すると、評価結果がLangSmithに保存され、LangSmithの画面上で確認することができます。

図7.6　評価結果

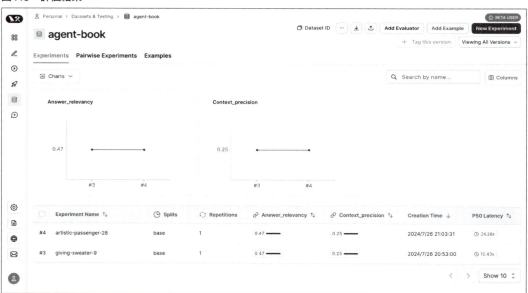

7.5 LangSmithとRagasを使ったオフライン評価の実装

利用可能なEvaluator（評価器）

Evaluator（評価器）としては、LangChainが提供する機能を使うこともできれば、独自に定義した関数を使うこともできます。

LangChainが提供するEvaluatorでは、評価用のプロンプトを使ったLLMによる評価、埋め込みベクトルの類似度やレーベンシュタイン距離による評価といった機能が提供されています[注6]。

独自に定義した関数を使うこともできるため、Ragasの評価メトリクスを使うことも可能です。本書ではRagasの評価メトリクスを使うことにします。

Ragasの評価メトリクス

ここで、Ragasの評価メトリクスについて説明します。RAGの評価には主に「検索」「生成」「検索＋生成」の3つの観点があります。Ragasはこれらの観点に対して何個かずつ評価メトリクスを提供しています。

- 「検索」の評価メトリクス：Context recall、Context precision、Context entity recall
- 「生成」の評価メトリクス：Faithfulness、Answer relevancy
- 「検索＋生成」の評価メトリクス：Answer similarity、Answer correctness

これらの評価メトリクスは、LLMやEmbeddingを使って実装されています。

> **MEMO**
> **LLM-as-a-Judge**
> 最近は、LLMの出力をLLMに評価させることも増えています。LLMによる評価は「LLM-as-a-Judge」と呼ばれることがあります。LLMを使った評価を実施する場合は、LLMによる評価が適切なのか評価することも重要です。

Ragasの評価メトリクスの概要をまとめると表7.1のようになります。

注6 より詳細を確認したい場合は、LangSmithの公式ドキュメントの次のページを参照してください。
https://docs.smith.langchain.com/how_to_guides/evaluation/use_langchain_off_the_shelf_evaluators

第 7 章　LangSmith を使った RAG アプリケーションの評価

表7.1　Ragas の評価メトリクスの概要

評価対象	評価メトリクス	概要	LLMを使用	Embeddingを使用
検索	Context precision（コンテキストの適合率）	質問と期待する回答を踏まえて、実際の検索結果のうち有用だとLLMで推論される割合	○	
	Context recall（コンテキストの再現率）	期待する回答をいくつかの文章に分割したうち、実際の検索結果で説明できる割合	○	
	Context entity recall（コンテキストのエンティティの再現率）	期待する回答に含まれるエンティティ（物事）のうち、実際の検索結果に含まれる割合	○	
生成	Answer relevancy（回答の関連性）	実際の回答が質問にどれだけ関連するか（実際の回答からLLMで推論した質問と、もとの質問の、埋め込みベクトルのコサイン類似度の平均値）	○	○
	Faithfulness（忠実性）	実際の回答に含まれる主張のうち、実際の検索結果と一貫している割合	○	
検索＋生成	Answer similarity（回答の類似性）	実際の回答と期待する回答の、埋め込みベクトルのコサイン類似度		○
	Answer correctness（回答の正確性）	実際の回答と期待する回答の、事実的類似性[注7]と意味的類似性（Answer similarity）の加重平均	○	○

　本書執筆時点で、Ragasには表7.1に記載した以外にも、Aspect critiqueという回答の有害性などの側面の評価メトリクスや、Summarization scoreという要約タスクの評価メトリクスがあります。Ragasの評価メトリクスの詳細については、公式ドキュメント[注8]を参照してください。また、RagasはOSSであるため、具体的な実装やプロンプトを確認したい場合はソースコード[注9]を参照してください。

　本書ではハンズオンで発生する料金を少なくするよう、これらのRagasの評価メトリクスのうち、Context precisionとAnswer relevancyの2つだけを使用することにします。

....
注7　RagasのAnswer correctnessの事実的類似性は、実際の回答と期待する回答に含まれる事実から算出したF1スコアの値です。
注8　https://docs.ragas.io/en/latest/concepts/metrics/index.html
注9　https://github.com/explodinggradients/ragas/tree/main/src/ragas/metrics

7.5 LangSmithとRagasを使ったオフライン評価の実装

COLUMN

Ragas以外の検索の評価メトリクス

Ragasの各評価メトリクスが使用するデータを図にまとめると図7.7のようになります。

図7.7 Ragasの評価メトリクス

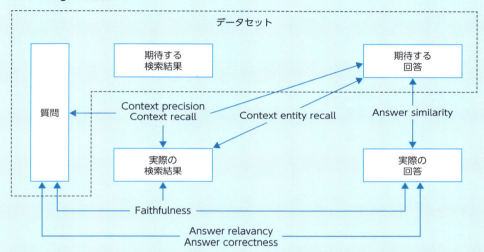

このように、Ragasの各評価メトリクスは、「期待する検索結果」を一切使わずに実装されています。「期待する検索結果」がデータセットに含まれる場合は、次のような検索の評価指標を使うことも考えられます。

- Recall（再現率）：期待する検索結果のうち、実際の検索結果に含まれる割合
- Precision（適合率）：実際の検索結果のうち、期待する検索結果の割合[注10]

RAGの評価では、評価にかかる時間やコストと改善した際の効果の大きさを考えて、検索部分の評価に注力したくなることが多いです。LLMを呼び出すRagasの評価メトリクスを使うよりも、ルールベースで算出できる評価メトリクスのほうが、評価にかかる時間やコストを削減できる可能性があります。

注10 Ragasの評価指標にもContext recallとContext precisionがありますが、ここで説明しているRecallとPrecisionとは定義が異なります。

第7章 LangSmithを使ったRAGアプリケーションの評価

 ## カスタムEvaluatorの実装

　LangSmithの評価機能でRagasの評価メトリクスを使うためには、カスタムEvaluatorを実装することになります。カスタムEvaluatorは、実際の実行結果（Run）と評価データ（Example）を引数として評価スコアをdictで返す関数として実装できます。たとえば、「sample_metric」という名前でスコアが固定で「1」であるカスタムEvaluatorは次のようになります。

```python
def my_evaluator(run: Run, example: Example) -> dict[str, Any]:
    return {"key": "sample_metric", "score": 1}
```

　Ragasの評価メトリクスを使う際は、使用するLLMやEmbeddingモデルを設定する必要があります。LLMやEmbeddingモデルを設定する処理を含め、Ragasの評価メトリクスをLangSmithでの評価に使うためのカスタムEvaluatorの実装例は次のようになります。

```python
from typing import Any

from langchain_core.embeddings import Embeddings
from langchain_core.language_models import BaseChatModel
from langsmith.schemas import Example, Run
from ragas.embeddings import LangchainEmbeddingsWrapper
from ragas.llms import LangchainLLMWrapper
from ragas.metrics.base import Metric, MetricWithEmbeddings, MetricWithLLM

class RagasMetricEvaluator:
    def __init__(self, metric: Metric, llm: BaseChatModel, embeddings: Embeddings):
        self.metric = metric

        # LLMとEmbeddingsをMetricに設定
        if isinstance(self.metric, MetricWithLLM):
            self.metric.llm = LangchainLLMWrapper(llm)
        if isinstance(self.metric, MetricWithEmbeddings):
            self.metric.embeddings = LangchainEmbeddingsWrapper(embeddings)

    def evaluate(self, run: Run, example: Example) -> dict[str, Any]:
        context_strs = [doc.page_content for doc in run.outputs["contexts"]]

        # Ragasの評価メトリクスのscoreメソッドでスコアを算出
        score = self.metric.score(
            {
                "question": example.inputs["question"],      # 質問
                "answer": run.outputs["answer"],             # 実際の回答
                "contexts": context_strs,                    # 実際の検索結果
                "ground_truth": example.outputs["ground_truth"],  # 期待する回答
            },
        )
        return {"key": self.metric.name, "score": score}
```

とくに重要な処理は、Ragasの評価メトリクスの「score」メソッドを使用して評価スコアを算出している箇所です。scoreメソッドには、実際の実行結果（Run）と評価データ（Example）から取り出した、質問（question）・実際の回答（answer）・実際の検索結果（contexts）・期待する回答（ground_truth）を与えてスコアを算出しています。

なお、上記のコードの実装は、Ragasの公式ドキュメントで解説されている、Langfuseとの統合を参考にしています[注11]。

上記のRagasMetricEvaluatorを使い、Ragasの評価メトリクスを準備します。

```
from langchain_openai import ChatOpenAI, OpenAIEmbeddings
from ragas.metrics import answer_relevancy, context_precision

metrics = [context_precision, answer_relevancy]

llm = ChatOpenAI(model="gpt-4o-mini", temperature=0)
embeddings = OpenAIEmbeddings(model="text-embedding-3-small")

evaluators = [
    RagasMetricEvaluator(metric, llm, embeddings).evaluate
    for metric in metrics
]
```

これでEvaluatorの準備が整いました。

推論の関数の実装

オフライン評価の処理を実装する最後の準備として、推論の関数を実装します。まずはRAGで使用するVector storeとして、Chromaを準備します。

```
from langchain_chroma import Chroma
from langchain_openai import OpenAIEmbeddings

embeddings = OpenAIEmbeddings(model="text-embedding-3-small")
db = Chroma.from_documents(documents, embeddings)
```

続いて、RAGのシンプルなChainを実装します。

注11　参考：Langfuse | Ragas
https://docs.ragas.io/en/stable/howtos/integrations/_langfuse/

第 7 章 LangSmith を使った RAG アプリケーションの評価

```python
from langchain_core.output_parsers import StrOutputParser
from langchain_core.prompts import ChatPromptTemplate
from langchain_core.runnables import RunnableParallel, RunnablePassthrough
from langchain_openai import ChatOpenAI

prompt = ChatPromptTemplate.from_template('''\
以下の文脈だけを踏まえて質問に回答してください。

文脈: """
{context}
"""

質問: {question}
''')

model = ChatOpenAI(model="gpt-4o-mini", temperature=0)

retriever = db.as_retriever()

chain = RunnableParallel(
    {
        "question": RunnablePassthrough(),
        "context": retriever,
    }
).assign(answer=prompt | model | StrOutputParser())
```

　LangSmith での評価に使う推論の関数は、データセットに保存した形式の dict を受け取って、実際の実行結果（Run）を dict として返す関数として実装します。データセットの入力から「question」を取り出して、推論（RAG などの処理）を行い、実際の検索結果や回答を返す関数は次のようになります。

```python
def predict(inputs: dict[str, Any]) -> dict[str, Any]:
    question = inputs["question"]
    output = chain.invoke(question)
    return {
        "contexts": output["context"],
        "answer": output["answer"],
    }
```

　この関数を使った推論の結果を評価することになります。

174

オフライン評価の実装・実行

LangSmithでオフライン評価を実行するコードを実装します。

```
from langsmith.evaluation import evaluate

evaluate(
    predict,
    data="agent-book",
    evaluators=evaluators,
)
```

上記のコードを実行してしばらくすると、LangSmithに評価結果が保存されます。LangSmithでは、評価の1回1回を「Experiment」と呼びます。LangSmithで「agent-book」というDatasetの「Experiments」タブを開くと、Experimentの一覧が表示されます。

図7.8 Experiment一覧画面

評価結果がLangSmithに保存されていることがわかります。Experimentを選択すると、評価の詳細を確認することもできます。

第7章 LangSmithを使ったRAGアプリケーションの評価

図7.9 評価の詳細

評価を何度か実行すると、次のように評価メトリクスがグラフとして可視化されます。

図7.10 評価メトリクスのグラフ

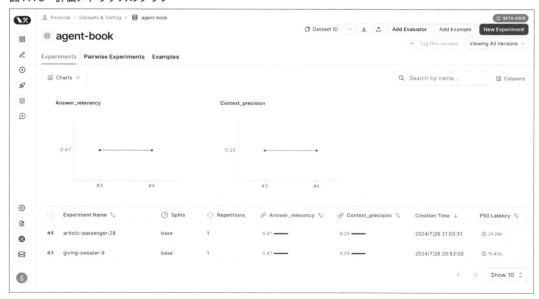

7.5 LangSmithとRagasを使ったオフライン評価の実装

このハンズオンでは、シンプルなRAGのChainを評価に使いました。同様に第6章で実装した各種Chain[注12]を評価の対象にすることもできます。興味がある方はぜひ試してみてください。

この節で解説した評価方法以外にも、LangSmithには「ペアワイズ評価 (Pairwise evaluation)」という機能もあります。ペアワイズ評価では、LLMに2種類の推論結果を提示して、どちらのほうがよいか評価させることができます。ペアワイズ評価の詳細は、公式ドキュメントの次のページを参照してください。

> 参照：Run pairwise evaluations
> https://docs.smith.langchain.com/how_to_guides/evaluation/evaluate_pairwise

 ## オフライン評価の注意点

本書では、Ragasの評価指標を使って評価スコアを算出しました。実際のLLMアプリケーションでは、汎用的に使われる評価指標だけでなく、ビジネス上のKPIを踏まえた評価指標を設定することが重要です。

また、オフライン評価のスコアが上昇したときに、ビジネス上のKPIにどれだけ反映されるかは状況次第であることにも注意が必要です。たとえば、オフライン評価のスコアが上昇したことが、ビジネス上のKPIにほとんど影響しないケースもあります。オフライン評価のスコアは手放しで高得点を目指すべきものではなく、費用対効果を踏まえて考える必要があります。

オフライン評価で良い結果が出たとしても、本番システムに反映したときに想定どおりの効果があるとは限りません。たとえば、事前に準備したデータセットと本番システムで実際に入力されるデータの傾向が異なる場合、オフライン評価の結果ほど本番システムでは良い結果が出ないかもしれません。仮に本番データをもとに作成したデータセットであっても、時間の経過によって本番データの傾向が変化する、「データドリフト」が発生することもあります。

オフライン評価は実際のシステムに組み込む前に取り組むことができるという点で有用です。しかし、オフライン評価の結果だけを見て、本番システムに組み込んでも同様の結果になるはずだと盲信するのは望ましくありません。本番システム上で実際のデータでもうまく動作するのか計測するため、本番環境で実際のユーザーの反応を確認することも重要です。

注12　第6章のコードそのままではなく、contextを出力するよう変更する必要があります。

# 7.6 LangSmithを使ったフィードバックの収集

オフライン評価の注意点として述べたように、オフライン評価のスコアだけでアプリケーションとしての本当の良し悪しを判断するのは難しいです。実際の効果を測定したり、オフライン評価の評価指標やデータセットを改善したりするために、本番環境にデプロイしたあとでユーザーの反応を確認することも重要です。

たとえばLLMの出力をもとにユーザーが資料を作成するようなケースでは、LLMの出力をどの程度そのまま使用したかを計測することが考えられます。A/Bテストやシャドウテスト[注13]により、複数のモデルや手法を比較することも考えられます。

この節では、ユーザーのフィードバックを収集する簡単な例として、ユーザーにGood・Badを入力させる機能を実装します。

この節で実装するフィードバック機能の概要

LangSmithのFeedback機能を使うとユーザーからのフィードバックを簡単に収集できます。Google Colab上に「Good」「Bad」ボタンを表示して、ユーザーからのフィードバックを受け取るようにします。

図7.11　Google ColabからフィードバックをLangSmithに保存する様子

注13　本番トラフィックに対して、ユーザーには既存のモデル・手法で応答を返しつつ、新しいモデル・手法でも推論を実施して評価する手法は、「シャドウテスト」や「シャドウA/Bテスト」と呼ばれます。

フィードバックボタンを表示する関数の実装

Google Colab上で簡易的にボタンを表示するため、ipywidgetsというパッケージを使うことにします。ipywidgetsを使って「Good」「Bad」ボタンを表示し、ボタンがクリックされた際にLangSmithにフィードバックを保存する関数は、次のように実装できます。

```python
from uuid import UUID

import ipywidgets as widgets
from IPython.display import display
from langsmith import Client

def display_feedback_buttons(run_id: UUID) -> None:
    # GoodボタンとBadボタンを準備
    good_button = widgets.Button(
        description="Good",
        button_style="success",
        icon="thumbs-up",
    )
    bad_button = widgets.Button(
        description="Bad",
        button_style="danger",
        icon="thumbs-down",
    )

    # クリックされた際に実行される関数を定義
    def on_button_clicked(button: widgets.Button) -> None:
        if button == good_button:
            score = 1
        elif button == bad_button:
            score = 0
        else:
            raise ValueError(f"Unknown button: {button}")

        client = Client()
        client.create_feedback(run_id=run_id, key="thumbs", score=score)
        print("フィードバックを送信しました")

    # ボタンがクリックされた際にon_button_clicked関数を実行
    good_button.on_click(on_button_clicked)
    bad_button.on_click(on_button_clicked)

    # ボタンを表示
    display(good_button, bad_button)
```

LangSmithにフィードバックを保存

上記のコードでは、「Good」ボタンがクリックされたら「1」、「Bad」ボタンがクリックされたら「0」という値をLangSmithに保存します。LangSmithのFeedback機能では、このようにスコアの数値を保存する以外に、コメントとして文字列を保存することもできます。

フィードバックボタンを表示

ユーザーの入力をもとにRAGのChainを実行し、フィードバックボタンを表示するコードを記述します。

```python
from langchain_core.tracers.context import collect_runs

# LangSmithのトレースのID(Run ID)を取得するため、collect_runs関数を使用
with collect_runs() as runs_cb:
    output = chain.invoke("LangChainの概要を教えて")
    print(output["answer"])
    run_id = runs_cb.traced_runs[0].id

display_feedback_buttons(run_id)
```

このコードを実行すると、次のように表示されます。

図7.12　フィードバックボタン

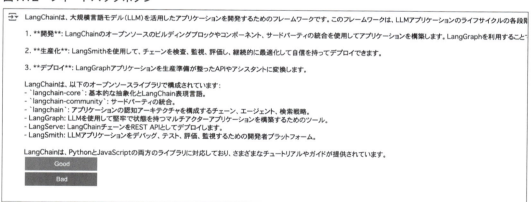

たとえば、「Good」ボタンをクリックしてみます。LangSmithのトレースを確認すると、該当のトレースの「Feedback」欄に「1」という値が保存されていることがわかります。

7.6 LangSmithを使ったフィードバックの収集

図7.13 Feedbackの確認

　ここでは、ユーザーからのフィードバックを収集する例として、Good・Badボタンを実装しました。ユーザーからのフィードバックを収集するうえで、Good・Badのようなボタンを設ける実装は比較的簡単です。しかし、特別な強制力がある場合を除いて、ユーザーのGood・Badボタンの入力率は非常に低くなりやすいです。LangSmithのFeedback機能では、Good・Bad以外にも任意のフィードバックを保存することが可能です。たとえば、人間によるフィードバックではなく、ソフトウェア (LLM含む) が出力したスコアをフィードバックとして保存することもできます。

第 7 章　LangSmithを使ったRAGアプリケーションの評価

> **COLUMN**
> **Online Evaluator**

LangSmithには、LangSmith上で定義したEvaluatorをLangSmith上で実行する「Online Evaluator」という機能があります。Online Evaluatorを使うと、本番環境のトレースに対するLLMでの評価をすばやく始めることができます。

図7.14　Online Evaluator

なお、Online Evaluatorを使用する際、評価に使用するLLMのためのAPIキーは、LangSmithの利用者側が用意する必要があります。

7.7 フィードバックの活用のための自動処理

ここまで、Good・Badボタンを実装して、ユーザーからのフィードバックを収集できるようにしました。ユーザーからのフィードバックは、収集して終わりではありません。アプリケーションのモニタリングや改善に活用することが重要です。ここから、LangSmithのAutomation rule機能を使い、Good・Badのスコアによって処理を行う例を構築していきます。

Automation ruleによる処理

LangSmithの「Automation rule」機能では、フィルタ条件にマッチしたトレースをサンプリングして自動でアクションやアラートを実行できます。アクション・アラートとしては、本書執筆時点で表7.2の処理がサポートされています。

表7.2 LangSmithのAutomation ruleでサポートされるアクションとアラートの一覧

アクション	Annotation Queueに追加
	Datasetに追加
	LangSmith上でOnline evaluatorを実行
	Webhookをトリガー（Beta）
アラート	PagerDutyにアラートを送信（Beta）

Automation ruleは、たとえば次のように活用することができます。

- 良い評価を受けたトレースを自動的にDatasetに追加して、オフライン評価・Few-shotプロンプティング・ファインチューニングに活用する
- 悪い評価を受けたトレースを自動的にAnnotation Queue（後述）に追加して、人間が確認する対象にする

図7.15　Automation ruleの活用例

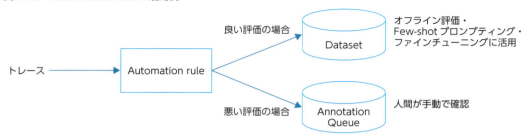

この節では、良い評価のトレースを自動でDatasetに追加する処理を設定します。

良い評価のトレースを自動でDatasetに追加する

LangSmithのトレースの一覧画面で、フィルタとして「Feedback Score」の「thumbs」の「1」を選択します。

図7.16　良い評価のトレースのみフィルタリング

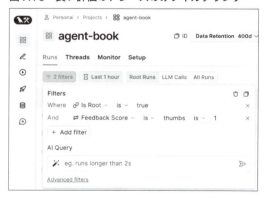

すると、良い評価を得られたトレースのみが表示されます。ここで、画面上部の「Add Rule」をクリックすると、Ruleの設定を入力できます。Ruleの名前（Name）として「feedback-good」と入力し、Actionsとして「Add to dataset」を選択します。

7.7 フィードバックの活用のための自動処理

図7.17 Add Rule

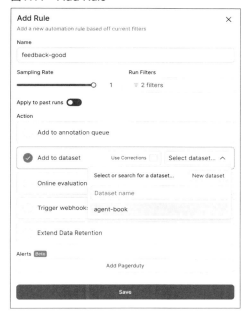

Datasetは「New dataset」を選択して新規作成します。作成するDatasetとしては、名前（Name）は「agent-book-feedback-good」、Dataset Typeは「Key-Value」を選択して作成（Create）ください。

図7.18 Datasetの作成

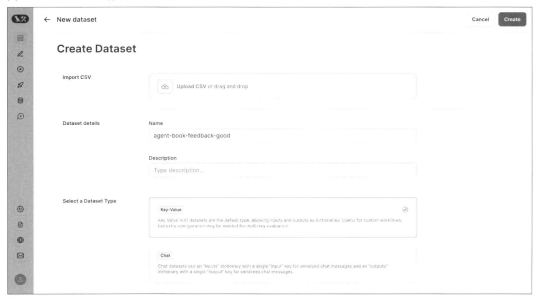

Ruleの設定が完了したら、保存 (Save) します。

7.6節の「フィードバックボタンを表示」のコードを再度実行し、「Good」ボタンをクリックします。しばらくすると、図7.19のようにトレースが自動でDatasetに追加されます。

図7.19　良い評価のトレースが自動でDatasetに追加された様子

このように収集したデータは、オフライン評価やファインチューニングであったり、Few-shotプロンプティングでプロンプトに入れる例として活用することができます。

同様の手順で、たとえば悪い評価のトレースをAnnotation Queueに自動で追加する設定も可能です。LangSmithの「Annotation Queue」は、手動で次々と評価を実施するための機能です。Annotation Queueを使うと、人手で評価スコアを付けたり、望ましい回答を作成してデータセットに入れる作業を効率化できます。

7.8 まとめ

　この章では、LangSmithを活用した評価のハンズオンを実施しました。LangSmithの評価機能は充実しており、うまく活用することで、すばやく評価のしくみを構築することができます。

　LLMアプリケーションを本番システムに組み込み改善していくうえで、評価に取り組むことは重要です。そして、評価のしくみは一度構築して完成ではなく、評価のしくみやデータセットを改善していくことも重要です。

　LangSmithの公式ドキュメントでは、評価に関するプラクティスも紹介されています。LLMアプリケーションの評価に取り組む際は、ぜひ一読することをおすすめします。

第 **8** 章

AIエージェントとは

この章ではAIエージェントの構築のためにLLMを活用する具体的な手法の進化について解説します。また、AIエージェントが安全に社会に受け入れられていくための課題などについて説明します。

吉田真吾

第8章 AIエージェントとは

8.1 AIエージェントのための LLM活用の期待

　AIエージェントとは、複雑な目標を自律的に遂行できるAIシステムを指します。従来のAIシステムが特定のタスクに特化していたのに対し、LLMを活用したAIエージェントは、与えられた目標を達成するために必要な行動を自ら決定し、実行することができます。この自律性により、より汎用的で柔軟なLLMアプリの実現が可能になります。

　生成AIがトレンドになって丸2年になりますが、現時点でのLLMアプリの大半は、まだ人間の仕事を置き換えるレベルには至っていません。人間の意図に合った品質の良い出力を得ようとすると、明確なプロンプトを指示し、出力結果をしっかりと人間が評価しないといけないため、期待しているよりも手間が多くかかってしまいます。

　また、生成された出力の品質のばらつきに不満があったり、出力内容が使いものになるか慎重にチェックを行う労力に嫌気が差して、利用が定着しづらいといった課題があります。

　次第に、期待する内容に抜け漏れのない完璧な指示をユーザーに求めるよりも、LLMアプリ自身に、人間の意図に沿った品質の良い出力や高い課題解決能力が期待され始めています。

　理想を言えば、人がほとんど指示をしなくとも、AIが自分でやるべきことを考えて、さまざまなツールを活用して人間が求める目標に向かって積極的にタスクをこなしてもらいたい。それがAIエージェントの基本的な考え方です。

　現在のLLMアプリはまだ「指示を受けて文章や画像を生成する」ものが多く、ユーザーが日々行っているタスクそのものを肩代わりできるものは多くありません。人間のように環境を認知し、合理的に行動するエージェントを構築する取り組み自体は、計算機技術の歴史そのものとも言えるほど長い歴史があります。最近はLLMの高い認知能力やタスクの計画（プランニング）能力に着目し、人間が求めるゴールに向かって環境を認識し、複雑なタスクを実行できるAIエージェントを実現することで、ユーザーにとって少ない労力で、今までより多くのことができるようになるのではないかと期待されています。

　以降の節では、LLMをエージェントらしく利用するためのさまざまな性質が近年どのように発見されてきたか、またその活用手法がどう進化したかをいくつかの論文をベースに解説します。

　また、第9章以降では、実際にLangGraphを使って、LLMベースのAIエージェントを作っていきますので、この章で基本的な知識を広く説明したいと思います。

8.2 AIエージェントの起源とLLMを使ったAIエージェントの変遷

　LLMが登場する以前から、AIの応用として着目されてきたのがAIエージェントの研究でした。1997年に発売された『エージェントアプローチ人工知能』(共立出版、原題：Artificial Intelligence: A Modern Approach、1995年) においてすでに、「エージェントとは、環境を認識し、目標を達成するために自律的に行動する存在」として定義されています。

　この本は、「人工知能の各部分領域をそれらの独自の歴史的文脈に沿って解説するのではなく、現在知られている事柄を共通の枠組みの中で再構築することを試みた」と前書きされているとおり、理論と実践を組み合わせてバランスよく解説されていることで、多くの大学で教科書として採用されているそうです。第2版が2003年 (邦訳2008年)、第3版が2010年、第4版が2020年と、毎回大きくアップデートされているのですが、残念ながら第3版以降は邦訳されていません。英語版で1,000ページを超える書籍ですが、次回はきっと生成AI、その中でもとくにAIエージェントの発展要因の1つである、LLMによる汎用的なタスク解決能力の獲得が挙げられることになるかと思います。

　1990年代には「過去の文脈から次の単語を予測する」統計的言語モデル (Statistical LM) が、2013年には「単語の意味は周辺文脈から形成される」という分布仮説に基づいて単語を分散表現とするWord2Vecの出現によりニューラル言語モデル (Neural LM) が主流となりましたが、この頃の言語モデルのタスク解決能力は、テキスト解析や感情分析など限定的なものでした。

　2018年にはBERTやGPTなど、大規模なコーパスで事前学習されたTransformerベースの言語モデル (Pre-trained LM) が登場したことで現実的な課題解決能力が上がり、2020年以降からスケーリング則の発見、指示学習、選好最適化などによりLLMが汎用的なタスク解決能力を獲得した、というのが現在に至るまでのおおまかな流れです。GPT-4に至っては、法律の試験において90%以上の法科学生よりもスコアが高かったことなどが衝撃とともに伝えられたりしました。

第 8 章　AIエージェントとは

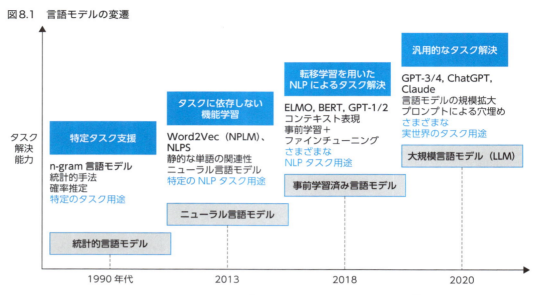

図8.1　言語モデルの変遷

「A Survey of Large Language Models」[注1]のFig. 2をもとに筆者が作成

LLMベースのAIエージェント

　TransformerベースのLLMが出現して以来、コンテンツとしての言語生成能力以外の能力に着目する人たちが現れ始めました。その能力とはタスクの「計画能力」と「外部実行能力」でした。

　次におおまかな流れを把握するために、すでに公開されている論文（査読前のものを含む）からLLMベースのAIエージェントの発展の歴史を振り返ってみましょう。

WebGPT

　2021年に、LLMによるAIエージェントとしての計画能力が示された「WebGPT」[注2]と呼ばれるしくみがOpenAIの研究者らより発表されました。

　WebGPTでは人間がWebを検索するデモンストレーションを模倣する方法でGPT-3をファインチューニングしたLLMを用いています。このLLMとBingAPIによるWeb検索を使って、人間の質問に対してより正確に解答できるようにしました。これによると、WebGPTによる回答の56%が人間のデモンストレーターの回答より好ましいと判断されました。Redditユーザーによる質問のデー

注1　Zhao et al. (2023)「A Survey of Large Language Models」https://arxiv.org/abs/2303.18223
注2　Nakano et al. (2021)「WebGPT: Browser-assisted question-answering with human feedback」https://arxiv.org/abs/2112.09332

タセットであるELI5データセットで訓練したモデルでは、69%がRedditで最も投票された回答より好まれました。TruthfulQAというデータセットによるベンチマークでは、75%の確率で正しい事実を答えることができ、56%の確率で有益であると判断される回答が得られました。

表8.1　WebGPTが実行できるアクション

コマンド	動き
Search <query>	【検索クエリの発行】Bing APIで指定されたクエリをインターネット検索する
Clicked on link <link ID>	【リンクの追跡】指定されたリンク先に遷移する
Find in page: <text>	【ページ内検索】ページ内で合致するテキストを探して、そこまでスクロールする
Quote: <text>	【コンテキストの抽出】合致したテキストを抽出して参考情報とする
Scrolled down <1,2,3>	指定回数スクロールダウンする
Scrolled up <1,2,3>	指定回数スクロールアップする
Top	ページのトップまでスクロールする
Back	前のページに戻る
End: Answer	Webブラウジングを終了し、回答フェーズに移る
End: <Nonsense, Controversial>	Webブラウジングを終了し、回答フェーズをスキップする

「WebGPT: Browser-assisted question-answering with human feedback」のTable 1をもとに筆者が作成

　結果的には人間による回答の精度には及ばなかったわけですが、GPT-3単体による生成よりも評価は高くなりました。模倣学習や強化学習を通じてファインチューニングすることで、信頼性のばらつきのあるソース群（インターネット上）から真実性の高い文献の引用や有益な回答を生成することができる有用性が示されたわけです。

Chain-of-Thoughtプロンプティング

　2022年には複雑な推論に対して、プロンプトで中間的な推論ステップの実例を示すことで推論能力が向上する「Chain-of-Thoughtプロンプティング」[注3]という手法が標準的なプロンプトに比べて複雑な指示を上手に解決できることが示されました。

　たとえば、「ロジャーはテニスボールを5個持っています。彼はもう2缶テニスボールを買いました。それぞれの缶にはテニスボールが3つずつ入っています。現在彼はいくつのテニスボールを持っているでしょうか？」という少し複雑な質問を用意します。

　標準的なプロンプトでは「答えは11個です。」と単純に回答のみを示したうえで「カフェテリアにりんごが23個あります。20個をランチのために使って、6個を買い足したとき、いくつのりんごがあるでしょうか？」という質問をします。

　一方で、Chain-of-Thoughtプロンプティングにおいては「はじめにロジャーは5つボールを持っ

注3　Wei et al. (2022)「Chain-of-Thought Prompting Elicits Reasoning in Large Language Models」https://arxiv.org/abs/2201.11903

ています。2つの缶に3つずつボールが入ってるというのは、合わせて6つのテニスボールということです。5＋6＝11です。」という解法を示したうえで同じ質問を行います。

　すると、正解のりんごの数は9個であるのに対して、単純に答えを示しただけの標準的なプロンプトでは「答えは27です。」と答え、Chain-of-Thoughtプロンプティングでは「カフェテリアにはりんごがもともと23個ありました。ランチのために20個使ったので23－20＝3個になりました。さらに6個買ったので、3＋6＝9個になりました。答えは9個です。」と、示した解法と同様にステップバイステップで正しい回答を導くことができました。

図8.2　Chain-of-Thoughtプロンプト

標準のプロンプト

モデルへの入力
Q：ロジャーはテニスボールを 5 個持っています。彼はあと 2 缶テニスボールを買いました。それぞれの缶にはテニスボールが 3 つずつ入っています。現在彼はいくつのテニスボールを持っているでしょうか？

A：答えは 11 個です。

Q：カフェテリアにりんごが 23 個あります。20 個をランチのために使って、6 個を買い足したとき、いくつのりんごがあるでしょうか？

モデルの出力
A：答えは 27 です。✗

Chain-of-Thoughtプロンプト

Q：ロジャーはテニスボールを 5 個持っています。彼はあと 2 缶テニスボールを買いました。それぞれの缶にはテニスボールが 3 つずつ入っています。現在彼はいくつのテニスボールを持っているでしょうか？

A：はじめにロジャーは 5 つボールを持っています。2 つの缶に 3 つずつボールが入ってるというのは、合わせて 6 つのテニスボールということです。5+6=11 です。

Q：カフェテリアにりんごが 23 個あります。20 個をランチのために使って、6 個を買い足したとき、いくつのりんごがあるでしょうか？

モデルの出力
A：カフェテリアにはりんごがもともと 23 個ありました。ランチのために 20 個使ったので 23－20＝3 個になりました。さらに 6 個買ったので、3＋6＝9 個になりました。答えは 9 個です。

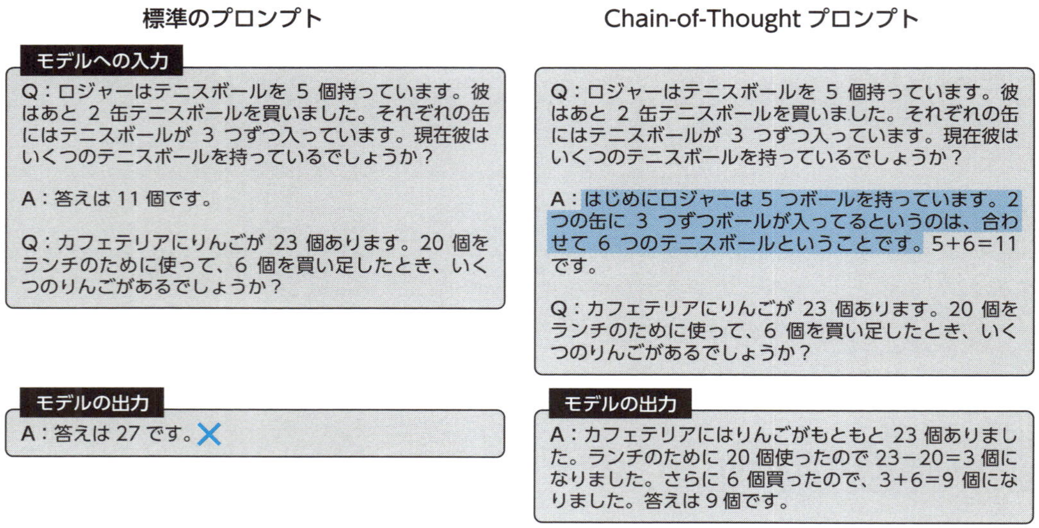

※上記プロンプトは実際にはすべて英語です。
　Chain-of-Thoughtプロンプトの説明のために日本語に訳していますが、日本語でこのとおり出力されるわけではありません。

「Chain-of-Thought Prompting Elicits Reasoning in Large Language Models」のFigure 1をもとに筆者が作成

　また、上記のように中間的な推論ステップ自体をユーザーから1個以上示すFew-shot Chain-of-Thoughtに比べて、解法をまったく示さなくても「ステップバイステップで考えよう」と付けるだけで、複雑な推論能力を同様に発揮する「Zero-shot Chain-of-Thought (CoT) プロンプティング」[注4]も提案されて、今では一般的な手法になりました。

　「ジャグラーは16個のボールをジャグリングできます。その半分のボールはゴルフボールで、ゴルフボールの半分は青色です。青色のゴルフボールはいくつですか？」という質問に対して、通常のプロンプト（Zero-shot）では「答えは8です。」と答え（正解は4個）、Zero-shot CoTプロンプティ

注4　Kojima et al. (2022)「Large Language Models are Zero-Shot Reasoners」https://arxiv.org/abs/2205.11916

ングでは「ステップバイステップで考えましょう。」と付けるだけで、それに続いて「全部で16個ボールがあります。その半分がゴルフボールです。つまり、ゴルフボールは8個です。その半分が青色です。つまり、青いゴルフボールは4個です。」と正解に向かって解法のステップを正しく段取って正解を導き出しました。

図8.3　Zero-shot CoTプロンプティング

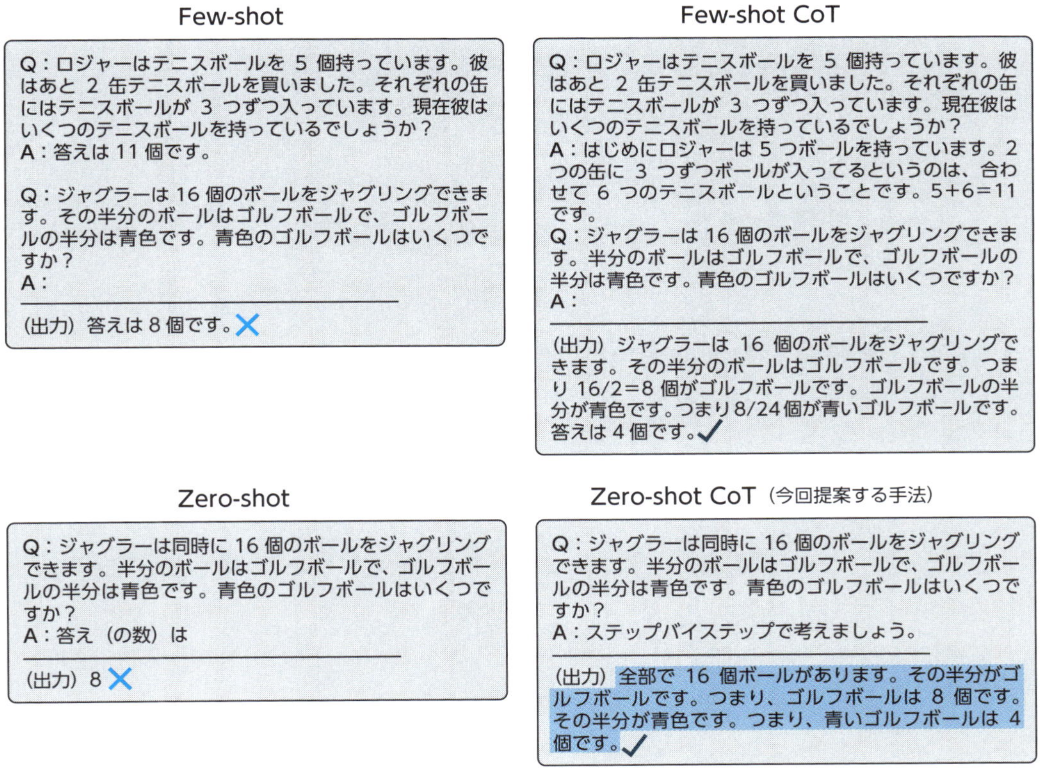

Few-shot

Q：ロジャーはテニスボールを 5 個持っています。彼はあと 2 缶テニスボールを買いました。それぞれの缶にはテニスボールが 3 つずつ入っています。現在彼はいくつのテニスボールを持っているでしょうか？
A：答えは 11 個です。

Q：ジャグラーは 16 個のボールをジャグリングできます。その半分のボールはゴルフボールで、ゴルフボールの半分は青色です。青色のゴルフボールはいくつですか？
A：

_____

（出力）答えは 8 個です。✕

Few-shot CoT

Q：ロジャーはテニスボールを 5 個持っています。彼はあと 2 缶テニスボールを買いました。それぞれの缶にはテニスボールが 3 つずつ入っています。現在彼はいくつのテニスボールを持っているでしょうか？
A：はじめにロジャーは 5 つボールを持っています。2つの缶に 3 つずつボールが入ってるというのは、合わせて 6 つのテニスボールということです。5+6＝11です。
Q：ジャグラーは 16 個のボールをジャグリングできます。半分のボールはゴルフボールで、ゴルフボールの半分は青色です。青色のゴルフボールはいくつですか？
A：

_____

（出力）ジャグラーは 16 個のボールをジャグリングできます。その半分のボールはゴルフボールです。つまり 16/2＝8 個がゴルフボールです。ゴルフボールの半分が青色です。つまり8/24個が青いゴルフボールです。答えは 4 個です。✓

Zero-shot

Q：ジャグラーは同時に 16 個のボールをジャグリングできます。半分のボールはゴルフボールで、ゴルフボールの半分は青色です。青色のゴルフボールはいくつですか？
A：答え（の数）は

_____

（出力）8 ✕

Zero-shot CoT （今回提案する手法）

Q：ジャグラーは同時に 16 個のボールをジャグリングできます。半分のボールはゴルフボールで、ゴルフボールの半分は青色です。青色のゴルフボールはいくつですか？
A：ステップバイステップで考えましょう。

_____

（出力）全部で 16 個ボールがあります。その半分がゴルフボールです。つまり、ゴルフボールは 8 個です。その半分が青色です。つまり、青いゴルフボールは 4 個です。✓

※上記プロンプトは実際にはすべて英語です。
　各プロンプトの説明のために日本語に訳していますが、日本語でこのとおり出力されるわけではありません。

「Large Language Models are Zero-Shot Reasoners」のFigure 1をもとに筆者が作成

LLMと外部の専門モジュールを組み合わせる MRKL Systems

さらに2022年に発表された「MRKL（ミラクル）Systems」[注5]という論文とその実装では、小規模で特化型の言語モデルや数学計算、通貨変換、データベースなどへの接続APIをモジュールとして構成し、またLLMによって入力を最適なモジュールにルーティングする構成をとっています。これによって最新情報や独自の知識を出力に反映させたり、複雑な入力に対して多段階に処理を行うことで、専門性の高い出力を処理できるようになることが示されました。

図8.4　MRKL Systemsのしくみ

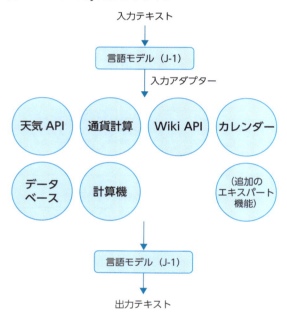

「MRKL Systems: A modular, neuro-symbolic architecture that combines large language models, external knowledge sources and discrete reasoning」の図をもとに筆者が作成

Reasoning and Acting（ReAct）

　Chain-of-Thoughtsなど比較的簡単な手法で複雑なゴールをタスク化する段取り能力が示されました。また、外部の行動生成能力と組み合わせることで文章生成以上のタスク実行が可能な性質が示されました。これらLLMの推論能力と行動生成能力を組み合わせたアプローチとして

注5　Karpas et al.（2022）「MRKL Systems: A modular, neuro-symbolic architecture that combines large language models, external knowledge sources and discrete reasoning」https://arxiv.org/abs/2205.00445

8.2 AIエージェントの起源とLLMを使ったAIエージェントの変遷

「Reasoning and Acting (ReAct)」[注6] という手法が提案されました。

　行動計画の作成や調整を行うReasoning（推論）工程と、外部環境とのインタラクションを通じて、推論に必要な追加情報を取り込んだり、目的の外部実行を行うActing（行動）工程、そしてそのあとの環境状況の識別を交互に繰り返すことで、両者の相乗効果を引き出すことが可能になるという内容です。

　質問に回答させるテストでは「Apple Remote以外に、Apple Remoteがもともと操作できるように設計されたプログラムを制御できるデバイスがあるでしょうか。」という質問に対して、ReActアプローチのみが、調べるべきことを計画し、調べた結果を受けて正解を導くために次に調べるべきことを計画し、最終的に正しく「キーボードのファンクションキー」と回答できたことが示されました。

図8.5　ReActと他の手法の実行結果

(1) 質問工程

質問：Apple Remote 以外に、Apple Remote がもともと操作できるように設計されたプログラムを制御できるデバイスはありますか。

(1a) 単純な回答の場合

答え：iPod ✗

(1b) CoT（Reason のみ）

思考：ステップバイステップで考えましょう。Apple Remote はもともと Apple TV を操作するために設計されました。Apple TV は iPhone、iPad、iPod Touch で操作できます。つまり、答えは iPhone、iPad、iPod Touch です。

答え：iPhone、iPad、iPod Touch ✗

(1c) Act のみ

行動1：検索 [Apple Remote]
観察1：Apple Remote は遠隔制御……

行動2：検索 [Front Row]
観察2：[Front Row]は見つかりません。類似項目：……

行動3：検索 [Front Row（ソフトウェア）]
観察3：Front Row は廃止されたメディアセンターソフト……

行動4：完了 [はい。] ✗

(1d) ReAct（Reason＋Act）

思考1：Apple Remote について検索して、それを操作するために設計されたものを見つける必要があります。
行動1：検索 [Apple Remote]
観察1：Apple Remote は Apple が 2005 年 10 月に発表した遠隔制御の……
もともと Front Row メディアセンターを操作するために……

思考2：Apple Remote はもともと Front Row メディアセンターを操作するために設計されました。Front Row の次のものや、操作できる別のデバイスを検索する必要があります。
行動2：検索 [Front Row]
観察2：[Front Row] は見つかりません。類似項目 'Front Row Seat to Earth', 'Front Row Motorsports', 'Front Row（ソフトウェア）',……]

思考3：Front Row は見つかりませんでした。Front Row（ソフトウェア）で検索したほうがよいでしょう。
行動3：検索 [Front Row（ソフトウェア）]
観察3：Front Row は廃止されたメディアセンターソフト……

思考4：Front Row（ソフトウェア）は Apple Remote キーボードのfnキーで操作されます。つまり答えはキーボードの fn キーです。
行動4：完了 [キーボードの fn キー] ✓

「ReAct: Synergizing Reasoning and Acting in Language Models」のFigure 1をもとに筆者が作成

注6　Yao et al. (2022)「ReAct: Synergizing Reasoning and Acting in Language Models」https://arxiv.org/abs/2210.03629

また、ALFWorldというテキストベースによる周辺環境認識の評価ベンチマークで、このReActアプローチでタスク（胡椒入れを引き出しにしまう）を解かせてみる実験（2b）も行われました。この実験では、Actingのみでは解けなかったタスクが、Reasoning工程とActing工程を繰り返すと、次に行うタスクを動的かつ段階的に思考することで解けたと報告されています。

行動を行ったあとごとに環境状況を正しく認識できることで、複雑なゴールに向かってタスクを適切に計画して実行することができています。

図8.6　ReActと他の手法の実行結果

(2) AlfWorld
あなたは部屋の中央にいます。すばやく周囲を見てみるとキャビネット #6、キャビネット #1、コーヒーマシン #1、カウンター #3、ガスコンロ #1、トースター #1 があります。
あなたのタスクは：胡椒入れを引き出しに入れてください。

(2a) Act のみ
行動 1：引き出し #1 に行きます。
観察 1：引き出し #1 は閉まっています。

行動 2：引き出し #1 を開きます。
観察 2：引き出し #1 を開きました。引き出し #1 は開いています。中に食器洗いスポンジ #2 とスプーン #1 が入っています。

行動 3：キッチンシンク #1 に行きます。
観察 3：キッチンシンク #1 の上に食器洗いスポンジ #3 と、ヘラ #1 と、スプーン #2 があります。

行動 4：キッチンシンク #1 から胡椒入れ #1 を手に取ります。
観察 4：何も起きません。

行動 5：キッチンシンク #1 から胡椒入れ #1 を手に取ります。
観察 5：何も起きません。

(2b) ReAct（Reason＋Act）
行動 1：思考 ［まず胡椒入れを見つける必要があります……キャビネット（#1-6）やカウンター（#1-3）や……にあるかもしれません。］
行動 2：キャビネット #1 に行きます。
観察 2：キャビネット #1 の上に花瓶 #2 があります。

（ここでエージェントはキャビネット #1 に行き、キャビネット #2、#3、そしてカウンター #1、#2 に行きます。）

行動 6：カウンター #3 に行きます。
観察 6：カウンター #3 の上にりんご #1、パン #1……胡椒入れ #1. 花瓶 #3 があります。

思考 7：カウンター #3 から胡椒入れ #1 を手に取ります。
観察 7：カウンター #3 から胡椒入れ #1 が手に入りました。

行動 8：思考 ［胡椒入れ #1 が見つかりました。次に、これを引き出し #1 に入れる必要があります。］
行動 9：引き出し #1 に行きます。
観察 9：引き出し #1 は閉まっています。

行動 10：引き出し #1 を開けます。
観察 10：引き出し #1 を開いています……

行動 11：胡椒入れ #1 を引き出し #1 に入れます。
観察 11：胡椒入れ #1 を引き出し #1 に入れました。✓

「ReAct: Synergizing Reasoning and Acting in Language Models」のFigure 1をもとに筆者が作成

Plan-and-Solveプロンプティング

また、2023年には、上記のZero-shot CoTでも発生する「計算ミス」「中間推論ステップの欠如」

8.2　AIエージェントの起源とLLMを使ったAIエージェントの変遷

「意味の誤解」について、あらかじめ計画を立てて（タスクをサブタスクにすべて分割して）から、計画に従ってサブタスクを実行することで性能を上げることができる「Plan-and-Solveプロンプティング」[注7]という手法が提案されました。

前述したZero-shot CoTでは「ステップバイステップで考えましょう。」という指示で段階的な推論を誘発させる一方で、単純な指示ゆえに推論が複雑化すると中間推論ステップにおける推論誤りなどが発生してしまいます。

これに対して、Plan-and-Solveプロンプティングでは、はじめにゴールまでのタスクを適切なサブタスクに分割した計画を立ててから、その計画に従ってサブタスクを実行する方法を提案しています。この計画立案により中間推論ステップにおける推論誤りの発生を抑止し、最終的な推論性能の向上を図っています。

図8.7　Zero-shot-CoTとPlan-and-Solveプロンプティングの実行比較

「Plan-and-Solve Prompting: Improving Zero-Shot Chain-of-Thought Reasoning by Large Language Models」のFigure 2をもとに筆者が作成

[注7]　Wang et al. (2023)「Plan-and-Solve Prompting: Improving Zero-Shot Chain-of-Thought Reasoning by Large Language Models」https://arxiv.org/abs/2305.04091

LLMによるタスクの「計画能力」や「外部実行能力」を示す論文やその実装は他にもたくさんあるので、代表的なものを紹介してみました。LLMが単純にプロンプトに応じた文章などを生成するだけでなく、複雑な目標に向かってタスクを計画し、外部モジュールを実行し、環境認知を行うという側面を応用してエージェントとしての能力を発揮できることがなんとなく理解できるようになったと思います。

8.3 汎用LLMエージェントのフレームワーク

前述のReAct論文が出たあたりから、LLMの推論能力を活用し、指示や環境認知した情報をもとに次にするべきタスクを決定するReasoning（推論）工程と、外部実行する能力Acting（行動）工程を組み合わせて目的を達成するLLMエージェントのフレームワークに注目が集まり始めました。

LLMが目標を達成するために必要なフロー制御をするメインコントローラーとして動作し、プランニングやメモリ、結果の評価・観測・内省・自己改善、プロンプト最適化などの主要なモジュールを組み合わせたアーキテクチャを使用して、ユーザーからの単純な指示から、内部的に複雑なタスクを順次実行できるものがLLMアプリケーションの中でもとくに「LLMエージェント」と呼ばれています。

この節ではLLMを用いて自律的にタスクを遂行するエージェントシステムのフレームワークを解説します。すべて本稿執筆時点（2024年8月）でここ1年程度の間にリリースされたOSS（オープンソースソフトウェア）です。

AutoGPT

AutoGPT[注8]は2023年4月にリリースされ、ReAct型のエージェントとしていち早く話題となったOSSのツールです。GPT-4モデルが公開され、同時にOpenAIから高度な推論とタスク解決能力について解説した論文（GPT-4 Technical Report）[注9]が公開されたタイミングで考案・公開されたフレームワークです。

AutoGPTを起動して「やりたいこと（達成したいゴール）」を設定したら、LLMに実行すべきことを決定・アクションさせ、そのアクションの結果をプロンプトにフィードバックすることを繰り返

注8　AutoGPT：https://news.agpt.co/
注9　GPT-4 Technical Report：https://arxiv.org/abs/2303.08774

して指示したゴールの達成まで行動します。

2024年8月時点でGitHubのスターが圧巻の16万★以上付いており、今でも毎日改善されており、この分野の注目の高さがうかがえます。

最新版のAutoGPTでは、AutoGPT Builderというエージェントのワークフローを定義するフロントエンドが追加されています。

BabyAGI

AutoGPTと同時期にリリースされた汎用エージェントで話題になったOSSツールがBabyAGI[注10]です。

BabyAGIは作者の論文である「Task-driven Autonomous Agent（タスク駆動型自律エージェント）」の参照実装の位置づけです。

図8.8　Task-driven Autonomous Agentのしくみ

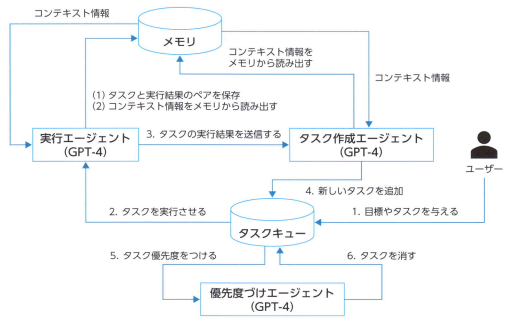

「Task-driven Autonomous Agent」（https://yoheinakajima.com/task-driven-autonomous-agent-utilizing-gpt-4-pinecone-and-langchain-for-diverse-applications/）の「PlantUML flow chart generated by GPT-4 based on code base」をもとに筆者が作成

注10　BabyAGI：https://github.com/yoheinakajima/babyagi

第 8 章　AIエージェントとは

　Task-driven Autonomous Agentでは、OpenAI API（GPT-4）とベクターデータベースとLangChainを活用して、多様なドメインにわたる幅広いタスクを実行可能なタスク駆動型自律エージェントが提案されています。

　主要なコンポーネントは、GPT-4による複数のエージェント、Pinecone、LangChain、タスク管理のキューの4つです。

1. ユーザーから目標やタスクが指示されると、タスク内容がタスク管理のキューに登録されます。
2. 実行エージェント（GPT-4）がタスクを実行し、タスクと結果のペアをメモリに登録します。
3. 実行エージェント（GPT-4）はタスクの実行結果を、タスク生成エージェント（GPT-4）に送信します。
4. タスク生成エージェント（GPT-4）が次のタスクを考え、既存のタスクと重複しないようにタスクキューに登録します。
5. タスクがキューに追加されると、優先度づけエージェント（GPT-4）がタスクリストを整理して優先順位を調整します。そうして、またタスクの実行ループに入る、というシンプルな構成でゴールを目指して稼働します。

　BabyAGIは上記の考え方をシンプルに実装したツールとしてGitHub上で公開されています。

AutoGen

　AutoGen[注11]はMicrosoft、ペンシルベニア州立大学、ワシントン大学が中心になって開発されている汎用的に使えるAIエージェントツールです。Python版[注12]と.NET版[注13]の2パッケージがオープンソースソフトウェアとして開発されています。

注11　AutoGen: Enabling Next-Gen LLM Applications via Multi-Agent Conversation https://arxiv.org/abs/2308.08155
注12　AutoGen（Python版）：https://microsoft.github.io/autogen/
注13　AutoGen for .NET：https://microsoft.github.io/autogen-for-net/

8.3 汎用LLMエージェントのフレームワーク

図8.9 AutoGenにおけるエージェントの機能性

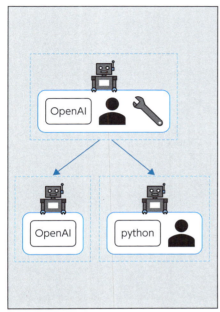
エージェントのカスタマイズ

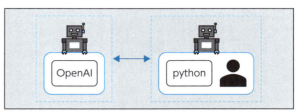
マルチエージェント同士の会話

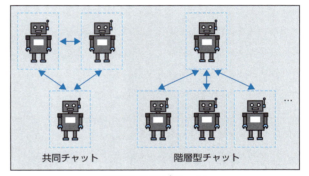
柔軟な会話パターン

「AutoGen（Python版）Docs」（https://microsoft.github.io/autogen/docs/Getting-Started）の図をもとに筆者が作成

　AutoGenは高度に抽象化された会話エージェントとコード実行エージェントを複数組み合わせて汎用的なタスクの実行を実現するAIエージェントツールであり、各エージェントには人間との対話モジュールや、外部ツールの実行モジュールなどの機能性を持たせることができます。これらの機能性を組み合わせることで、次のようなアプリケーションが実現可能です。

図8.10 AutoGenで実装可能な6つのアプリケーション例

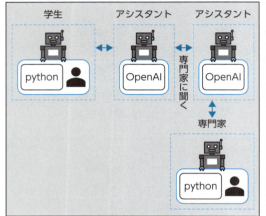

A1. 数学の問題を解く

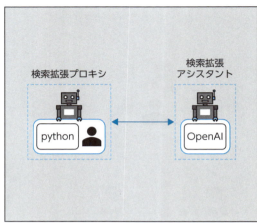

A2. 検索拡張チャット

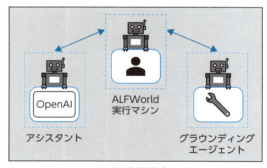

A3. 意思決定

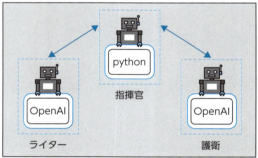

A4. マルチエージェントコーディング

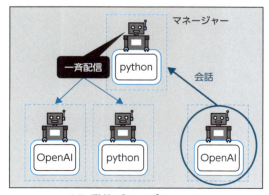

A5. 動的グループチャット

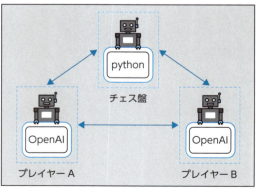

A6. 対話型チェス

「AutoGen（Python版）」（https://microsoft.github.io/autogen/docs/Use-Cases/agent_chat）の図をもとに筆者が作成

1. 数式問題の回答
2. RAGを用いたチャット
3. 意思決定
4. マルチエージェントによるコード記述
5. 動的なグループチャット
6. 会話型のチェスゲーム対決

　AutoGenは、対話型のエージェントやコード実行可能なエージェントを組み合わせてRAGやタスクの分解を実現するという、シンプルなコンセプトでできています。しかしながら、組み合わせ次第で複雑なタスクを遂行できるというのが強力な点です。

crewAI

　crewAI[注14]はWeb検索やデータ分析、マルチエージェントコラボレーションなどを活用して汎用的なユースケースを自動化できるエージェントツールです。複数のエージェントにゴールを設定して、クルーとしてまとめて効果的にコラボレーションさせることができます。

注14　crewAI（GitHub）：https://github.com/crewAIInc/crewAI

図8.11　crewAI（https://www.crewai.com/）

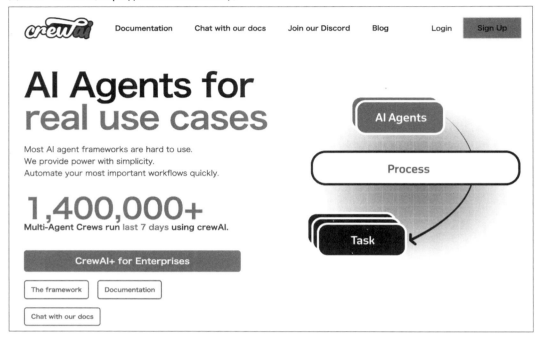

crewAIのコアコンセプト

crewAIは抽象化された次のようなモジュールの組み合わせによって自動化エージェントを実現します。使い勝手や抽象度合いがLangChainに似ている印象なので、LangChainを触ったことがある人はとっつきやすいと思います。

- エージェント
  役割と目標、およびそれらの背景情報を設定することで、タスクの決定・実行、または他のエージェントとのコミュニケーションを行うモジュールです。エージェントには、複数のLLMから利用対象を指定することや、タスクの実行に利用可能な外部ツールの指定をすることができます。
- タスク
  タスクの詳細と、期待される出力、割り当てるエージェントの指定などが可能です。
- ツール
  Web検索やデータ分析など、エージェントのタスク処理に利用できるツールの作成や外部ツールの統合などができます。

8.3 汎用 LLM エージェントのフレームワーク

- プロセス
  タスクを順次実行したり、階層型に配置して実行するための定義体です。階層型プロセスは企業活動をエミュレートするような形式で、マネージャーエージェントを指定してタスクの割り当てや評価を委任することも可能です。また、今後はタスク実行に関する割り当てや内容をマルチエージェントによる共同意思決定によって調整する方式も計画されています。

- クルー
  目標を達成するために協力する共同グループを表しており、タスク、エージェント、プロセスなどを束ねて全体的なワークフローを定義します。

- メモリ
  クルーに指定できるオプションで、最近のやりとりやタスク結果を一時保存する短期記憶や、過去複数の実行において正しかったことや間違ったことなどの洞察や学習を保存しておく長期記憶、タスク中に遭遇したエンティティ（人、場所、概念）などを整理しておくエンティティメモリ、それらの組み合わせで対話の文脈を記憶しておく文脈記憶の4種類をベクターデータとして管理する機能です。

- 計画
  クルーが実行される前に、AgentPlannerがタスクを計画してエージェントのタスクに追加する機能です。

- トレーニング
  複数のエージェントやタスクで構成されるクルーの目標達成に向けて事前に複数回反復を行い、機能や知識を強化するための機能です。複雑な構成・目標に対して、より一貫性のある洞察と達成を目指すために利用可能です。

crewAIにおいても実行時の人間の入力の介入を設定することができたり、AgentOps[15]、Langtrace[16] といった監視ツールとの統合にも対応しています。

crewAI のユースケース

代表的なユースケースに次のようなものがあり、いずれもサンプルがGitHubで公開されています。

注15　AgentOps：https://www.agentops.ai/
注16　Langtrace：https://www.langtrace.ai/

- コーディングエージェント
- 会議準備
- 旅行プランナー
- Instagramの投稿内容をPCローカル環境（Ollama）で作成するエージェント
- 株式分析
- ゲームジェネレーター
- LangGraphでワークフロー化したメール作成エージェント
- ランディングページジェネレーター

図8.12　crewAIとLangGraphでワークフロー化したメール作成エージェント

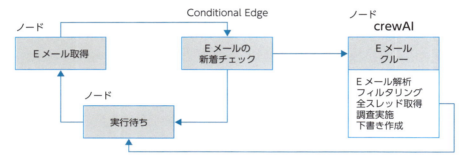

https://github.com/crewAInc/crewAI-examples/tree/main/CrewAI-LangGraph の「CrewAI + LangGraph」の図をもとに筆者が作成

 ## 8.4　マルチエージェント・アプローチ

　現在AIエージェントの活用方法としてマルチエージェント・アプローチが注目されています。この節では、チャットを通じてユーザーの意図するSQLを生成するText-to-SQLと、ソフトウェア開発を題材に、マルチエージェント・アプローチについて解説します。

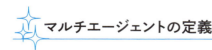 ### マルチエージェントの定義

　マルチエージェントについて、明確な定義は存在しませんが、広義には次の2つが含まれます。

8.4 マルチエージェント・アプローチ

- マルチステップなマルチエージェント：一連の処理の中で、複数のシステムプロンプトを使って、役割やステップごとに別々のAIエージェントで処理を行う、ワークフローの最適化を目的とした処理形態
- マルチロールなマルチエージェント：異なるペルソナや役割を持たせた複数のエージェントを、目的に向かって協調動作させる形態

マルチステップなマルチエージェントでは階層の上位のエージェントも下位のエージェントも、1つのタスクに対して1種類のシステムプロンプトでエージェントが構成されます。これに比べて、1つのタスクに対して複数のエージェントを生成して協調動作させるマルチロールなエージェントは、主に多様な視点から多様なアイデアを発掘したい場合や、エージェント同士で予想外の行動を創発したい場合などに利用されることが多いです。

共創・創発のためにマルチロールでコラボレーションするマルチエージェント

たとえばElicitron[注17]というフレームワークでは、新製品開発の要件定義において、顧客から要件を抽出するためにマルチロール構成を使った手法が提案されています。要件定義においてはユーザーニーズを正確に把握するのが難しく、とくに言語化の難しい潜在ニーズは見逃されることが多くありました。

Elicitronでは顧客をシミュレートする多様なエージェントを生成し、製品の体験シナリオを生成し、シナリオを仮想的に実施した前提でのインタビューを実施することで、潜在ニーズを明らかにします。さらには、結果をまとめてレポート生成するというすべての工程にわたってLLMが活用されています。

第10章では、このようなElicitronの構成をベースとした要件定義書生成AIエージェントの開発について紹介しています。あわせて参考にしてください。

注17 Ataei et al. (2024)「Elicitron: An LLM Agent-Based Simulation Framework for Design Requirements Elicitation」https://arxiv.org/abs/2404.16045v1

図8.13　Elicitronのしくみ

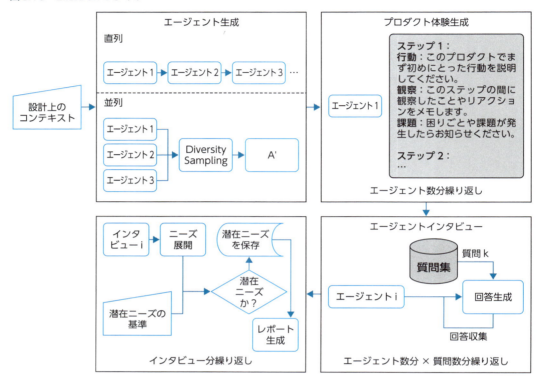

「Elicitron: An LLM Agent-Based Simulation Framework for Design Requirements Elicitation」のFig. 1をもとに筆者が作成[18]

マルチエージェントでText-to-SQLの精度を上げる

　LLMアプリのユースケースの1つであるText-to-SQLは、ユーザーが自然言語で入力した要求から複雑なSQLのクエリを生成するしくみです。たとえば「過去3年間の四半期ごとの売上トップ10製品と、その地域別内訳を教えて」などの入力からSQLのクエリを生成します。

　このText-to-SQLを例に、マルチエージェントで生成精度を上げる取り組みについて解説します。

Text-to-SQLの取り組みの歴史

　自然言語からSQL文を生成するNL2SQL[19]の歴史はLLMよりも古く、LLM以前の最新の研究はPLM (Pre-trained Language Models：事前学習言語モデル) ベースの手法が一般的でした。な

注18　第10章ではElicitronを参考にしたサンプルを作成するハンズオンを用意しています。
注19　Li et al. (2024) 「The Dawn of Natural Language to SQL: Are We Fully Ready?」https://arxiv.org/abs/2406.01265

お、LLMベースで自然言語からSQL文を生成するしくみとしてText-to-SQLという呼称が一般的ですが、参照先に合わせてここではNL2SQLと呼びます。両方とも同じ概念について説明していると思ってください。

図8.14　NL2SQLの系譜

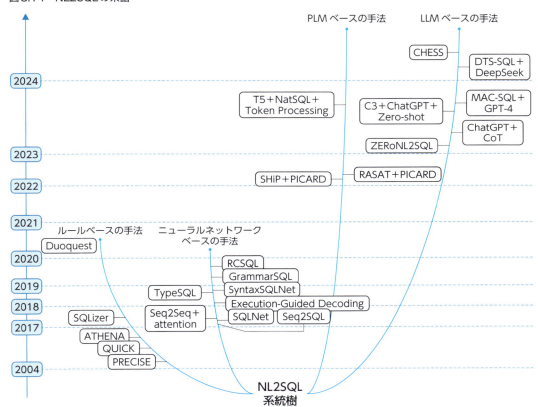

「The Dawn of Natural Language to SQL: Are We Fully Ready?」のFigure 1.をもとに筆者が作成

　主に2023年からLLMベースの手法が登場したことで、現在の主流はLLMベースに移行しつつあります。また、評価フレームワークはいち早くLLMベースのNL2SQLのデータセットとリーダーボードを公開したSpiderと、その亜種を含むSpider系、比較的新しめですが、データセットの質に定評のあるBIRDというフレームワークの2種類が中心です。

　実際に次の図のようにLLMベースの手法のほうが正確性が高い傾向があることがわかりますが、実世界のクエリ生成要求は複雑度がより高いため、どのような場面でもLLMベースのほうが正確性が高いとは一概に言えないのが現状です。

第 8 章 AIエージェントとは

図8.15 PLMおよびLLMベースのnl2sqlモデルの進化

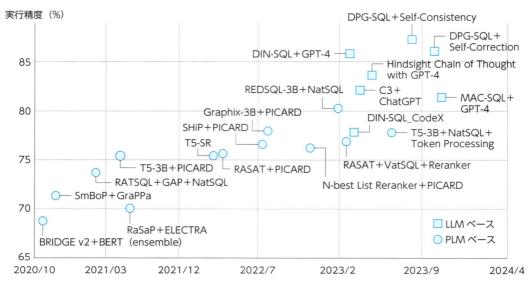

「The Dawn of Natural Language to SQL: Are We Fully Ready?」のFigure 2をもとに筆者が作成

評価データセットおよびフレームワーク

- Spider

    Spider[注20]はNL2SQLの評価データセットおよびリーダーボードとして2018年に登場しました。その後、LLM版のリーダーボードが2023年2月に登場しました。138のドメインをカバーするテーブル群を持つ200種類のデータベースに対して、10,181の自然言語による質問と5,693の固有の複雑なSQLクエリをまとめたデータセットです。

    イェール大学の学生たちがアノテートしたデータセットがオリジナルですが、より現実に沿ったデータなどの需要からフォークされた派生版が多く存在しており、LLM版のリーダーボード1.0版への新規登録を2024年2月から停止し、データセットを更新して2024年9月以降にSpider 2.0[注21]として公開される予定です。

注20 Spider：https://yale-lily.github.io/spider
注21 Spider 2.0：https://spider2-sql.github.io/ ※執筆時点（2024年8月）ではアーリーアクセスのみ

8.4 マルチエージェント・アプローチ

図8.16 Spiderリーダーボード「Spider 1.0 - Leaderboard」(https://yale-lily.github.io/spider)

Leaderboard - Execution with Values

Our current models do not predict any value in SQL conditions so that we do not provide execution accuracies. However, we encourage you to provide it in the future submissions. For value prediction, your model should be able to 1) copy from the question inputs, 2) retrieve from the database content (database content is available), or 3) generate numbers (e.g. 3 in "LIMIT 3"). *Notice:* Test results after May 02, 2020 are reported on the new release (collected some annotation errors).

Rank	Model	Test
1 Nov 2, 2023	MiniSeek *Anonymous* Code and paper coming soon	**91.2**
1 Aug 20, 2023	DAIL-SQL + GPT-4 + Self-Consistency *Alibaba Group* (Gao and Wang et al.,'2023) code	**86.6**
2 Aug 9, 2023	DAIL-SQL + GPT-4 *Alibaba Group* (Gao and Wang et al.,'2023) code	**86.2**
3 October 17, 2023	DPG-SQL + GPT-4 + Self-Correction *Anonymous* Code and paper coming soon	85.6
4 Apr 21, 2023	DIN-SQL + GPT-4 *University of Alberta* (Pourreza et al.,'2023) code	85.3
5 July 5, 2023	Hindsight Chain of Thought with GPT-4 *Anonymous* Code and paper coming soon	83.9
6 Jun 1, 2023	C3 + ChatGPT + Zero-Shot *Zhejiang University & Hundsun* (Dong et al.,'2023) code	**82.3**
7 July 5, 2023	Hindsight Chain of Thought with GPT-4 and Instructions *Anonymous* Code and paper coming soon	80.8

- **BIRD-SQL**

  2023年5月に登場し、最新のLLMベースのText-to-SQL手法のリーダーボードとして参照されているのがBIRD-SQL[注22]です。知名度はSpiderに若干劣りますが、より現実の指示の複雑性などを反映しています。

  37以上のドメインをカバーする95種類のデータベースに対して、12,751の固有の質問と正解のクエリペアが用意されており、開発セットとテストセットのデータセットが用意されています。

注22　BIRD-SQL：https://bird-bench.github.io/

213

第 8 章　AI エージェントとは

図8.17　BIRD-SQL リーダーボード「BIRD-SQL - Leaderboard」(https://bird-bench.github.io/)

Leaderboard - Execution Accuracy (EX)

	Model	Code	Size	Oracle Knowledge	Dev (%)	Test (%)
	Human Performance *Data Engineers + DB Students*			✓		**92.96**
🏆1 Jul 14, 2024	RECAP + Gemini *Google Cloud*		UNK	✓	66.95	**69.03**
🥈2 Jul 2, 2024	ByteBrain *ByteDance Infra Lab*		33B	✓	65.45	68.87
🥉3 May 14, 2024	ExSL + granite-20b-code *IBM Research AI*		20B	✓	65.38	67.86
4 May 21, 2024	CHESS *Stanford* [Talaei et al.'24]	[link]	UNK	✓	65.00	66.69
5 Jan 14, 2024	MCS-SQL + GPT-4 *Dunamu*		UNK	✓	63.36	65.45
6 Jul 5, 2024	Insights AI *Uber Freight*		UNK	✓	62.39	65.34
7 Apr 08, 2024	OpenSearch-SQL,v1 + GPT-4 *Alibaba Cloud*		UNK	✓	61.34	64.95
8 Feb 27, 2024	PB-SQL, v1 *Seoul National University*		UNK	✓	60.50	64.84
9 Jun 7, 2024	SFT CodeS-15B + SQLFixAgent *Soochow University*		UNK	✓	--	64.62
10 Feb 21, 2024	SENSE *Anonymous*		13B	✓	55.48	63.39
11 Apr 10, 2024	GRA-SQL *Tencent CDP-youpu*		UNK	✓	62.58	63.22
12 Jun 1, 2024	SuperSQL *HKUST(GZ)* [Li et al. '24]	[link]	UNK	✓	58.50	62.66

　Spiderのリーダーボードは停止していることから、2024年現在更新されているリーダーボードはBIRD-SQLのみになります。

Text-to-SQLの基本手法：スキーマリンク+クエリ生成

　BIRD-SQLリーダーボードで4位に位置しているCHESS[注23]というフレームワークを題材に、LLMベースのText-to-SQLで代表的なスキーマリンク[注24]とクエリ生成の処理の流れを解説します。CHESSは主にエンティティとコンテキストの取得、スキーマの選択、SQL生成という3つの主要コンポーネントで構成されています。

注23　Talaei et al. (2024)「CHESS: Contextual Harnessing for Efficient SQL Synthesis」https://arxiv.org/abs/2306.16092
注24　スキーマリンクは、入力された質問に含まれるフレーズと、データベースのカラム名やテーブル名をひもづけることです。

8.4 マルチエージェント・アプローチ

エンティティとコンテキストの取得工程では、キーワードを検出し、ベクターデータベースを使用してデータベースから実データの値と、データベースカタログからメタデータを抽出します。CHESSの特徴は、多くのText-to-SQLがデータベースカタログ内のメタデータのみを利用するのに対して、実データと、ユーザーの指示内容の意味や構文の類似性の両方を利用することで、SQLクエリ生成の精度を高めている点です。スキーマ選択と呼ぶステップで、上記で取得した数百のテーブルや列の候補から、多くの場合、10未満の列セットに絞り込みます。これらの複数ステップを通じて、最小限かつクエリ生成に十分なテーブルと列のサブセットを抽出します。最後に、抽出されたデータベース情報をクエリ生成モジュールに渡し、SQLジェネレーターとしてファインチューニングされたモデルと、クエリの修正ステップを組み合わせて、抜け漏れなく精度高くSQLクエリを生成します。

スキーマ選択のステップにおいて、正しく選択できたかどうかをフィードバックすることで、精度を高めるしくみになっている点も注目ポイントです。

図8.18　CHESSのパイプライン

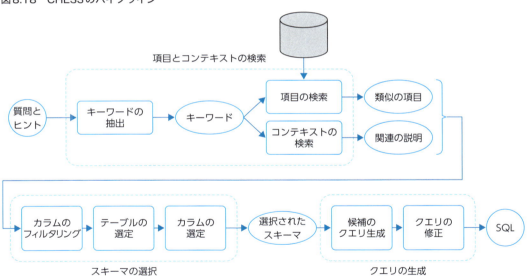

Talaei et al. (2024)「CHESS: Contextual Harnessing for Efficient SQL Synthesis」のFigure 2をもとに筆者が作成

CHESSの3工程、エンティティとコンテキストの取得、スキーマの選択、SQL生成において、それぞれLLMを用いてプロセスを実行・また精度の評価フィードバックをしているので、論文内ではマルチエージェントとは明言されていませんが、マルチステップなマルチエージェントと捉えてよいのではないかと筆者は考えています。

次に、MAC-SQL[注25]というマルチエージェントフレームワークを見てみましょう。リーダーボードの上位には位置していませんが、MAC-SQLもCHESS同様、スキーマリンクの工程（Selector）と、クエリ生成の工程（Decomposer）を分割してそれぞれの工程をシステムプロンプトレベルから別のエージェントにしてモジュール化しています。

さらに注目すべきは、3工程目にRefinerというエージェントを構成し、Decomposerが作成したSQLクエリをSQLiteのサンドボックスで実行する点です。構文エラーが発生した場合、SQLiteから返却されるエラーメッセージに応じてクエリの修正を行い、実行時にエラーが発生しないクエリを作成することができます。

図8.19 MAC-SQLのしくみ

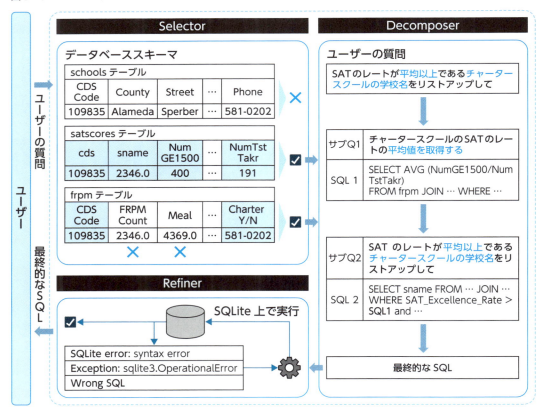

Wang et al. (2023)「MAC-SQL: A Multi-Agent Collaborative Framework for Text-to-SQL」のFigure 2をもとに筆者が作成

注25　Wang et al. (2023)「MAC-SQL: A Multi-Agent Collaborative Framework for Text-to-SQL」https://arxiv.org/abs/2312.11242

他にも、DTS-SQL[注26]という論文においては、Spiderデータセットを使ってスキーマリンクで利用するモデルと、クエリ生成で利用するモデルをそれぞれファインチューニングすることで、精度を高めることが可能と示されています。パラメータ数が7B程度の小規模なモデルを使っても、GPT-4を使ったときと同レベルのクエリ生成ができたと言われています。

また、クエリ生成部分の精度を上げるためには、クエリを複雑度に応じて分類したうえで生成することが有効であると検証したのが、DEA-SQL[注27]というフレームワークです。

図8.20　DEA-SQLのしくみ

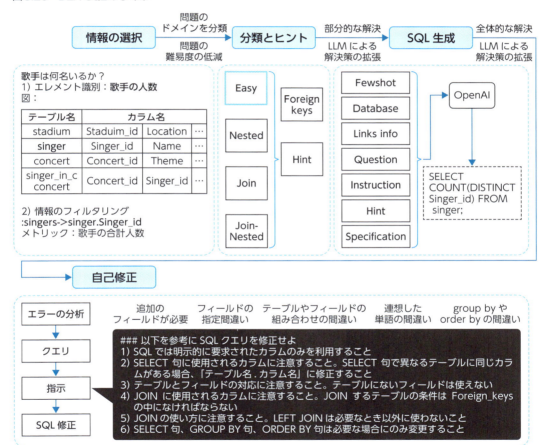

Xie et al. (2024)「Decomposition for Enhancing Attention: Improving LLM-based Text-to-SQL through Workflow Paradigm」のFigure 1をもとに筆者が作成

注26　Pourreza et al. (2024)「DTS-SQL: Decomposed Text-to-SQL with Small Large Language Models」https://arxiv.org/abs/2402.01117
注27　Xie et al. (2024)「Decomposition for Enhancing Attention: Improving LLM-based Text-to-SQL through Workflow Paradigm」https://arxiv.org/abs/2402.10671

第8章 AIエージェントとは

　DEA-SQLでは、分類とヒントモジュールが、作成するクエリを分類し、クエリの仕様を推論することで、後続のSQLクエリ生成工程の精度が高くなることを目指しています。

図8.21　DEA-SQLのプロンプト構造

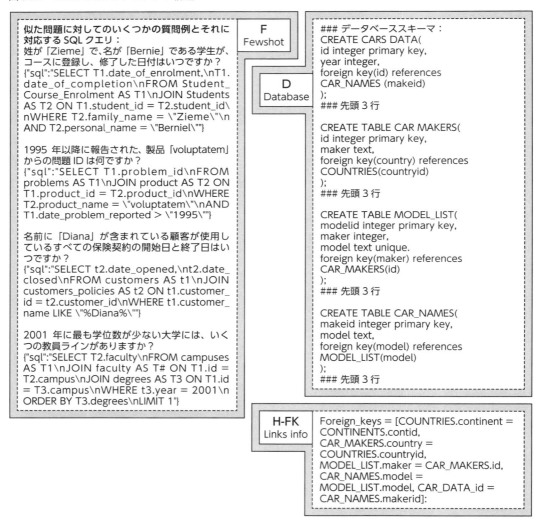

図8.21　DEA-SQLのプロンプト構造（つづき）

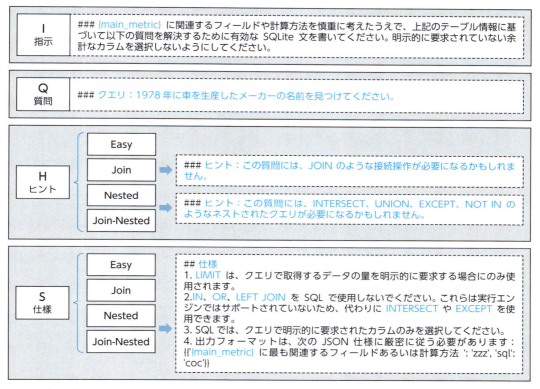

Xie et al. (2024)「Decomposition for Enhancing Attention: Improving LLM-based Text-to-SQL through Workflow Paradigm」のFigure 2をもとに筆者が作成

プロンプトエンジニアリングの効果

　最後に、今まで紹介したText-to-SQLのフレームワークにおいて、LLMが生成する以外の基本的なプロンプト部分には改善の余地があります。よってプロンプト次第で最終的な精度の上下があり、どのフレームワークがより優れているか優劣を明確にするのは難しい状況です。実際、BIRD-SQLのリーダーボードは常に既存のフレームワークの改善と、新しいフレームワークによって群雄割拠になっています。

　そうした点から、AIエージェントの前に、Zero-shotプロンプティングだけでどこまで精度を高められるかを試しておくことも有効な手段と言われています。次の図のC3メソッド[注28]では、Zero-shotプロンプティングでクエリ生成までするために、精度を高めるためのプロンプトのコツが掲載されています。

注28　Dong et al. (2023)「C3: Zero-shot Text-to-SQL with ChatGPT」https://arxiv.org/abs/2307.07306

図8.22 C3のしくみ

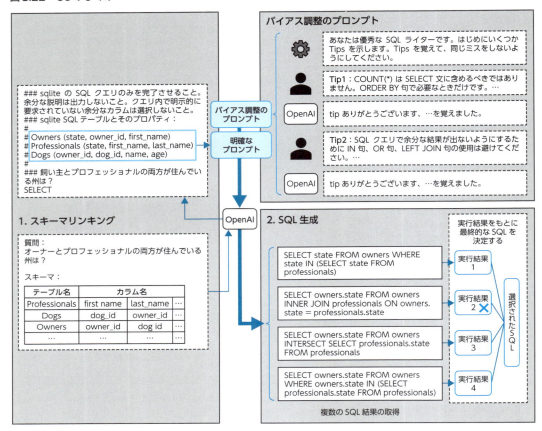

Dong et al. (2023)「C3: Zero-shot Text-to-SQL with ChatGPT」のFigure 1をもとに筆者が作成

C3メソッドにおけるZero-shotプロンプティングのコツは次のとおりです。

- 明確なプロンプト
    - 明確なレイアウトで指示する
    - 明確な文脈を含める
- モデルのバイアスを調整する
    - ChatGPTは出力が保守的で、不要な列データまで取得する傾向があるため、必要な列のみを選択するようにChatGPTをガイドするヒントを付加する
    - ChatGPTはクエリを作成するときにLEFT JOIN、OR句、IN句を使用する傾向が強いため、当該キーワードを誤用しないようにするヒントを付加する

- 一貫性のある出力
  - 自己一貫性手法[注29]を応用して、同じ出力になる複数のSQLクエリを生成させて、最も一貫性のある回答を選ぶことで出力の品質を向上する

 ## マルチエージェントでソフトウェア開発を自動化する

　GitHub CopilotやAmazon CodeWhispererといったコードのアシスタントや、OpenAIやClaudeをはじめ多数のLLMがすでに十分なコード生成能力を備えていることで、ソフトウェア開発のパラダイムは大きく変わろうとしています。現状では、エディタ内でアシストする方式と、チャット形式で指示に応じたコードを提案する方式が中心です。しかし、広く市場を見渡すと、デザインツール内で画面構造を生成する機能が登場し始めており、将来的にはコードの生成までしてくれるようになるでしょう。すでに一部のサービスでは、開発のライフサイクル全体を統合し、Issueの自動作成から、Issueに対応したコードの自動生成や、テスト計画の作成から実行なども自動的に行うようになっています。ソフトウェア開発に関わる人にとって大幅に体験が変わる可能性が高いです。

Devin

　たとえば、2024年3月に、Devin[注30]というソフトウェア開発のライフサイクル全体を自動化するサービスがアナウンスされました。

注29　Wang et al. (2022)「Self-Consistency Improves Chain of Thought Reasoning in Language Models」https://arxiv.org/abs/2203.11171
注30　Introducing Devin, the first AI software engineer：https://www.cognition.ai/blog/introducing-devin

図8.23 Devinのアナウンス「Introducing Devin, the first AI software engineer」（https://www.cognition.ai/blog/introducing-devin）

　Devinは、情報の検索、コーディング、プロジェクトの展開など、ソフトウェア開発のすべての工程をAIだけで完結させることが可能です。現在はまだプレビューで一部のユーザーにのみ解放されていますが、今後類似のエージェントサービスが増えると思われます。

　以下にDevin以前のソフトウェア開発に関するエージェント論文および実装が公開されているものを紹介します。

ChatDev

　ChatDev[注31]はソフトウェア開発における複数の役割別の専門家を自律エージェントとして稼働し、エージェント同士がチャットでの複数のやりとりを通じて、ソフトウェア開発のライフサイクルの主要3フェーズ（設計、コーディング、テスト）からなる共同開発を進めるツールです。

注31　Qian et al. (2023)「ChatDev: Communicative Agents for Software Development」https://arxiv.org/abs/2307.07924

図8.24 ChatDevのコンセプトイメージ「ChatDevリポジトリ」(https://github.com/OpenBMB/ChatDev)より引用

　ChatDevでは、主要な3工程において、チャットを通じて各エージェントがさらに細かいサブタスクに細分化し、各サブタスクにおけるソリューションの提案・検証を繰り返すことで次の工程に進んでいきます。

図8.25 ChatDevのワークフロー

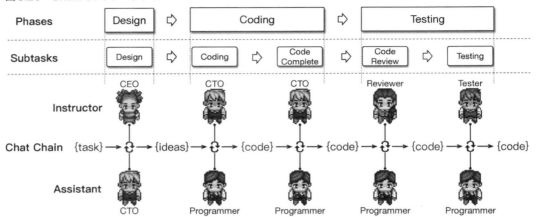

「ChatDev: Communicative Agents for Software Development, Figure 2」より引用

　ソリューションの品質を高めるために、各サブタスクではチャットのやりとりを通じて専門的な役割を担うエージェントがインストラクターとなり、アシスタントがソリューションの提案をして検証を経たうえで、合意に至ってから次のサブタスクに移行する方式になっています。また、マルチエージェント間でのやりとりが複雑なトポロジにならないように、2者間でのやりとりが中心となるように合理化されており、サブタスクから後続タスクにスムーズに移行可能なよう工夫されています。

　各エージェントには、サブタスクの開始時に固定のプロンプトが与えられています。そのプロンプトには現在のサブタスクの概要と目的、専門家としての役割定義、アクセス可能な外部ツール、通信プロトコル、終了条件、望ましくない動作を回避するための制約または要件が指定されています。

　その後は役割に応じてインスタンス化されてサブタスクの終了まで自律的に稼働します。

　サブタスク内でのチャットや実行履歴はメモリに保存され、次の工程に移るときには、前工程でのソリューション内容のみが長期記憶として次の工程に渡されることでメモリが効率化されています。

　汎用的な開発ライフサイクル以外の興味深い機能性として、ChatDevではデザイナーエージェントを有効にすると、ソフトウェアで使用する画像を生成するArtモードがあったり、コーディングの工程でレビュアーとしてChatDevチームに人間が参加することができるHuman-Agent-Interactionモードが利用可能です。

8.4 マルチエージェント・アプローチ

図8.26 Human-Agent-Interactionモード

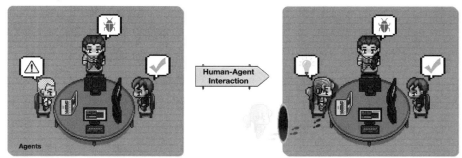

README (https://github.com/OpenBMB/ChatDev/blob/main/readme/README-Japanese.md) より引用

　さらに、ソフトウェアを新規で開発するのではなく、すでにある既存コードからエンハンス開発を始めることができるインクリメンタル開発機能も追加されています。

図8.27 インクリメンタル開発機能／2023年11月2日リリース

README (https://github.com/OpenBMB/ChatDev/blob/main/readme/README-Japanese.md) より引用

　また、ChatDevではDevinと同じようにChatDevをSaaS化したプラットフォームも提供しています。

参照：ChatDev(SaaS)
https://chatdev.modelbest.cn/

　くわえて、ChatDevでは過去の経験で発生した繰り返しミスや非効率なタスクの経験から学習する経験的共同学習 (Experiential Co-Learning)[注32]のフレームワークを取り込み、協調的に学習しながらタスク精度を進化させる取り組みを行っています。

注32　Qian et al. (2023)「Experiential Co-Learning of Software-Developing Agents」https://arxiv.org/abs/2312.17025

図8.28　Experiential Co-Learningのしくみ

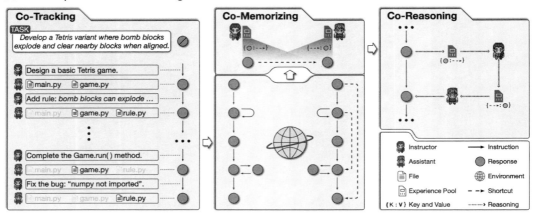

「Experiential Co-Learning of Software-Developing Agents, Figure 1」より引用

MetaGPT

MetaGPT[注33]もChatDevと同様にマルチエージェントでソフトウェア開発会社をシミュレートするツールです。次の図のように役割とタスクを指定して役割に応じてタスクで生成した成果物を受け渡していくことで目標を達成します。

図8.29　MetaGPTにおけるエージェントの構成や役割の例

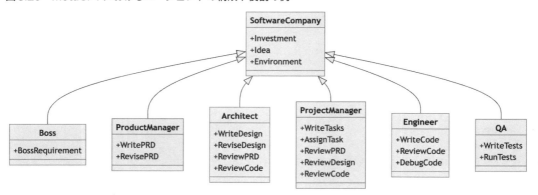

「MetaGPT: The Multi-Agent Framework (https://docs.deepwisdom.ai/main/en/guide/get_started/introduction.html)」より引用

注33　Hong et al. (2023)「MetaGPT: Meta Programming for A Multi-Agent Collaborative Framework」https://arxiv.org/abs/2308.00352

「MetaGPT」という名称からもわかるように、MetaGPTではエージェントたちがソフトウェアを作り上げる過程そのものがメタ的に定義されています。具体的には、あらかじめ決められた標準手順 (SOP、Standardized Operating Procedures) に準拠して動作し、手順ごとに中間生成物 (要求仕様書、システム設計書、コード、テスト仕様) を作成して、エージェント間で順次受け渡していきます。必要に応じて人間のインタラクションを挟みながらタスクを進行することができます。

図8.30　MetaGPTにおけるソフトウェア開発の流れ

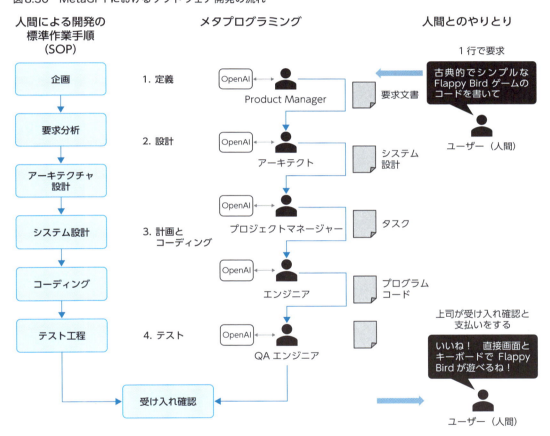

「MetaGPT: Meta Programming for A Multi-Agent Collaborative Framework」のFigure 1をもとに筆者が作成

各エージェントのステップはそれぞれあらかじめ決められた手順と成果物の受け渡しを通じて行われ、役割に設定されたタスクを実施します。

プロダクトマネージャーはユーザー要件を受け取ると、要件分析を行い、ユーザーストーリーや要件詳細を記載した詳細なPRD (Product Requirement Document) を作成します。PRDはアー

キテクトに渡され、アーキテクトがこの要件をファイル一覧、データ構造、インターフェース定義などのシステム設計コンポーネントに変換します。その後、さらに後続のエージェントに渡されていきます。

図8.31 MetaGPTの実行内容の詳細

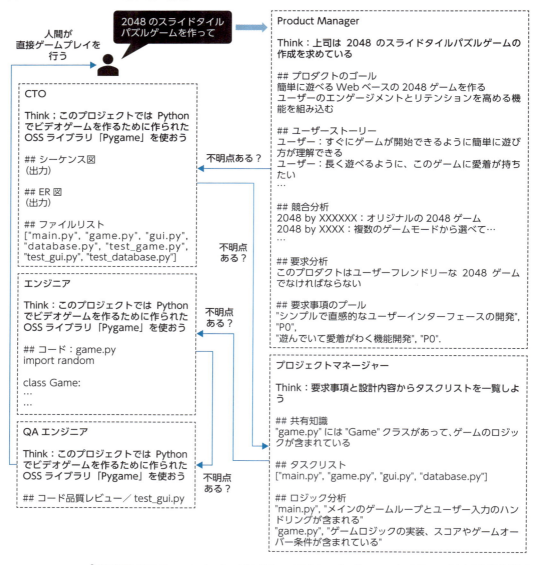

「MetaGPT: Meta Programming for A Multi-Agent Collaborative Framework」のFigure 3をもとに筆者が作成

タスクに関わるエージェント同士が1対1でドキュメントを受け渡しすると、他のエージェントが参照できない、あるいは参照する際にトポロジが複雑になってしまいます。そこでMetaGPTは、グローバルメッセージプールという共有プール上にメッセージのやりとりや受け渡した情報を格納しておき、他のエージェントは任意のタイミングでこれを参照できるようにしています。これにより通信効率を向上させていることが特徴です。

MAGIS

MAGIS[注34]もマルチエージェントフレームワークですが、新規アプリケーションの構築よりも、既存のコードに対する課題として記載されたGitHubイシューの解決を目的としています。GitHubのイシューの解決のためには、リポジトリ全体を解釈したうえで、既存機能のメンテナンスを伴う対応が必要です。そのため、指示されたプログラムコードを新規で出力するよりも複雑で難易度が高いと考えられています。

図8.32　MAGISの概要

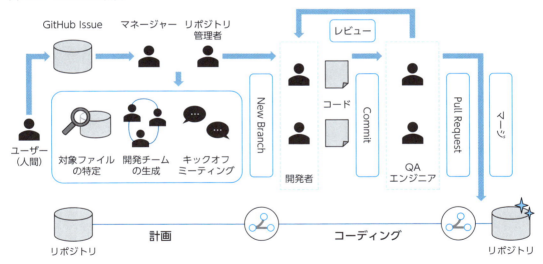

Tao et al. (2024)「MAGIS: LLM-Based Multi-Agent Framework for GitHub Issue Resolution」のFigure 2をもとに筆者が作成

MAGISではGitHubイシューからリポジトリ全体にわたる内容の分析や影響範囲を最適化して対応するのに、4種類の役割別のエージェントを作成して、コラボレーションによって解決するアプローチを取ります。

注34　Tao et al. (2024)「MAGIS: LLM-Based Multi-Agent Framework for GitHub Issue Resolution」https://arxiv.org/abs/2403.17927

第 8 章　AI エージェントとは

1. **マネージャー**

   マネージャーは問題をタスクに分解することに加えて、開発者エージェント自体を設計してチームを形成することで、従来よりもチームの柔軟性や適応性が向上し、さまざまな問題を効率的に処理できるようにしてあります。

2. **リポジトリ管理者**

   リポジトリ内の膨大なファイルから、問題に関連するファイルを見つけ、関連性の高いファイルにフィルターすることで、開発者が変更対象とするコードを最小限に抑えることができます。また、リポジトリ管理者は以前のイシューやその対応をメモリに記憶しておいて、無関係なファイルをフィルターし、マネージャーが関連ファイルを使用して正確にタスクを定義することを助けます。

3. **開発者**

   開発者エージェントはタスクに対して過不足なく複数作成してアサインできます。開発者エージェントの既存のコードを変更する能力は、新規でコード生成する能力と同じほど優れているわけではありません。そこで、コード変更の場合は複数のサブ操作に分解することで、適切に実装できるように最適化されています。

4. **QA エンジニア**

   QA エンジニアはコードレビューを通じてソフトウェアの品質を維持します。人間が行うときのようにバックログの受け渡しで遅延が発生しないように、MAGIS では開発者エージェントと QA エンジニアエージェントをペアにして、タスクごとにタイムリーにコードレビューのフィードバックを行います。このことは、ソフトウェアの品質をより確実にすることを目的としています。

これらのエージェントは計画プロセスとコーディングプロセスの 2 工程に大きく分かれています。まず計画プロセスではリポジトリ管理者がイシューに対応するファイルをフィルタリングして、マネージャーがタスクを明確にして、必要な開発者の役割・パーソナリティを定義して開発者を作成します。その後キックオフミーティングを開いてタスクの妥当性やタスクの依存関係などを明らかにするために、チームで議論を行い、すべての開発者が協力して問題解決できることを確認します。

コーディングフェーズでは、まず各開発者が自分とペアになる QA エンジニアの役割・パーソナリティを作成して生成します。次にコードの変更部分の生成を多段的に行っていきます。まず変更部分の開始行から終了行までを決定し、新しいコードスニペットを生成し、元のコード部分を置き換えます。これを Git にコミットしたら、QA エンジニアがレビューコメントとレビュー判定を登録します。レビュー判定が否定的であれば開発者は事前に定義された最大反復回数以内でコードの修正を繰り返します。これにより、1 箇所ごとの変更タスクが実現される流れです。

同論文内では問題解決の精度評価として、SWE-bench[注35]を用いた効果検証が行われており、コードに変更が正常に適用された率と、変更後のコードの一連のテストに合格した率を計測しています。SWE-benchは12個の人気のあるPythonリポジトリにおける2,294のイシューをデータセットとしたGitHubイシュー解決のベンチマークです。

一連の開発の流れにおいて、タスクごとに役割に合ったプロファイルで生成されたエージェントを使い分けることで、コード変更の適用率や変更後のテスト合格率が大幅に高まることが期待されます。

Self-Organized Agents: A LLM Multi-Agent Framework toward Ultra Large-Scale Code Generation and Optimization

MAGISでは全文検索アルゴリズム[注36]により、ある程度リポジトリ内でGitHubイシューと関連するファイルを検索して対象ファイルを選別するというアプローチが取られました。これに対してここで紹介するSelf-Organized Agents[注37]では、親エージェントの配下に、リポジトリ全体から特定範囲の文書列に切り出した範囲を担当する子エージェントを生成し、子エージェントのメモリ範囲でコードの生成と改変を行う方法が提案されています。

図8.33　Self-Organized Agentsの概要

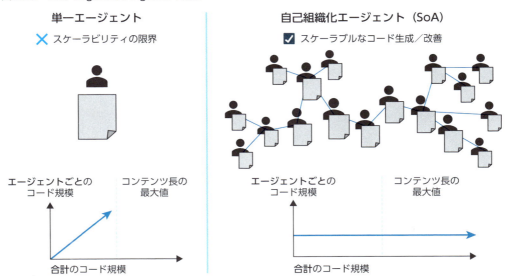

「Self-Organized Agents: A LLM Multi-Agent Framework toward Ultra Large-Scale Code Generation and Optimization」のFigure 1をもとに筆者が作成

注35　SWE-bench：https://www.swebench.com/
注36　BM25：https://ja.wikipedia.org/wiki/Okapi_BM25
注37　Yoichi Ishibashi and Yoshimasa Nishimura (2024)「Self-Organized Agents: A LLM Multi-Agent Framework toward Ultra Large-Scale Code Generation and Optimization」https://arxiv.org/abs/2404.02183

第 8 章　AIエージェントとは

　これにより各エージェントが扱うコードの量を一定に保ちつつ、問題の複雑さに応じてエージェントを自動的に増殖させることで、生成されるコード全体を理論的には無限に拡張できるとしています。

- 各エージェントの役割
  1. 子エージェント
     a. 与えられた関数のドキュメント文字列（docstring）に基づいて実装を行う
     b. LLMとメモリを持ち、コードの生成と改変を行う
     c. 親エージェントの状態を観察し、その情報を使って自律的にコードを改善する
  2. 親エージェント
     a. 子エージェントと同様にドキュメント文字列（docstring）に基づいて関数を独立して実装する
     b. 問題の複雑さに応じて複数の子エージェントを生成し、実装の一部をこれらのエージェントに委譲する
     c. 抽象的なプロセスの実装に集中し、生成された子エージェントは具体的なプロセスの実装を担当する
- 実装プロセス
  1. コード生成プロセス
     a. エージェント間の階層的な組み合わせによって、単一の大規模なコードベースが効果的に構築される
  2. コード改変フェーズ
     a. すべてのエージェントの実装が組み合わされ、最終的な実装が作成される
     b. フィードバックがルートの親エージェントから生成され、子エージェントに伝播される

　精度評価としてHumanEvalというベンチマークを用いて計測結果が示されており、単一エージェントやコード生成専門モデルと比べても、より高い精度の出力ができる可能性が示されています。

8.5 AIエージェントが安全に普及するために

　OpenAI社が発行した「Practices for Governing Agentic AI Systems」[注38]という論文において、AIエージェントを安全に統制できるようになることが、社会に普及するための絶対条件と示されています。この論文はAIエージェントを社会に適用していくにあたって重要な、システムの安全性や開発者やユーザーの責任、適用していくうえでの間接的な影響など、とくに安全性に関して網羅的な視点を提供しています。

> **エージェンティックなAIシステム**
> 　論文内ではAIエージェントの完全性や定義に固執することなく、その性質や、各視点や技術パーツの実現方法を説明するために、このAIシステムを「エージェンティックなAIシステム（Agentic AI Systems）」と呼称しています。

　エージェンティックなAIシステムの性質は、次の4つが挙げられています。この4つの度合いが大きければ大きいほど、エージェントらしい（Agentic）と見なせる、とされています。

- 目標の複雑さ：どれだけ困難な目標を達成できるか？　どれだけ幅広い目標を達成できるか？
- 環境の複雑さ：目標を達成するための環境はどれだけ複雑か？
- 適応性：新しい状況や予期せぬ状況にどれだけうまく対応できるか？
- 独立した実行：どれだけ少ない人間の介入や監督で、信頼性を持って目標を達成できるか？

　AIエージェントの基本動作は、環境を認識して、複雑な目標を達成するということですが、その環境認識の手段や、目標達成の方法の技術的難易度が、実装を困難にしていることのように感じます。この先、いきなり完全なAIエージェントが現れると考えるより、それらの性質を、目的や目標に向けて部分的に実現しながら、よりエージェント性（Agenticness）を高めていくことで、気づいたら一部の用途で完全なAIエージェントと見なせるAIシステムが普及していく、そんな流れになるのではと思います。

注38　Practices for Governing Agentic AI Systems：https://openai.com/index/practices-for-governing-agentic-ai-systems/

第 8 章　AIエージェントとは

　われわれが日々使うアプリケーションやシステムに、LLMを活用したエージェント性が少しずつ実装・普及していくことで、それがなかった時代に比べて業務効率性や業務品質について有益であることがまず大前提です。さらにそれらを安全で責任あるAIシステムとして普及させるために、上記の論文を参考に注意が必要な点を解説します。まずは、エージェンティックなAIシステムによって起きる直接的な影響や課題を解説します。

- **タスクの適合性評価に対する課題**

  エージェンティックなAIシステムの評価はまだ新しい分野で、特定のベンチマークで高い評価を示したとしても、実世界での評価が良くなるとは限りません。また、エージェンティックなAIシステムは複雑な目標に向けて複数のアクションをチェーンして実行するため、個々のアクションの失敗や目標からのズレが、全体として大きな失敗につながる傾向・可能性があります。サブタスクごとの信頼性を個別に評価することで全体の成功率や信頼性を上げるアプローチが必要になることが想定できます。しかし、そのサブタスク自体がオンデマンドに生成されることをベースに考えると、完全に同じ入出力として評価するよりは複雑な検証が必要になることが想定されます。さらに予期しない状況下で信頼性の低い動作をする可能性をいかに防ぐかなども課題になります。

- **実行環境の制約やアクションの承認の課題**

  エージェントが実行したコードが想定外の挙動をする可能性もあります。対策として、長時間実行の際のタイムアウト設定や、コードを実行する環境のサンドボックス化、ハードコードされた制約をすり抜ける実行経路のような脆弱性の防止や、ネットワーク制御による外部コミュニケーションの制御などが考えられます。

  エージェンティックなAIの性質である自律性についても課題があります。たとえば大口の株式の取引など、1つのアクションにおいて重要な意思決定や重大な実世界への影響があるアクションは、エージェントに委任しづらいです。Human-in-the-Loop方式で都度人間に判断を仰いだり承認を求めることは、すばやく行動したり完全自律動作とは反する動作です。また、人間に承認を求める際には、それを承認するために十分なコンテキスト情報を提供する必要がある点も課題になります。

- **エージェントの既定の振る舞いの設定**

  エージェントが目標に向かって動作するにあたって、ユーザーはエージェントに、（個別に指定がない場合に）望ましい既定の振る舞いを伝える必要があります。既定の振る舞いというのは、目標を達成するためにあまりお金を使わずに達成してほしいとか、多少危険な動作もしてよいといった動作のためのユーザーの好みや基本ポリシーのことです。エージェントが過去の行動履歴や、役割・パーソナリティとして設定された内容から、常識的に・ヒューリスティッ

クに選択してしまう行動が、ユーザーの意図している範囲を逸脱せず動作することを担保するためのしくみが必要です。

- **エージェントアクティビティの可読性**

  エージェントの動作中や動作後に、内部の動作として何が行われたか、問題は発生していないかを把握しやすくしておき、もし問題が発生していれば介入できるようにする必要があります。エージェントの思考および動作プロセスを明らかにすることで、ユーザーはそのAIシステムのデバッグがしやすくなり、改善策も施しやすくなります。

  ただし、単純に推論トレースを出力する場合も、その量が膨大すぎる場合は人間の可読性を上回ってしまい、実質的に機能しない可能性もあります。エージェントが何を実行したのかをユーザーにわかりやすく示すことが重要です。

- **自動モニタリング**

  エージェントのアクティビティログを出力したところで、常に人間が監視できているとは限りません。システムではエージェントのアクティビティログの出力だけでなく、都度自動的にレビューを実施して、必要に応じて保守的な制御を行う必要があります。

  ただし、秘匿性の高いセッションデータの監視はプライバシーリスクにつながる可能性もあるため、ユーザーの便益という目的の範囲を逸脱しない運用が求められます。

  また、生成されるすべてのアクティビティの監視という性質上、運用コストがかかることも問題です。監視システム用に低コストの小さなモデルを採用することもアイデアの1つですが、大きなモデルに比べて検知能力などが下がる可能性があります。

  さらに監視対象のエージェントがハイジャックされるような攻撃を受けた際に、監視システムも同様にハイジャックされてエスカレーションがブロックされて無力化、あるいは害悪化する可能性もあります。

  効果的な監視システムの潜在的な有用性を考えると、プライバシーの懸念と集中管理のバランスを適切に取りながら、効果的に監視を実行できる方法を検討することが重要です。

- **帰属性**

  ユーザーがエージェントによる意図的・非意図的な攻撃を防げない場合でも、エージェントに一意となる識別子を設定して追跡性を高めておくことで、攻撃の抑止や説明責任の助けになる可能性があります。

  どのユーザーに委任されて動作するかを明確化することで、匿名でのエージェント実行を防止し、追跡性を高める必要があります。

- **シャットダウン機能と制御の維持**

  エージェントが危険な動作をする場合は自動的にシャットダウンするようにしておく必要があります。また、どのプロセスでシャットダウンした場合でも、業務の抜け漏れを回避するため

には、代替する手順が定まっている必要があります。エージェントの内部動作が複雑な場合、どのプロセスでのシャットダウンをどう代替すべきかは煩雑な制御になる可能性があることにも注意が必要です。

また、自己保存の性質を持つエージェントや周囲のシステムが、ユーザーのシャットダウンの試みを停止したり、改造を受け付けないようにしてしまう可能性が懸念されることも重要な観点です。

　ここまでは、エージェンティックなAIシステムによって起きる直接的な影響や課題について解説しました。エージェンティックなAIシステムが普及すると、次のような社会的・間接的な影響や課題についても懸念されるようになります。

- **拙速なシステムの採用による問題**
  エージェンティックなAIシステムの利点を活かすためにシステムへの採用が進んでいくと、競合他社に負けまいと不十分な検証のまま採用を進める企業が増える可能性があります。たとえば、コード自動生成のエージェントをあまり検証せずに導入することで、生成されたコードに重大なセキュリティ脆弱性が作り込まれるような事態が起きた場合、競合他社も含めて広範囲に脆弱性による悪影響を被ってしまう可能性があります。そのため、エージェンティックなAIシステムの採用時には「入念な検証を経た導入判断」が重要となります。

- **労働力の移動や採用不均衡**
  エージェンティックなAIシステムは、従来のAIシステムよりも大幅に広範囲の業務を代替できる可能性があります。仕事が完全に自動化されることでさまざまな経済効果をもたらす可能性がある一方で、労働者のスキルの希少性が低下し、多くの労働者が職を奪われる可能性もあります。以前は希少であった専門知識へのアクセスがしやすくなることで、大企業の資本優位性を相殺することにもなるかもしれません。
  エージェンティックなAIシステムの利点が広く活用されるように、ガイドラインの策定を講じることの重要性が高まります。

- **攻撃と防御のバランスの不均衡化**
  サイバーセキュリティ分野において、エージェンティックなAIシステムでのサイバー攻撃の自動化により、攻撃の量を劇的に拡大できる可能性があります。一方で、監視などのサイバー防衛側を自動化するのははるかに困難である可能性が考えられます。その影響で情報システムの安全性低下や、対策費用が高騰していく可能性があります。

ここまで見たように、エージェンティックなAIシステムの普及には、技術的な複雑さや、その複雑さから生じる課題がたくさん想定されます。今後われわれ開発者がそれらの課題をひとつひとつクリアしながら開発していくことで、社会の基盤としてより一層安全に利用してもらえるようになるのだと感じてもらえれば幸いです。

8.6 まとめ

　この章では、AIエージェントの起源から、LLMを活用したAIエージェントの基本的な原理、フレームワークやOSSツール、またAIエージェントの普及・社会への定着に必要なことについて解説しました。

　第9章以降では、実際にさまざまなパターンのAIエージェントのハンズオンを用意しています。

第 **9** 章

LangGraphで作る
AIエージェント実践入門

本章では、LangChainの機能を拡張し、LLMを活用した複雑なワークフローを構築するためのライブラリ「LangGraph」を紹介します。LangGraphは開発者が実装するワークフローをグラフ構造としてモデル化しながら開発できる点が大きな特徴です。この特徴により、LLMを活用した複雑なワークフローを直観的かつ効率的に開発することができます。また、この特徴の発展として、グラフ構造を用いて複数のAIエージェントが協調して動作するマルチエージェントシステムの開発を行うことも可能です。

本章の前半では、LangGraphの基本概念について詳しく解説します。LangGraphの主要コンポーネントについて知識をつけたのち、後半では実践例として簡単なワークフローのハンズオンを行い、実践的な理解を深める構成になっています。

それでは、さっそくLangGraphの世界に飛び込んでいきましょう。

西見公宏

第 9 章 LangGraphで作るAIエージェント実践入門

9.1 LangGraphの概要

LangGraphとは何か

　LangGraphは、LLMを活用した複雑なワークフローを開発するためのPythonライブラリです。このライブラリの特徴はこのワークフローをグラフ構造[注1]としてモデル化する点にあります。ここで言うグラフとは、私たちが日常的に目にする組織図（図9.1）や路線図（図9.2）のようなもので、ノード（頂点）とエッジ（辺）で構成される構造（図9.3）のことを指します。

図9.1　組織図の例

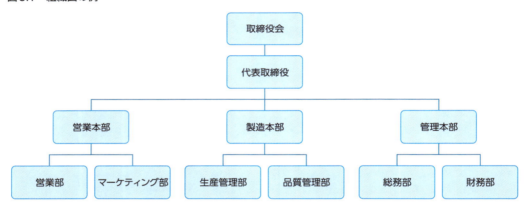

図9.2　路線図の例

注1　LangGraphでは、正確には有向グラフというグラフ構造を扱います。有向グラフは方向性のあるエッジと、そのエッジにつながれたノードの集まりです。

図9.3　ノード（頂点）とエッジ（辺）で表されるグラフ構造

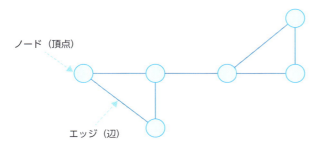

LangGraphにおけるグラフ構造アプローチ

　LangGraphでは、各ノードが特定の処理や判断を担当し、エッジがそれらの処理間のつながりや関係性を表現します。この表現手法を使うことで、複雑なLLMアプリケーションの動作を視覚的に理解しやすい形で設計し、実装することができるのです。

　たとえば、ユーザーからの質問に答えるAIアシスタントを作る場合を考えてみましょう。このアシスタントは次のような一連の処理を行う必要があるかもしれません。

1. ユーザーの質問を理解する
2. 必要な情報を検索する
3. 検索結果を分析する
4. 回答を生成する
5. 回答の品質をチェックする
6. 必要に応じて回答を修正する

　従来のプログラミング手法では、これらの処理を順番に実行するコードを書くことになります。一方でLangGraphを使うと、これらの処理をノードとして定義し、処理の流れをエッジとして表現できます。さらに、「回答の品質が不十分だった場合は再度情報を検索する」といった条件分岐や、「満足のいく回答が得られるまで処理を繰り返す」といったループ構造も、グラフ上で自然に表現することができます。この構造を図にすると、図9.4のようになります。

第 9 章 LangGraphで作るAIエージェント実践入門

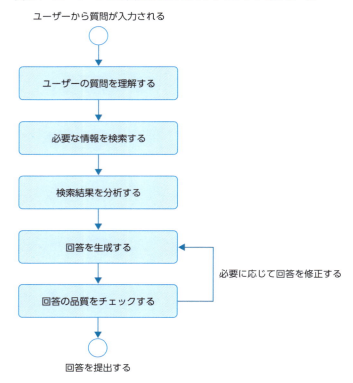

図9.4　ユーザーからの質問に答えるAIアシスタントのフロー図

　このアプローチの大きな利点は、システムの動作を視覚的に理解しやすい形で設計できる点です。複雑なシステムの全体像を把握したり、他の開発者と設計を共有したりする際に、非常に役立ちます。また、各処理（ノード）を独立して開発・テストできるため、大規模なアプリケーション開発の開発生産性向上にも寄与します。

　さらに、LangGraphはLangChainの上に構築されているため、LangChainが提供する豊富なコンポーネント（LLM/Chat model、Prompt template、Retrieverなど）を簡単に利用することができます。つまり、LangChainの強力な機能を活用しつつ、より複雑なLLMアプリケーションを構築できるわけです。

　LangGraphの特徴をさらに詳しく見ていくと、次の点が挙げられます。

1. **明示的なステート管理**

    LangGraphでは、システムの「ステート（状態）」を明示的に定義し、管理することができます。ステートは、会話の履歴、収集した情報、中間結果などを含む構造化されたデータ

として表現されます。各ノードはこのステートを入力として受け取り、処理を行ったあと、ステートを更新します。これにより、長期的なタスクや複数のステップを要する処理において、一貫性のある情報の受け渡しと更新が可能になります。

2. **条件分岐とループの自然な表現**
グラフ構造を用いることで、「もし〜なら」という条件分岐や、「〜になるまで繰り返す」というループ処理を直感的に表現できます。これにより、複雑な意思決定プロセスを持つシステムの実装が容易になります。

3. **段階的な拡張性**
新しい機能を追加したい場合、既存のグラフ構造に新しいノードを追加し、適切なエッジで接続するだけで済みます。これにより、システムの段階的な拡張が容易になります。

4. **デバッグとテストの容易さ**
各ノードを独立してテストできるため、システムのデバッグやテストが容易になります。また、LangSmithと組み合わせることによりグラフ単位での処理のトレースが可能になるため、問題が発生した箇所を特定しやすくなります。

5. **チェックポイントとリカバリ**
LangGraphはステートのチェックポイントを作成し、保存する機能を提供します。これにより、長時間実行されるタスクを中断し、あとで再開したり、エラーが発生した場合に特定のポイントから処理を再開したりすることが可能になります。

9.2 LangGraphの主要コンポーネント

それではLangGraphの主要コンポーネントについて見ていきましょう。ここではLangGraphの中心的な概念であるステート、ノード、エッジ、コンパイル済みグラフについて、コード例を交えて詳しく解説していきます。LangGraphの概要で紹介したチェックポイント機能については、少し複雑な機能になるため、本章の最後で解説します。

本節ではLLMを活用したQ&AアプリケーションをLangGraphで開発する、という想定で、主要コンポーネントの解説を進めます。フロー図は図9.5のとおりです。

図9.5 Q&Aアプリケーションのフロー図

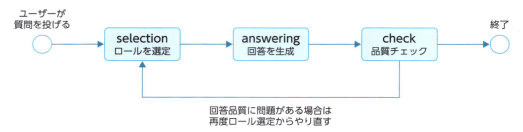

このフロー図では次のステップを表現しています。

1. ユーザーが質問を投げる
2. 質問を分類し、回答作成担当のロール[注2]を選定する
3. 回答作成担当のロールが回答を作成する
4. 作成された回答の品質チェックを行う
   問題がある場合は2.のステップに戻り、再度質問を分類する
5. 回答をユーザーに提示する

ステート：グラフの状態を表現

　LangGraphにおけるステートとは、LangGraphのワークフローで実行される各ノードによって更新された値を保存するためのしくみです。各ノードは、このステートに保存されているデータを読み書きしながら処理を進めていきます。そのため、LangGraphによる実装を進める際には、まずどのようなデータ構造でデータを保存する必要があるかを設計する必要があります。

　LangGraphでは、ステートのデータ構造をTypedDictクラスもしくはPydanticのBaseModelクラスを用いて定義します。各ノードによる処理の前に、これらのクラスのインスタンスが常に現在のステートとして渡されます。各ノードはこのステートを参照して処理を行い、処理結果によってステートを更新し、処理を終了します。

　ステートの各フィールド（クラスの属性）では、更新時のオペレーションをアノテーション（typing.Annotated）を用いて明示的に指定することができます。デフォルトではsetオペレーションが使用され、フィールドに対応する値が上書きされます。一方、リストや辞書などの値に対して要素を追加していきたい場合は、addオペレーションを指定します。

注2　本アプリケーションではユーザーからの質問に対し、質問に答えるための「役割（システムプロンプト）」を動的に選択することを想定しています。これをロールと表現しています。

9.2 LangGraphの主要コンポーネント

たとえば、本節で想定しているQ&Aアプリケーションでは次のように定義できます。

```python
import operator
from typing import Annotated

from langchain_core.pydantic_v1 import BaseModel, Field


class State(BaseModel):
    query: str = Field(
        ..., description="ユーザーからの質問"
    )
    current_role: str = Field(
        default="", description="選定された回答ロール"
    )
    messages: Annotated[list[str], operator.add] = Field(
        default=[], description="回答履歴"
    )
    current_judge: bool = Field(
        default=False, description="品質チェックの結果"
    )
    judgement_reason: str = Field(
        default="", description="品質チェックの判定理由"
    )
```

ここではmessagesフィールドにAnnotatedとoperator.addを定義しています。これにより、messagesフィールドが文字列のリストであること、そしてステートの更新時にはaddオペレーション（リストに要素を追加）が行われることを表します。

一方、current_roleフィールドは通常の文字列で、ステートの更新時にはsetオペレーション（値の上書き）が行われます。

グラフのステートについて型定義ができたら、StateGraphクラスにその定義を渡し、グラフのインスタンスを生成します。StateGraphクラスはLangGraphにおけるグラフ構造の定義のために使われるクラスで、ワークフローを構成するノードやエッジを管理する役割を担います。

```python
from langgraph.graph import StateGraph

workflow = StateGraph(State)
```

このようにして作られたグラフのインスタンスは、アプリケーションのステートを管理するコンテナのような役割を果たします。

ノード：グラフを構成する処理の単位

グラフを構成するノードは、StateGraphクラスのadd_node関数を使って追加します。

ノードの指定方法

ノードの指定方法は2種類あります。関数またはRunnable (LCELのオブジェクト)[注3]のみを指定する方法と、ノード名 (文字列) と関数またはRunnableのペアを指定する方法です。コード例は次のとおりです。

```
# 関数またはRunnableのみを指定する例
# この場合のノード名は "answering_node" になる
workflow.add_node(answering_node)
```

この例の場合は関数名がノード名として暗黙に扱われます。

ノード名を別の名前にしたいか、明示したい場合は、次のように記述する必要があります。本書では明示的に記述する方針で統一しています。コード例は次のとおりです。

```
# answeringという名前のノードを定義
# ノード内の処理は answering_node 関数が行う
workflow.add_node("answering", answering_node)
```

ノードの実装方法

ノードに関数を渡す場合は、ステートオブジェクトを引数に取り、更新差分を表す辞書型のオブジェクトを返すように実装します。たとえば、ユーザーからの質問内容と選択されたロールをもとに回答を生成するノードの実装は次のようになります。

```python
from typing import Any

def answering_node(state: State) -> dict[str, Any]:
    query = state.query
    role = state.current_role

    # ユーザーからの質問内容と選択されたロールをもとに回答を生成するロジック
    generated_message = # ...生成処理...

    # 生成された回答でステートを更新
    return {"messages": [generated_message]}
```

注3 　正確にはRunnableに自動変換できる各種オブジェクトも含みます。たとえば、RunnableParallelに自動変換されるdict[str, Runnable]も引数として指定できます。

9.2 LangGraphの主要コンポーネント

ここではステートからquery（ユーザーからの質問内容）とrole（選定されたロール）を取り出し、それに基づいて回答を生成しています。generated_message（生成された回答）はmessagesフィールドのリストに追加するために、[generated_message]といった形に、リスト型で返します。

add_nodeの第2引数にRunnableを渡す場合も、関数と同様にステートを受け取って更新差分を返す実装にします。たとえばanswering_nodeをLCELを用いて実装し直す場合は、次のようになります。

```
prompt = # ... queryとroleを引数に取るChatPromptTemplate
llm = # ... LangChainのChat model

answering_node = (
    RunnablePassthrough.assign(
        query=lambda state: state.query,
        role=lambda state: state.role
    )
    | prompt
    | llm
    | StrOutputParser()
    | RunnablePassthrough.assign(
        messages=lambda x: [x]
    )
)
```

また、複数のフィールドを更新する場合は、複数のフィールド名と対応するキーに値を設定した辞書型のオブジェクトを返します。たとえば回答の品質チェックノードにおいて、current_judgeフィールド（品質チェックの結果）とjudgement_reasonフィールド（品質チェックの判定理由）を同時に更新するケースでは次のように実装します。

```
def check_node(state: State) -> dict[str, Any]:
    query = state.query
    message = state.messages[-1]

    # ユーザーからの質問内容と回答内容から品質チェックを行う処理
    judge = # ...判定結果...
    reason = # ...理由の生成...

    # 生成された回答でステートを更新
    return {"current_judge": judge, "judgement_reason": reason}
```

このようにノードの処理では、ステートから必要な情報を取り出し、処理結果をもとにステートを更新するための辞書型のオブジェクトを返します。

図9.6 Q&Aアプリケーションでノードがステートを更新する様子

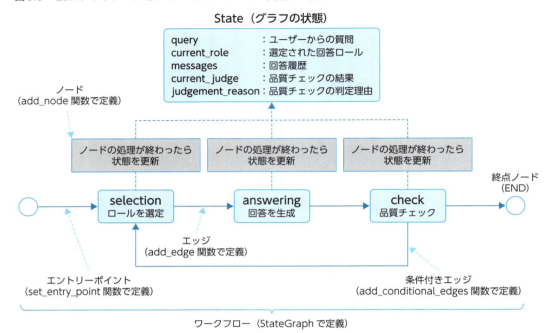

エッジ：ノード間の接続

ノードを定義したあとは、それらノード間の接続関係を「エッジ」で定義します。LangGraphには3種類のエッジがあります。

1. エントリーポイント[注4]

グラフの開始ノードを指定するエッジです。set_entry_point関数で開始ノードとなるノード名を文字列で指定します。

```
workflow.set_entry_point("selection")
```

注4　set_entry_point関数を使う他にも、始点ノードを示すSTARTノードをエッジとして使用する方法がありますが、本書ではset_entry_point関数を使う形で統一しています。

```
# STARTノードを利用した場合のコード例
workflow.add_edge(START, "selection")
```

2. エッジ

あるノードから別のノードに無条件で遷移するエッジです。add_edge関数で設定します。第1引数に遷移元ノード名、第2引数に遷移先ノード名をそれぞれ文字列で指定します。

```
# selectionノードからansweringノードにエッジを張る
workflow.add_edge("selection", "answering")
```

3. 条件付きエッジ

条件に基づいて遷移先のノードを決定するエッジです。add_conditional_edges関数で設定します。第1引数に遷移元ノード名を文字列で指定し、第2引数に何らかの値を返す関数を設定します。第3引数には第2引数で返される値に対応する遷移先ノード名とのマッピングを、辞書型のオブジェクトとして設定します。

次のコード例では、state.current_judgeの値がTrueの場合は終点ノードを示すEND、Falseの場合はselectionノードに遷移することを表しています。ENDは終点ノードを表すためのLangGraphにおける組み込み定数です。

```
from langgraph.graph import END

# checkノードからエッジを張る
# state.current_judgeの値がTrueならENDノードへ、Falseならselectionノードへ
workflow.add_conditional_edges(
    "check",
    lambda state: state.current_judge,
    {True: END, False: "selection"}
)
```

コンパイル済みグラフ

定義したグラフはcompile関数によって、実行可能なCompiledGraphのインスタンスへと変換されます。

```
compiled = workflow.compile()
```

CompiledGraphクラスのインスタンスはRunnableとして実行することができます。そのため、第6章で紹介されているinvoke関数、stream関数といった関数を利用して、定義したグラフを実行することが可能です。LangChain Expression Language (LCEL) の考え方がLangGraphの利用時にも応用できるのは、便利ですよね。

第 9 章 LangGraph で作る AI エージェント実践入門

　ここでは invoke 関数による同期実行、ainvoke 関数による非同期実行、stream 関数によるノード
ごとの逐次実行のコード例を紹介します。

invoke 関数

　invoke 関数を使用すると、グラフ内のすべての処理が実行されてから最終的な値が返却されます。

```
initial_state = State(query="生成AIについて教えてください")
result = compiled.invoke(initial_state)
```

ainvoke 関数

　動作は invoke 関数と同様ですが、ainvoke 関数を利用すると非同期関数[注5] として実行することが
できます。グラフを非同期で実行する際に便利です。

```
initial_state = State(query="生成AIについて教えてください")
result = await compiled.ainvoke(initial_state)
```

stream 関数

　stream 関数を使用すると、ノード実行時のステートを逐次的に取得することができます。

```
initial_state = State(query="生成AIについて教えてください")
for step in compiled.stream(initial_state):
    print(step)
```

　コードを実行した際の出力のイメージは次のとおりです。出力ステップごとにノードによってス
テートが更新されているのがわかります。

```
{'query': '生成AIについて教えてください', 'current_role': '', 'messages': [], 'current_
judge': False, 'judgement_reason': ''}
{'query': '生成AIについて教えてください', 'current_role': '生成AI製品エキスパート', 'messages'
: [], 'current_judge': False, 'judgement_reason': ''}
{'query': '生成AIについて教えてください', 'current_role': '生成AI製品エキスパート', 'messages'
: [' (...省略...)'], 'current_judge': False, 'judgement_reason': ''}
{'query': '生成AIについて教えてください', 'current_role': '生成AI製品エキスパート', 'messages'
: [' (...省略...)'], 'current_judge': True, 'judgement_reason': '回答は生成AIについての基
本的な情報を網羅しており、技術の具体例や応用分野、倫理的な問題についても触れています。内容に誤りや不適切な部
分は見当たりません。'}
```

注5　LangChain/LangGraph では、関数名の頭に「a」が付くもの（ainvoke や astream など）は、Python の非同期のしくみ（asyncio
　　　など）を利用して、非同期に呼び出すことができます。LLM を利用した処理は時間がかかることが多いので、複数の処理を並列実
　　　行するために非同期のしくみが活用されます。

250

9.3 ハンズオン：Q&Aアプリケーション

　それでは、ここまで得た知識を用いて、先ほど例に挙げたQ&Aアプリケーションをハンズオンで作成していきます。本節はGoogle Colabでコードを動かしながら読み進めることができますので、ぜひ手を動かしながらサンプルコードを実行してみてください。

 LangChainとLangGraphのインストール

　まずは次のコマンドを実行して、LangGraphの実行に必要なパッケージをインストールしましょう。

```
!pip install langchain==0.3.0 langchain-openai==0.2.0 langgraph==0.2.22
```

　サンプルコードでは第5章で解説したLangChain Expression Language (LCEL) と、OpenAIが提供するChatGPTのAPIを利用しながらLangGraphのコードを実行します。

 OpenAI APIキーの設定

　OpenAI APIを使用するためのAPIキーを設定します。APIキーの値はあらかじめGoogle Colabのシークレットに保存しておくと、次のコード例のようにuserdataを用いて取り出すことができます。

```python
import os
from google.colab import userdata

os.environ["OPENAI_API_KEY"] = userdata.get("OPENAI_API_KEY")
os.environ["LANGCHAIN_TRACING_V2"] = "true"
os.environ["LANGCHAIN_ENDPOINT"] = "https://api.smith.langchain.com"
os.environ["LANGCHAIN_API_KEY"] = userdata.get("LANGCHAIN_API_KEY")
os.environ["LANGCHAIN_PROJECT"] = "agent-book"
```

　LangSmithを使って実行結果を確認する場合は、ここでLANGCHAIN_TRACING_V2、LANGCHAIN_ENDPOINT、LANGCHAIN_API_KEY、LANGCHAIN_PROJECTの環境変数も設定しておきましょう。LangSmithを使用しない場合は、該当部をコメントアウトして進んでください。

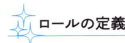

ロールの定義

今回作成するアプリケーションでは、回答を生成する前に、回答を担当するためのロールを選択する処理が入ります。ここではあらかじめ定義したロールをLLMに選択させるようにしたいと思います。

事前定義できる内容についてはLLMに生成させないようにしたほうが、生成にかかる金銭的コストやレスポンス速度の低下を抑えることができます。

```
ROLES = {
    "1": {
        "name": "一般知識エキスパート",
        "description": "幅広い分野の一般的な質問に答える",
        "details": "幅広い分野の一般的な質問に対して、正確でわかりやすい回答を提供してください。"
    },
    "2": {
        "name": "生成AI製品エキスパート",
        "description": "生成AIや関連製品、技術に関する専門的な質問に答える",
        "details": "生成AIや関連製品、技術に関する専門的な質問に対して、最新の情報と深い洞察を提供してください。"
    },
    "3": {
        "name": "カウンセラー",
        "description": "個人的な悩みや心理的な問題に対してサポートを提供する",
        "details": "個人的な悩みや心理的な問題に対して、共感的で支援的な回答を提供し、可能であれば適切なアドバイスも行ってください。"
    }
}
```

ステートの定義

アプリケーションのステートを表現するStateクラスを定義します。

```
import operator
from typing import Annotated

from langchain_core.pydantic_v1 import BaseModel, Field


class State(BaseModel):
    query: str = Field(
        ..., description="ユーザーからの質問"
    )
    current_role: str = Field(
        default="", description="選定された回答ロール"
```

9.3　ハンズオン：Q&Aアプリケーション

```
    )
    messages: Annotated[list[str], operator.add] = Field(
        default=[], description="回答履歴"
    )
    current_judge: bool = Field(
        default=False, description="品質チェックの結果"
    )
    judgement_reason: str = Field(
        default="", description="品質チェックの判定理由"
    )
```

Chat modelの初期化

　次にノードの実装をしていくにあたって、ノードの実装で利用するチャットモデルを初期化しておきます。本アプリケーションではOpenAIのgpt-4oモデルを利用します。

```
from langchain_openai import ChatOpenAI
from langchain_core.runnables import ConfigurableField

llm = ChatOpenAI(model="gpt-4o", temperature=0.0)
# 後からmax_tokensの値を変更できるように、変更可能なフィールドを宣言
llm = llm.configurable_fields(max_tokens=ConfigurableField(id='max_tokens'))
```

ノードの定義

　グラフの各ノードを関数として定義します。各ノードは現在のステートを受け取り、ステートの更新差分を辞書型で返します。

selectionノードの実装

　回答ロールの選定を行うselectionノードでは、各ロールに対応する番号のみをLLMに応答させるプロンプトを設定しています。LLMによる処理のあと、番号に対応するロール名をステートに設定します。

```
from typing import Any

from langchain_core.prompts import ChatPromptTemplate
from langchain_core.output_parsers import StrOutputParser

def selection_node(state: State) -> dict[str, Any]:
    query = state.query
    role_options = "\n".join([f"{k}. {v['name']}: {v['description']}" for k, v in
```

第 9 章　LangGraphで作るAIエージェント実践入門

```
ROLES.items()])
    prompt = ChatPromptTemplate.from_template(
"""質問を分析し、最も適切な回答担当ロールを選択してください。

選択肢:
{role_options}

回答は選択肢の番号（1、2、または3）のみを返してください。

質問: {query}
""".strip()
    )
    # 選択肢の番号のみを返すことを期待したいため、max_tokensの値を1に変更
    chain = prompt | llm.with_config(configurable=dict(max_tokens=1)) |
StrOutputParser()
    role_number = chain.invoke({"role_options": role_options, "query": query})

    selected_role = ROLES[role_number.strip()]["name"]
    return {"current_role": selected_role}
```

answeringノードの実装

　選定されたロールに基づいて回答を行うansweringノードでは、ロールに基づいた回答を提供するようにプロンプトを設定しています。LLMによる処理のあと、応答をmessagesリストに追加しています。

```
def answering_node(state: State) -> dict[str, Any]:
    query = state.query
    role = state.current_role
    role_details = "\n".join([f"- {v['name']}: {v['details']}" for v in ROLES.
values()])
    prompt = ChatPromptTemplate.from_template(
"""あなたは{role}として回答してください。以下の質問に対して、あなたの役割に基づいた適切な回答を提供してください。

役割の詳細:
{role_details}

質問: {query}

回答:""".strip()
    )
    chain = prompt | llm | StrOutputParser()
    answer = chain.invoke({"role": role, "role_details": role_details, "query":
query})
    return {"messages": [answer]}
```

254

checkノードの実装

最後に回答の品質をチェックするcheckノードでは、ユーザーの質問と回答の内容をもとに品質チェックを行うプロンプトを設定しています。Chat modelにwith_structured_outputを指定することで、生成結果の内容がJudgementモデルの内容として返却されるように指示しています。

```python
class Judgement(BaseModel):
    reason: str = Field(default="", description="判定理由")
    judge: bool = Field(default=False, description="判定結果")

def check_node(state: State) -> dict[str, Any]:
    query = state.query
    answer = state.messages[-1]
    prompt = ChatPromptTemplate.from_template(
"""以下の回答の品質をチェックし、問題がある場合は'False'、問題がない場合は'True'を回答してください。また、その判断理由も説明してください。

ユーザーからの質問: {query}
回答: {answer}
""".strip()
    )
    chain = prompt | llm.with_structured_output(Judgement)
    result: Judgement = chain.invoke({"query": query, "answer": answer})

    return {
        "current_judge": result.judge,
        "judgement_reason": result.reason
    }
```

グラフの作成

ノードの定義が完了したので、次はStateGraphクラスを使用してグラフのインスタンスを作成します。

```python
from langgraph.graph import StateGraph

workflow = StateGraph(State)
```

ノードの追加

add_node関数を使用してselectionノード、answeringノード、checkノードを追加します。それぞれの第1引数にはノード名を記載し、第2引数にはノードの定義で作成した関数をひもづけます。

```
workflow.add_node("selection", selection_node)
workflow.add_node("answering", answering_node)
workflow.add_node("check", check_node)
```

エッジの定義

ワークフローには出発点となるノードをエッジで指定する必要があります。出発点となるノードはset_entry_point関数で定義します。コードではselectionノードを指定しています。

```
# selectionノードから処理を開始
workflow.set_entry_point("selection")
```

次に、どのノード同士が接続されているかを定義する必要があります。add_edge関数によって行います。

```
# selectionノードからansweringノードへ
workflow.add_edge("selection", "answering")
# answeringノードからcheckノードへ
workflow.add_edge("answering", "check")
```

条件付きエッジの定義

条件分岐を含むエッジを定義する場合には、条件付きエッジを利用します。定義にはadd_conditional_edges関数を使用します。今回は品質チェックで真 (True) を返した場合のみ、処理を終了するように条件付けをしているため、第2引数でステートのcurrent_judgeの値によって条件分岐させます。current_judgeの値がTrueの場合は組み込みで終点ノードとして定義されているENDに遷移し、Falseの場合はselectionノードに遷移するよう、第3引数において辞書型で指定しています。

```
from langgraph.graph import END

# checkノードから次のノードへの遷移に条件付きエッジを定義
# state.current_judgeの値がTrueならENDノードへ、Falseならselectionノードへ
workflow.add_conditional_edges(
    "check",
    lambda state: state.current_judge,
    {True: END, False: "selection"}
)
```

グラフのコンパイル

グラフの定義が完了したら、compile関数を実行し、CompiledGraphクラスのインスタンスに変換します。

```
compiled = workflow.compile()
```

グラフの実行

それではさっそく処理を実行してみましょう。処理の引数には初期のステートを設定する必要があります。ここでは想定質問として「生成AIについて教えてください」というクエリを設定してみています。

```
initial_state = State(query="生成AIについて教えてください")
result = compiled.invoke(initial_state)
```

実行すると、次のように辞書型のオブジェクトが返ってきます。invoke関数で実行した場合は、最終ステートの情報が辞書型で返ります。内容を見てみると、生成AIに関する質問だったため、ロール選定で「生成AI製品エキスパート」が選択され、回答がmessagesに入り、品質チェックでも問題がないクオリティだと判断されていることがわかります。

```
{'query': '生成AIについて教えてください',
 'current_role': '生成AI製品エキスパート',
 'messages': [（※次項に掲載のため省略）],
 'current_judge': True,
 'judgement_reason': '回答は生成AIについての基本的な情報を網羅的に説明しており、具体的な技術例（GPT、GAN、WaveNet、DeepFake）や応用例（コンテンツ制作、クリエイティブアート、教育、医療）も適切に挙げられています。また、生成AIの利点だけでなく、倫理的な問題やプライバシーの懸念についても言及しており、バランスの取れた内容となっています。全体的に、ユーザーの質問に対して十分な情報を提供しているため、品質に問題はありません。'}
```

結果の表示

それでは回答の生成結果も見てみましょう。messagesリストの末尾を取得すると、最後の回答結果を取得することができます。

```
print(result["messages"][-1])
```

回答結果は次のとおりです。

生成AI（生成人工知能）についてご説明します。

生成AIとは、データから新しいコンテンツを生成する能力を持つ人工知能のことを指します。これには、テキスト、画像、音声、動画などの多様な形式のコンテンツが含まれます。生成AIの代表的な技術には、以下のようなものがあります。

1. **自然言語処理（NLP）**:
   - **GPT (Generative Pre-trained Transformer)**: OpenAIが開発したGPTシリーズは、テキスト生成において非常に高い性能を発揮します。これにより、文章の自動生成、翻訳、要約などが可能です。

2. **画像生成**:
   - **GAN (Generative Adversarial Networks)**: GANは、二つのニューラルネットワーク（生成ネットワークと識別ネットワーク）が競い合うことで、非常にリアルな画像を生成する技術です。これにより、写真のような画像やアート作品の生成が可能です。

3. **音声生成**:
   - **WaveNet**: Googleが開発したWaveNetは、非常に自然な音声を生成することができる技術です。これにより、音声アシスタントや自動音声応答システムの品質が向上しています。

4. **動画生成**:
   - **DeepFake**: これは、既存の映像に対して新しい顔や動きを合成する技術です。エンターテインメントや広告業界での応用が進んでいますが、倫理的な問題も提起されています。

生成AIの応用例としては、以下のようなものがあります。
- **コンテンツ制作**: 自動で記事やブログを生成する。
- **クリエイティブアート**: 新しい絵画や音楽を生成する。
- **教育**: 個別にカスタマイズされた学習教材を生成する。
- **医療**: 新しい薬の候補を生成する。

生成AIは非常に強力なツールですが、同時に倫理的な問題やプライバシーの懸念も伴います。例えば、偽情報の生成やプライバシー侵害のリスクがあるため、適切なガイドラインと規制が必要です。
このように、生成AIは多くの分野で革新をもたらしていますが、その利用には慎重なアプローチが求められます。

9.3 ハンズオン：Q&Aアプリケーション

> **COLUMN**
> **グラフ構造をビジュアライズして表示する**

複雑なグラフになればなるほど、コードだけで最終的なグラフの形を把握するのは難しくなります。そのためLangGraphには、グラフ構造をビジュアライズして表示するための機能が備わっています。

それではさっそく、ここまで作成してきたグラフ構造を画像としてレンダリングしてみましょう。Google Colabで画像データを出力するためにはセットアップが必要ですので、まずは次のコードを実行しましょう。

```
!apt-get install graphviz libgraphviz-dev pkg-config
!pip install pygraphviz
```

続けて次のコードを実行します。compile関数を実行して得られたCompiledGraphクラスのインスタンスのget_graph関数を利用することでグラフの構造情報を取得することができ、さらにdraw_png関数を呼び出すとグラフ構造をPNG画像として取得することができます。

```
from IPython.display import Image

Image(compiled.get_graph().draw_png())
```

図9.7 今回作成したグラフをビジュアライズした結果

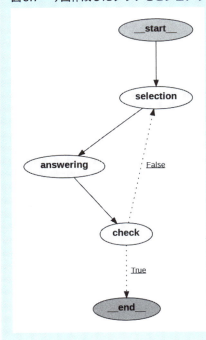

259

COLUMN

LangSmithによるトレース結果

　LangSmithを併用するとグラフ実行時に内部でどのような処理が行われているかをトレースすることができるため、非常に便利です。図9.8はLangSmithによるトレースを有効にした場合の実行結果です。

図9.8　LangSmith上で表示される実行結果の様子

　ハンズオンで構築したグラフは非常にシンプルなものでしたが、それでもトレース結果はそれなりに長くなります。また処理内容をチューニングするにあたって、何度もグラフ全体の実行を繰り返すのには、金銭的なコストもかかります。

　グラフ全体から見て、一部のプロンプトだけをチューニングすればよい場合は、LangSmithのPlaygroundで少しプロンプトの内容を変えて一部分だけ実行してみたりなどの工夫をすると、作業時間や金銭的コスト面で有利です。

9.4 チェックポイント機能： ステートの永続化と再開

LangGraphで用意されているチェックポイント機能とは、ワークフローの実行中に、特定の地点でのステートを「チェックポイント」として保存するためのメカニズムを指します。LangGraphでは、次の目的のために、チェックポイント機能が用意されています。

- ステートの永続化：ワークフローの実行状態を保存し、あとで同じステートから再開できる
- エラー回復：処理中にエラーが発生した場合、直前のチェックポイントから再開できる
- デバッグ：ワークフローの実行過程を追跡し、問題の原因を特定しやすくする

LangGraphを用いたアプリケーションでは、複雑なワークフローを構成すればするほど全体の実行時間が非常に長くなる可能性があり、処理途中のノードでエラー終了した際にワークフローすべてのデータが失われる状況は避けたいシーンがあります。チェックポイント機能を活用することで、そのようなデータの損失も避けることができます。

 ### チェックポイントのデータ構造

それではチェックポイントの情報は具体的にどのようにして保持されるのでしょうか。チェックポイントは図9.9のように、LangGraphの処理ステップが進むたびにCheckpointTupleというデータ構造で保存されます。

図9.9　チェックポイントのデータ構造

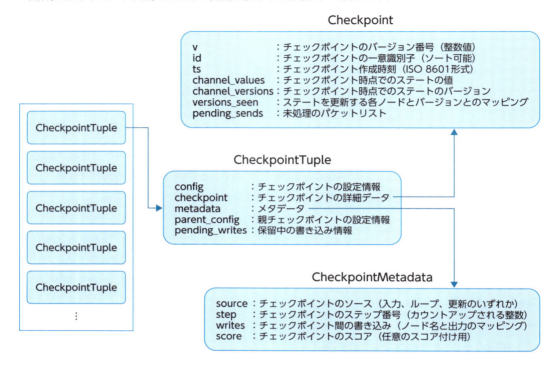

CheckpointTuple（表9.1）はステートの具体的な情報や、どのような順序で更新されたのかを示す情報としてCheckpoint（表9.2）とCheckpointMetadata（表9.3）を保持しています。チェックポイント機能ではこれらの情報をもとにステートの復元を行っています。

表9.1　CheckpointTupleのデータ構造

項目	型情報	説明
config	RunnableConfig	チェックポイントの設定情報
checkpoint	Checkpoint	チェックポイントの詳細データ
metadata	CheckpointMetadata	メタデータ（ソース、書き込み情報、ステップ数など）
parent_config	RunnableConfig	親チェックポイントの設定情報
pending_writes	List[Any]	保留中の書き込み情報

9.4　チェックポイント機能：ステートの永続化と再開

表9.2　Checkpointのデータ構造

項目	型情報	説明
v	int	チェックポイントのバージョン番号
id	str	チェックポイントの一意識別子（UUIDv6形式）
ts	str	チェックポイントが作成された時刻（ISO 8601形式）
channel_values	Dict[str, Any]	チェックポイント時点でのステートの値
channel_versions	ChannelVersions	チェックポイント時点でのステートのバージョン
versions_seen	Dict[str, ChannelVersions]	ステートを更新する各ノードとバージョンのマッピング
pending_sends	List[SendProtocol]	未処理のパケットリスト

表9.3　CheckpointMetadataのデータ構造

項目	型情報	説明
source	Literal["input", "loop", "update"]	チェックポイントのソース • "input"：invoke/stream/batchへの入力から作成されたチェックポイント • "loop"：内部処理のループ内で作成されたチェックポイント • "update"：手動のステート更新から作成されたチェックポイント
step	int	チェックポイントのステップ番号。最初の"input"チェックポイントは-1、最初の"loop"チェックポイントは0、そのあとのn番目のチェックポイントはnと、カウントアップされる
writes	dict[str, Any]	前のチェックポイントとこのチェックポイントの間に行われた書き込み。ノード名から、そのノードが出力した書き込みへのマッピング
score	Optional[int]	チェックポイントのスコア。チェックポイントに対して任意のスコア付けをするために利用できる

　これらのデータが具体的にどのように永続化されるかは、チェックポイントを実際に永続化するクラスの実装によって異なります。LangGraphでは組み込みのクラスとして次のチェックポインターが用意されています。利用する際はlanggraphパッケージとは別に、個別のパッケージをインストールする必要がある点に注意してください。

- MemorySaver
  - インメモリにチェックポイントの情報を保存するチェックポインター。チェックポイントの情報は永続化されず、プロセス終了時に消去される。動作確認用のチェックポインターとして使用することが推奨されている
  - langgraph-checkpointパッケージをインストールして使用する
- SqliteSaver
  - SQLiteデータベースにチェックポイントの情報を保存するチェックポインター。MemorySaverと異なり、チェックポイントの情報が永続化される。本番システムで利用することは推奨されていないが、小規模なシステム運用では十分に利用することが可能
  - langgraph-checkpoint-sqliteパッケージをインストールして使用する

- PostgresSaver
  - PostgresSQLデータベースにチェックポイントの情報を保存するチェックポインター。本番システムで利用する際には、この実装を利用することが推奨されている
  - Langgraph-checkpoint-postgresパッケージをインストールして使用する

それぞれ次のようにクラスをインポートして利用します。

```
# インメモリチェックポインター
# ※インポートの際は、事前に以下のコマンドを実行してください
# pip install langgraph-checkpoint
from langgraph.checkpoint.memory import MemorySaver

# SQLiteチェックポインター
# ※インポートの際は、事前に以下のコマンドを実行してください
# pip install langgraph-checkpoint-sqlite
from langgraph.checkpoint.sqlite import SqliteSaver

# PostgreSQLチェックポインター
# ※インポートの際は、事前に以下のコマンドを実行してください
# pip install langgraph-checkpoint-postgres
from langgraph.checkpoint.postgres import PostgresSaver
```

チェックポインターは必ずlanggraph-checkpointパッケージで提供されているBaseCheckpointSaverを継承しており、共通の関数を用いてCheckpointTupleの情報などを取得することができます。表9.4はチェックポインターから呼び出せる情報取得関数についてまとめたものです。

表9.4　チェックポイントの情報を参照するための関数

関数名	説明	パラメータ	戻り値
get	指定された設定を使用してCheckpointを取得する	config（RunnableConfig）：取得するCheckpointを指定する設定	Optional[Checkpoint]：要求されたCheckpoint。見つからない場合はNone
get_tuple	指定された設定を使用してCheckpointTupleを取得する	config（RunnableConfig）：取得するCheckpointを指定する設定	Optional[CheckpointTuple]：要求されたCheckpointTuple。見つからない場合はNone
list	指定された条件に一致するCheckpointをリストアップする	• config（Optional[RunnableConfig]）：Checkpointをフィルタリングするための基本設定 • filter（Optional[Dict[str, Any]]）：追加のフィルタリング条件 • before（Optional[RunnableConfig]）：この設定より前に作成されたCheckpointをリストアップ • limit（Optional[int]）：返却するCheckpointの最大数	• Iterator[CheckpointTuple]：一致するCheckpointTupleのイテレータ

ハンズオン：チェックポイントの動作を確認する

それではコードを実行しながら、チェックポイントの利用方法を確認しましょう。このハンズオンではMemorySaverを利用してチェックポイントの動作を確認します。

動作確認のためのコードの準備

これから紹介するコードはGoogle Colab上で実際に動作をさせて確認することができます。ぜひ手元で動かして確認をしてみてください。

- 事前セットアップ

まずは必要なライブラリをインストールします。

```
!pip install langchain==0.3.0 langchain-openai==0.2.0 langgraph==0.2.22
langgraph-checkpoint==1.0.11
```

次に、OpenAI APIを使用するためのAPIキーの設定を行います。LangSmithの設定は任意ですが、設定しておくとLangSmith上でもトレース結果を確認できるため、便利です。

```
import os
from google.colab import userdata

os.environ["OPENAI_API_KEY"] = userdata.get("OPENAI_API_KEY")
os.environ["LANGCHAIN_TRACING_V2"] = "true"
os.environ["LANGCHAIN_ENDPOINT"] = "https://api.smith.langchain.com"
os.environ["LANGCHAIN_API_KEY"] = userdata.get("LANGCHAIN_API_KEY")
os.environ["LANGCHAIN_PROJECT"] = "agent-book"
```

- グラフのステートとノード関数の定義

次に、グラフのステートとノード関数を定義します。

```
import operator
from typing import Annotated, Any
from langchain_core.messages import SystemMessage, HumanMessage, BaseMessage
from langchain_openai import ChatOpenAI
from pydantic import BaseModel, Field

# グラフのステートを定義
class State(BaseModel):
    query: str
    messages: Annotated[list[BaseMessage], operator.add] = Field(default=[])
```

第 9 章　LangGraphで作るAIエージェント実践入門

```python
# メッセージを追加するノード関数
def add_message(state: State) -> dict[str, Any]:
    additional_messages = []
    if not state.messages:
        additional_messages.append(
            SystemMessage(content="あなたは最小限の応答をする対話エージェントです。")
        )
    additional_messages.append(HumanMessage(content=state.query))
    return {"messages": additional_messages}

# LLMからの応答を追加するノード関数
def llm_response(state: State) -> dict[str, Any]:
    llm = ChatOpenAI(model="gpt-4o-mini", temperature=0.5)
    ai_message = llm.invoke(state.messages)
    return {"messages": [ai_message]}
```

ここではチェックポイントの動作を確認することが目的なので、OpenAI APIを利用した、簡単な対話エージェントを作成しています。

ステートには次のフィールドを定義しています。

- query：ユーザーの入力を受け付けるフィールド
- messages：ユーザーとOpenAI APIとの会話履歴を保存するフィールド

またノード関数として、次の関数を定義しています。

- add_message関数：受け取ったqueryをmessagesに追加する
- llm_response関数：messagesの内容をもとにOpenAI APIを呼び出し、結果をmessagesに追加する

● チェックポイントの内容を表示する関数を定義

次に、チェックポイントの内容を表示するための関数を定義します。

```python
from pprint import pprint
from langchain_core.runnables import RunnableConfig
from langgraph.checkpoint.base import BaseCheckpointSaver

def print_checkpoint_dump(checkpointer: BaseCheckpointSaver, config: RunnableConfig):
    checkpoint_tuple = checkpointer.get_tuple(config)

    print("チェックポイントデータ:")
    pprint(checkpoint_tuple.checkpoint)
    print("\nメタデータ:")
    pprint(checkpoint_tuple.metadata)
```

266

print_checkpoint_dump関数は、チェックポインターのインスタンスから最新のCheckpointTupleを取得し、CheckpointTupleで保持しているCheckpointの情報とCheckpointMetadataの情報を表示するために作成した関数です。この関数を通じてチェックポイントの情報がどのように変化していくかを観察します。

- **グラフの定義とコンパイル**
そしてグラフを定義し、コンパイルします。

```
from langgraph.graph import StateGraph, END
from langgraph.checkpoint.memory import MemorySaver

# グラフを設定
graph = StateGraph(State)
graph.add_node("add_message", add_message)
graph.add_node("llm_response", llm_response)

graph.set_entry_point("add_message")
graph.add_edge("add_message", "llm_response")
graph.add_edge("llm_response", END)

# チェックポインターを設定
checkpointer = MemorySaver()

# グラフをコンパイル
compiled_graph = graph.compile(checkpointer=checkpointer)
```

これまでのグラフ定義方法と違う点は、チェックポイントを保存するためのチェックポインターのインスタンスを作成し、グラフのコンパイル時のオプションとして渡している点です。MemorySaverを利用してチェックポイントの保存を行います。

実行して動作を確認する

それではグラフを実行し、チェックポイントの動作を確認してみましょう。

```
config = {"configurable": {"thread_id": "example-1"}}
user_query = State(query="私の好きなものはずんだ餅です。覚えておいてね。")
first_response = compiled_graph.invoke(user_query, config)
first_response
```

ここでグラフ実行時の第2引数に設定しているthread_idというオプションは、グラフ同士の実行セッションを区別するために設定しています。

たとえばAさんが実行したグラフのチェックポイントと、Bさんが実行したグラフのチェックポイントは、それぞれ別々に保持しておきたいため、これらのチェックポイントを区別するための識別

第 9 章　LangGraphで作るAIエージェント実践入門

子が必要です。この識別子の役割を果たすのがthread_idです。

実行するとfirst_responseには以下の値が入ります。

> 解説上不要なパラメータは省略したうえで「...」と記載している

```
{'query': '私の好きなものはずんだ餅です。覚えておいてね。',
 'messages': [SystemMessage(content='あなたは最小限の応答をする対話エージェントです。', ...),
 HumanMessage(content='私の好きなものはずんだ餅です。覚えておいてね。', ...),
 AIMessage(content='はい、ずんだ餅が好きなんですね。', ...)]}
```

ここでチェックポインターに対してlist関数を利用し、どのようにチェックポイントの情報が変化しているのかを見てみましょう。

```
for checkpoint in checkpointer.list(config):
    print(checkpoint)
```

Checkpointに含まれるchannel_valuesの値に着目すると、ステート情報の変化を観察することができます。

```
CheckpointTuple('channel_values': {'query': '私の好きなものはずんだ餅です。覚えておいてね。',
'messages': [SystemMessage(content='あなたは最小限の応答をする対話エージェントです。', ...),
HumanMessage(content='私の好きなものはずんだ餅です。覚えておいてね。', ...), AIMessage(content
='はい、ずんだ餅が好きなんですね。', ...)]}, ...)
CheckpointTuple('channel_values': {'query': '私の好きなものはずんだ餅です。覚えておいてね。',
'messages': [SystemMessage(content='あなたは最小限の応答をする対話エージェントです。', ...),
HumanMessage(content='私の好きなものはずんだ餅です。覚えておいてね。', ...)]}, ...)
CheckpointTuple('channel_values': {'query': '私の好きなものはずんだ餅です。覚えておいてね。',
'messages': []}, ...)
CheckpointTuple('channel_values': {'__start__': State(query='私の好きなものはずんだ餅です。
覚えておいてね。', messages=[])}, ...)
```

> 呼び出し時のステートが__start__キーに設定される

ここで次のコードを実行して、最新のチェックポイントの詳細データを取得してみます。

```
print_checkpoint_dump(checkpointer, config)
```

すると次のように詳細なチェックポイントデータを取得することができます。

```
チェックポイントデータ:
{'channel_values': {'llm_response': 'llm_response',
                    'messages': [SystemMessage(content='あなたは最小限の応答をする対話エー
ジェントです。', additional_kwargs={}, response_metadata={}),
                                HumanMessage(content='私の好きなものはずんだ餅です。覚えて
おいてね。', additional_kwargs={}, response_metadata={}),
                                AIMessage(content='了解しました。ずんだ餅が好きなんですね。
', additional_kwargs={'refusal': None}, response_metadata={'token_usage':
{'completion_tokens': 13, 'prompt_tokens': 48, 'total_tokens': 61, 'completion_
```

9.4 チェックポイント機能：ステートの永続化と再開

```
tokens_details': {'reasoning_tokens': 0}}, 'model_name': 'gpt-4o-mini-2024-07-18',
'system_fingerprint': 'fp_1bb46167f9', 'finish_reason': 'stop', 'logprobs': None},
id='run-4c4da053-5108-4410-a7f5-97990bc4455e-0', usage_metadata={'input_tokens': 48,
'output_tokens': 13, 'total_tokens': 61})],
                    'query': '私の好きなものはずんだ餅です。覚えておいてね。'},
 'channel_versions': {'__start__': '00000000000000000000000000000002.0.126407696475
27839',
                    'add_message': '00000000000000000000000000000004.0.3374111685
0393715',
                    'llm_response': '00000000000000000000000000000004.0.850623945
6282386',
                    'messages': '00000000000000000000000000000004.0.6270766789612
591',
                    'query': '00000000000000000000000000000002.0.832290026126958',
                    'start:add_message': '00000000000000000000000000000003.0.0805
191796104654'},
 'id': '1ef7affe-f918-67ec-8002-f2858b4d831c',
 'pending_sends': [],
 'ts': '2024-09-25T05:35:12.631572+00:00',
 'v': 1,
 'versions_seen': {'__input__': {},
                    '__start__': {'__start__': '0000000000000000000000000000001.0.0
9742386459346675'},
                    'add_message': {'start:add_message': '00000000000000000000000000
000002.0.5367212448709078'},
                    'llm_response': {'add_message': '00000000000000000000000000000000
3.0.9133097589667317'}}}

メタデータ：
{'parents': {},
 'source': 'loop',
 'step': 2,
 'writes': {'llm_response': {'messages': [AIMessage(content='了解しました。ずんだ餅が好き
なんですね。', additional_kwargs={'refusal': None}, response_metadata={'token_usage':
{'completion_tokens': 13, 'prompt_tokens': 48, 'total_tokens': 61, 'completion_
tokens_details': {'reasoning_tokens': 0}}, 'model_name': 'gpt-4o-mini-2024-07-18',
'system_fingerprint': 'fp_1bb46167f9', 'finish_reason': 'stop', 'logprobs': None},
id='run-4c4da053-5108-4410-a7f5-97990bc4455e-0', usage_metadata={'input_tokens': 48,
'output_tokens': 13, 'total_tokens': 61})]}}}}
```

それでは再度グラフを実行してみます。invoke関数の引数には、過去のやりとりの記憶を試す質
問を設定しています。グラフのステートが保存されており、過去の記憶をたどることができるので
あれば、この質問に答えられるはずです。

```
user_query = State(query="私の好物は何か覚えてる？")
second_response = compiled_graph.invoke(user_query, config)
second_response
```

第 **9** 章　LangGraphで作るAIエージェント実践入門

実行結果は次のとおりです。

```
{'query': '私の好物は何か覚えてる？',
 'messages': [SystemMessage(content='あなたは最小限の応答をする対話エージェントです。', ...),
  HumanMessage(content='私の好きなものはずんだ餅です。覚えておいてね。', ...),
  AIMessage(content='はい、ずんだ餅が好きなんですね。',...}, ...),
  HumanMessage(content='私の好物は何か覚えてる？', ...),
  AIMessage(content='はい、ずんだ餅です。', ...)]]}
```

実行結果より、ユーザーの好物について回答できていることがわかります。また、messagesフィールドに過去のやりとりが保存されていることも確認できます。

ここで再度list関数を実行し、Checkpointのchannel_valuesの内容を見てみましょう。

```
for checkpoint in checkpointer.list(config):
    print(checkpoint)
```

実行結果は次のとおりです。1回目実行時の実行履歴に追記する形で、2回目実行時の実行履歴も保存されていることがわかります。またinvokeの引数で設定しているステートによって、グラフで保持されているステートが更新されていることも、一連の出力結果を見ると理解できます。

最終的な回答が登録されているチェックポイント

ステートのqueryの値が、invokeの引数に指定したステートの値によって書き換えられている

```
CheckpointTuple(checkpoint={'channel_values': {'query': '私の好物は何か覚えてる？',
'messages': [SystemMessage(content='あなたは最小限の応答をする対話エージェントです。', ...),
HumanMessage(content='私の好きなものはずんだ餅です。覚えておいてね。', ...), AIMessage(content
='了解しました。ずんだ餅が好きなんですね。', ...), HumanMessage(content='私の好物は何か覚えてる？
', ...), AIMessage(content='はい、ずんだ餅が好きです。', ...)], ...}, ...}, ...)
CheckpointTuple(checkpoint={'channel_values': {'query': '私の好物は何か覚えてる？',
'messages': [SystemMessage(content='あなたは最小限の応答をする対話エージェントです。', ...),
HumanMessage(content='私の好きなものはずんだ餅です。覚えておいてね。', ...), AIMessage(content
='了解しました。ずんだ餅が好きなんですね。', ...), HumanMessage(content='私の好物は何か覚えてる？
', ...)], ...}, ...}, ...)
CheckpointTuple(checkpoint={'channel_values': {'query': '私の好物は何か覚えてる？',
'messages': [SystemMessage(content='あなたは最小限の応答をする対話エージェントです。', ...),
HumanMessage(content='私の好きなものはずんだ餅です。覚えておいてね。', ...), AIMessage(content
='了解しました。ずんだ餅が好きなんですね。', ...)]], ...}, ...}, ...)
CheckpointTuple(checkpoint={'channel_values': {'query': '私の好きなものはずんだ餅です。覚え
ておいてね。', 'messages': [SystemMessage(content='あなたは最小限の応答をする対話エージェントで
す。', ...), HumanMessage(content='私の好きなものはずんだ餅です。覚えておいてね。', ...),
AIMessage(content='了解しました。ずんだ餅が好きなんですね。', ...)], '__start__':
State(query='私の好物は何か覚えてる？', messages=[])}, ...}, ...) 2回目の呼び出し時の__start__キー
CheckpointTuple(checkpoint={'channel_values': {'query': '私の好きなものはずんだ餅です。覚え
ておいてね。', 'messages': [SystemMessage(content='あなたは最小限の応答をする対話エージェントで
す。', ...), HumanMessage(content='私の好きなものはずんだ餅です。覚えておいてね。', ...),
AIMessage(content='了解しました。ずんだ餅が好きなんですね。', ...)], }, ...}, ...)
CheckpointTuple(checkpoint={'channel_values': {'query': '私の好きなものはずんだ餅です。覚え
```

9.4 チェックポイント機能：ステートの永続化と再開

```
ておいてね。', 'messages': [SystemMessage(content='あなたは最小限の応答をする対話エージェントで
す。', ...), HumanMessage(content='私の好きなものはずんだ餅です。覚えておいてね。', ...)],
...}, ...}, ...)
CheckpointTuple(checkpoint={'channel_values': {'query': '私の好きなものはずんだ餅です。覚え
ておいてね。', 'messages': [], ...}, ...)
CheckpointTuple(checkpoint={'channel_values': {'__start__': State(query='私の好きなもの
はずんだ餅です。覚えておいてね。', messages=[])}, ...}, ...)
```
└──── 1回目の呼び出し時の__start__キー

ここでもう一度チェックポイントの詳細データを取得してみると、次の結果が返ってきます。

```
チェックポイントデータ:
{'channel_values': {'llm_response': 'llm_response',
                    'messages': [SystemMessage(content='あなたは最小限の応答をする対話エー
ジェントです。', additional_kwargs={}, response_metadata={}),
                                HumanMessage(content='私の好きなものはずんだ餅です。覚えて
おいてね。', additional_kwargs={}, response_metadata={}),
                                AIMessage(content='了解しました。ずんだ餅が好きなんですね。
', additional_kwargs={'refusal': None}, response_metadata={'token_usage':
{'completion_tokens': 13, 'prompt_tokens': 48, 'total_tokens': 61, 'completion_
tokens_details': {'reasoning_tokens': 0}}, 'model_name': 'gpt-4o-mini-2024-07-18',
'system_fingerprint': 'fp_1bb46167f9', 'finish_reason': 'stop', 'logprobs': None},
id='run-4c4da053-5108-4410-a7f5-97990bc4455e-0', usage_metadata={'input_tokens': 48,
'output_tokens': 13, 'total_tokens': 61}),
                                HumanMessage(content='私の好物は何か覚えてる？',
additional_kwargs={}, response_metadata={}),
                                AIMessage(content='はい、ずんだ餅が好きです。',
additional_kwargs={'refusal': None}, response_metadata={'token_usage': {'completion_
tokens': 11, 'prompt_tokens': 80, 'total_tokens': 91, 'completion_tokens_details':
{'reasoning_tokens': 0}}, 'model_name': 'gpt-4o-mini-2024-07-18', 'system_
fingerprint': 'fp_1bb46167f9', 'finish_reason': 'stop', 'logprobs': None}, id='run-
65f5284c-83fa-498a-b6f7-9c389410a7a8-0', usage_metadata={'input_tokens': 80,
'output_tokens': 11, 'total_tokens': 91})],
                    'query': '私の好物は何か覚えてる？'},
 'channel_versions': {'__start__': '00000000000000000000000000000006.0.198924184707
5771',
                      'add_message': '00000000000000000000000000000008.0.5401351281
822978',
                      'llm_response': '00000000000000000000000000000008.0.618718861
5357937',
                      'messages': '00000000000000000000000000000008.0.0590168896503
12154',
                      'query': '00000000000000000000000000000006.0.0622330966268408
45',
                      'start:add_message': '00000000000000000000000000000007.0.8302
50063420061'},
 'id': '1ef7b016-a773-657b-8006-aad28cb862dc',
 'pending_sends': [],
 'ts': '2024-09-25T05:45:48.315552+00:00',
 'v': 1,
```

```
 'versions_seen': {'__input__': {},
                   '__start__': {'__start__': '0000000000000000000000000000005.0.8
949190697567558'},
                   'add_message': {'start:add_message': '00000000000000000000000000000
000006.0.24502231988044187'},
                   'llm_response': {'add_message': '0000000000000000000000000000000000
7.0.13310086276747768'}}}

メタデータ:
{'parents': {},
 'source': 'loop',
 'step': 6,
 'writes': {'llm_response': {'messages': [AIMessage(content='はい、ずんだ餅が好きです。',
additional_kwargs={'refusal': None}, response_metadata={'token_usage': {'completion_
tokens': 11, 'prompt_tokens': 80, 'total_tokens': 91, 'completion_tokens_details':
{'reasoning_tokens': 0}}, 'model_name': 'gpt-4o-mini-2024-07-18', 'system_
fingerprint': 'fp_1bb46167f9', 'finish_reason': 'stop', 'logprobs': None}, id='run-
65f5284c-83fa-498a-b6f7-9c389410a7a8-0', usage_metadata={'input_tokens': 80,
'output_tokens': 11, 'total_tokens': 91})]}}}
```

channel_valuesだけでなく、その他の値も更新されていることがわかります。このように、チェックポイント機能を使うことで、ステートの永続化が可能になります。

最後に、thread_idを変えて実行した場合を確認しましょう。

```
config = {"configurable": {"thread_id": "example-2"}}
user_query = State(query="私の好物は何?")
other_thread_response = compiled_graph.invoke(user_query, config)
other_thread_response
```

実行結果は次のとおりです。

```
{'query': '私の好物は何?',
 'messages': [SystemMessage(content='あなたは最小限の応答をする対話エージェントです。', ...),
  HumanMessage(content='私の好物は何?', ...),
  AIMessage(content='わかりません。あなたの好物は何ですか?', ...)]}
```

thread_idごとにステートが保存されているため、example-1の会話履歴は読み込まれていないことがわかります。

9.5 まとめ

　本章ではLangGraphライブラリの利用方法の解説からスタートし、ハンズオンとして簡単なQ&Aアプリケーションを作成しました。

　LangGraphの理解で最も難しい部分が、グラフ構造を基礎としたプログラミングスタイルにあると言われます。開発したいプログラムの要件を、グラフ構造で表されるワークフローとして表現することが、難しいのです。

　しかし本章のハンズオンのように、まずプログラム内でどのようなステートが管理されるべきなのか、そのステートを更新するノードとしてどのようなものがあるのか、順を追って考えていくことで、動くアプリケーションを作り上げることができます。

　ぜひ実際に手を動かして、体験してください。

第 **10** 章

要件定義書
生成 AI エージェントの開発

本章では第 9 章で学んだ LangGraph の基本的な知識を活用して、少し複雑な LangGraph のプログラムに挑戦します。

LangGraph を用いたワークフローでは、複数のチェーンを連携させるような実装をすることがほとんどなので、気を抜くと複雑な構成になりがちです。そのため、チェーンごとに動作確認できる形になっていなかったり、チェーンを実行するためのインターフェースが統一されていなかったりすると、ソースコードの可読性やメンテナンス性が損なわれやすくなってしまいます。

今回作成する「要件定義書生成 AI エージェント」では、保守性の高い設計になることを目指してさまざまな工夫を取り入れています。ぜひ、実際に自分のプログラムを作成する際の参考にしてください。

西見公宏

10.1 要件定義書生成AIエージェントの概要

　本章で作成するプログラムは、「要件定義書生成AIエージェント」です。一般的に、ソフトウェアを開発する際には「何を作るのか？」を事前に整理します。これを要件定義と呼びます。要件定義の結果は「要件定義書」として整理されます。本章で作成するプログラムでは、AIエージェントのしくみを利用して、この「要件定義書」を自動生成することを目的としています。

要件定義とは何か

　このプロセスをAIエージェントのしくみを利用して実装する前に、もう少し要件定義のプロセスを詳細に見てみましょう。
　独立行政法人情報処理推進機構（IPA）が提供している「ユーザのための要件定義ガイド 第2版 要件定義を成功に導く128の勘どころ」[注1]では、「要求」を「ニーズとそれに付随する制約・条件とを変換した又は表現する文（JIS X 0166）」と定義しており、「要件」を「要求を文章化、仕様化し、ステークホルダーと合意したもの」と定義しています。
　ここで、ステークホルダーとは、開発するソフトウェアによって、何らかの影響を受ける、または影響を与える可能性のある個人や組織を意味します。たとえばソフトウェアのユーザー、発注者、開発チーム、連携システムの開発者（または運用している企業）といった人々や組織がステークホルダーとなり得ます。
　また、要求の定義に含まれるニーズは、このようなステークホルダーのニーズと考えられるため、要件定義はステークホルダーのニーズを文章化、仕様化し、ステークホルダーと合意するプロセスだと考えることができます。要件定義の成果物が「要件定義書」になります。
　このプロセスを単純化すると、図10.1のようになります。

図10.1　要件定義のプロセス

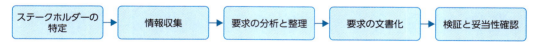

注1　https://www.ipa.go.jp/archive/publish/tn20191220.html

まず、開発するソフトウェアはステークホルダーのニーズを扱うものなので、そのステークホルダーとは誰なのかを特定する必要があります。

その次に、特定したステークホルダーのニーズを確認するために、ステークホルダーの持つニーズについて情報収集します。

十分な情報収集が終わったあとは、得られた要求の分析と整理を行い、文章化します。最後に文章化した内容を検証し、妥当性を確認することで要件定義のプロセスが完了します。

先行研究のアプローチを参考にする

このような要件定義のプロセスを踏まえ、このプロセスをAIエージェントとして実装するためには、どのようにアプローチするべきでしょうか。

参考になる論文として、第8章8.4節の「マルチエージェントの定義」でも触れられていた論文「Elicitron: An LLM Agent-Based Simulation Framework for Design Requirements Elicitation」（以下、Elicitron）[注2]があります。

Elicitronのアプローチでは、要件定義のプロセスにおける「ステークホルダーの特定」の代わりに、ステークホルダーになり得る人々を推論し、ペルソナとして定義します。ペルソナとは、マーケティング用語で「自社の製品やサービスを利用する典型的な顧客像を具体的に描いた架空の人物像」を意味し、ラテン語で「仮面」を意味する「persona」に由来します。

そうして定義されたペルソナ像をLLMに入力し、対話エージェントを作成します。この対話エージェントにインタビューすることで、要件定義のプロセスにおける「情報収集」を実現します。Elicitronでは20人の対話エージェント[注3]を生成し、それぞれの対話エージェントに対してインタビューを行っています。インタビューが終わったあとは、インタビュー結果をとりまとめ、成果物としてレポートを生成します。

ここまでの内容を踏まえ、要件定義のプロセスと、Elicitronで行っているプロセスを並べたのが図10.2です。Elicitronのアプローチでは要件定義のプロセスにおける「検証と妥当性確認」までは含まれていませんが、アプローチを参考にすることで「要求の文書化」、つまり要件定義書の生成まで実現することができそうです。

注2　Ataei et al. (2024)「Elicitron: An LLM Agent-Based Simulation Framework for Design Requirements Elicitation」https://arxiv.org/abs/2404.16045

注3　20人というエージェント数の採用根拠は論文中で明示的に述べられていませんが、論文中では「We set up three conditions to test the effectiveness of Elicitron. Each condition generated 20 user agents, the same number of people interviewed in [6].」と記載されています。この[6]は、Elicitronと類似のアプローチを人間に対して行ったLin & Seepersad (2007) の論文「Empathic lead users: The effects of extraordinary user experiences on customer needs analysis and product redesign」を指します。したがって、Elicitronの研究結果をこの先行研究と直接比較するために、同じ20人という数を採用したのだと考えられます。

図10.2　要件定義のプロセスと、Elicitronのプロセスの比較

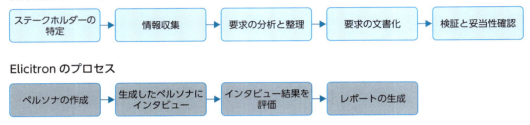

LangGraphのワークフローとして設計する

それではElicitronのプロセスをLangGraphのワークフローとして設計してみましょう。本章では、Elicitronのアプローチをそのまま採用するのではなく、サンプルプログラムとしてかなり単純化したものを実装していこうと思います。このような考え方で、LangGraphのフロー図として起こしたものが図10.3です。

図10.3　要件定義書生成AIエージェントのフロー図

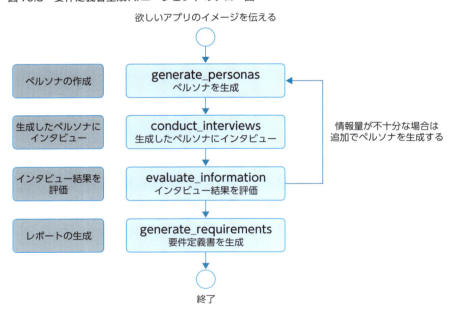

図10.3における各ノードは、Elicitronにおける各プロセスに対応するように設計しています。

Elicitronと異なる点として、「ペルソナの作成」プロセスにおいて、Elicitronでは20名のペルソナを作成しています。しかし、同じ数のペルソナを作成し、それぞれに対してインタビューを行うのは、API使用量が多くなり、金銭的コストがかかります。そのため、今回の実装では、まず5名分のペルソナを作成することにしました。

ただし、5名だけでは、要件定義のプロセスにおける「情報収集」プロセスとして、十分な要求を網羅できない可能性があります。そこで、今回は次のような対策を取りました。

1. まず5名のペルソナに対してインタビューを行う
2. インタビュー結果を評価し、情報が足りないと判断した場合
   a. 追加で5名分のペルソナを作成する
   b. 新しく生成したペルソナに対して追加インタビューを行う
   c. 2に戻り、インタビュー結果の十分性を再評価する

評価のプロセスを加えることによって、LangGraphによる循環型のフローの設計も体験できるようにしています。それでは具体的に、どのように実装を進めていけばよいかを見ていきましょう。

10.2 環境設定

本章のサンプルコードはGoogle Colab上で動作するように作成しています。Google Colabにて動作確認をされたい方は、次の手順に従って環境設定を行ってください。

1. リポジトリのクローン

```
!git clone https://github.com/GenerativeAgents/agent-book.git
```

2. ディレクトリへの移動

```
%cd agent-book
%cd chapter10
```

3. 必要なライブラリのインストール

```
!pip install langchain-core==0.3.0 langchain-openai==0.2.0 langgraph==0.2.22
python-dotenv==1.0.1
```

4. 環境変数のセットアップ

```
import os
from google.colab import userdata

os.environ["OPENAI_API_KEY"] = userdata.get("OPENAI_API_KEY")
os.environ["LANGCHAIN_TRACING_V2"] = "true"
os.environ["LANGCHAIN_ENDPOINT"] = "https://api.smith.langchain.com"
os.environ["LANGCHAIN_API_KEY"] = userdata.get("LANGCHAIN_API_KEY")
os.environ["LANGCHAIN_PROJECT"] = "agent-book"
```

5. プログラムの実行
ステップ4までの設定が完了したあとは、次のコマンドで要件定義生成AIエージェントを実行することができます。

```
!python -m documentation_agent.main --task "作成したい要件定義書のテーマ"
```

10.3 データ構造の定義

プログラム内で使用するデータモデルはPydanticを使用して定義しています。

Pydanticを用いることで各フィールドの型が明確に定義され、誤った型のデータが代入されるのを防ぐのとともに、LangChainのwith_structured_output関数と併用することで、任意の型に合ったデータをLLMに生成させることが可能になります。

with_structured_outputで正しくデータを生成するためには、各フィールドへの説明が適切に設定されている必要があります。可読性の面でも、生成の安定性の面でも、型が明確であることと説明が適切であることは有用です。

各データモデルのコードは次のとおりです。

```
# ペルソナを表すデータモデル
class Persona(BaseModel):
    name: str = Field(..., description="ペルソナの名前")
```

10.3 データ構造の定義

```python
    background: str = Field(..., description="ペルソナの持つ背景")


# ペルソナのリストを表すデータモデル
class Personas(BaseModel):
    personas: list[Persona] = Field(
        default_factory=list, description="ペルソナのリスト"
    )


# インタビュー内容を表すデータモデル
class Interview(BaseModel):
    persona: Persona = Field(..., description="インタビュー対象のペルソナ")
    question: str = Field(..., description="インタビューでの質問")
    answer: str = Field(..., description="インタビューでの回答")


# インタビュー結果のリストを表すデータモデル
class InterviewResult(BaseModel):
    interviews: list[Interview] = Field(
        default_factory=list, description="インタビュー結果のリスト"
    )


# 評価の結果を表すデータモデル
class EvaluationResult(BaseModel):
    reason: str = Field(..., description="判断の理由")
    is_sufficient: bool = Field(..., description="情報が十分かどうか")
```

　また、ステートの型は次のように定義しています。personasとinterviewsフィールドはノードによってデータが追加されていく項目になるため、Annotatedとoperator.addを用いて定義しています。

```python
# 要件定義生成AIエージェントのステート
class InterviewState(BaseModel):
    user_request: str = Field(..., description="ユーザーからのリクエスト")
    personas: Annotated[list[Persona], operator.add] = Field(
        default_factory=list, description="生成されたペルソナのリスト"
    )
    interviews: Annotated[list[Interview], operator.add] = Field(
        default_factory=list, description="実施されたインタビューのリスト"
    )
    requirements_doc: str = Field(default="", description="生成された要件定義")
    iteration: int = Field(
        default=0, description="ペルソナ生成とインタビューの反復回数"
    )
    is_information_sufficient: bool = Field(
        default=False, description="情報が十分かどうか"
    )
```

10.4 主要コンポーネントの実装

処理ごとに単体での動作を確認できるように、主要なコンポーネントはすべてクラスの形で実装しています。主要なクラスは次のとおりです。

- PersonaGenerator：ペルソナを生成する
- InterviewConductor：ペルソナにインタビューを実施する
- InformationEvaluator：収集した情報の十分性を評価する
- RequirementsDocumentGenerator：要件定義書を生成する

それではそれぞれのクラスの実装を見ていきましょう。

PersonaGenerator

PersonaGeneratorクラスは、ユーザーの要求に基づいて多様なペルソナを生成します。生成するペルソナの人数はkパラメータによって制御できるようにしています。

```python
class PersonaGenerator:
    def __init__(self, llm: ChatOpenAI, k: int = 5):
        self.llm = llm.with_structured_output(Personas)
        self.k = k

    def run(self, user_request: str) -> Personas:
        # プロンプトテンプレートを定義
        prompt = ChatPromptTemplate.from_messages(
            [
                (
                    "system",
                    "あなたはユーザーインタビュー用の多様なペルソナを作成する専門家です。",
                ),
                (
                    "human",
                    f"以下のユーザーリクエストに関するインタビュー用に、{self.k}人の多様なペルソナを生成してください。\n\n"
                    "ユーザーリクエスト: {user_request}\n\n"
                    "各ペルソナには名前と簡単な背景を含めてください。年齢、性別、職業、技術的専門知識において多様性を確保してください。",
```

```
            ),
        ]
    )
    # ペルソナ生成のためのチェーンを作成
    chain = prompt | self.llm
    # ペルソナを生成
    return chain.invoke({"user_request": user_request})
```

InterviewConductor

InterviewConductorクラスは、生成されたペルソナに対してインタビューを実施します。

- _generate_questions関数：各ペルソナに対する質問を生成する
- _generate_anwers関数：各質問に対する回答を生成する
- _create_interviews関数：ペルソナ、質問、回答を組み合わせてInterviewオブジェクトを作成する
- run関数：上記3つのステップを順番に実行し、最終的なインタビュー結果を返す

_generate_questions関数と_generate_answers関数では、処理を効率化するためにbatch関数を用い、複数のペルソナに対する質問生成や回答生成を同時に行っています。本書の執筆時点（2024年8月時点）では、batch関数は入力リストに対して、出力リストの順序も保証される実装になっていますが、ドキュメントに明記されているわけではないため、実装の際は注意してください。

```
class InterviewConductor:
    def __init__(self, llm: ChatOpenAI):
        self.llm = llm

    def run(self, user_request: str, personas: list[Persona]) -> InterviewResult:
        # 質問を生成
        questions = self._generate_questions(
            user_request=user_request, personas=personas
        )
        # 回答を生成
        answers = self._generate_answers(personas=personas, questions=questions)
        # 質問と回答の組み合わせからインタビューリストを作成
        interviews = self._create_interviews(
            personas=personas, questions=questions, answers=answers
        )
        # インタビュー結果を返す
        return InterviewResult(interviews=interviews)
```

第 10 章 要件定義書生成 AI エージェントの開発

```python
def _generate_questions(
    self, user_request: str, personas: list[Persona]
) -> list[str]:
    # 質問生成のためのプロンプトを定義
    question_prompt = ChatPromptTemplate.from_messages(
        [
            (
                "system",
                "あなたはユーザー要件に基づいて適切な質問を生成する専門家です。",
            ),
            (
                "human",
                "以下のペルソナに関連するユーザーリクエストについて、1つの質問を生成してください。"
"\n\n"
                "ユーザーリクエスト: {user_request}\n"
                "ペルソナ: {persona_name} - {persona_background}\n\n"
                "質問は具体的で、このペルソナの視点から重要な情報を引き出すように設計してください。"
",
            ),
        ]
    )
    # 質問生成のためのチェーンを作成
    question_chain = question_prompt | self.llm | StrOutputParser()

    # 各ペルソナに対する質問クエリを作成
    question_queries = [
        {
            "user_request": user_request,
            "persona_name": persona.name,
            "persona_background": persona.background,
        }
        for persona in personas
    ]
    # 質問をバッチ処理で生成
    return question_chain.batch(question_queries)

def _generate_answers(
    self, personas: list[Persona], questions: list[str]
) -> list[str]:
    # 回答生成のためのプロンプトを定義
    answer_prompt = ChatPromptTemplate.from_messages(
        [
            (
                "system",
                "あなたは以下のペルソナとして回答しています: {persona_name} - {persona_background}",
            ),
            ("human", "質問: {question}"),
        ]
```

```
        )
        # 回答生成のためのチェーンを作成
        answer_chain = answer_prompt | self.llm | StrOutputParser()

        # 各ペルソナに対する回答クエリを作成
        answer_queries = [
            {
                "persona_name": persona.name,
                "persona_background": persona.background,
                "question": question,
            }
            for persona, question in zip(personas, questions)
        ]
        # 回答をバッチ処理で生成
        return answer_chain.batch(answer_queries)

    def _create_interviews(
        self, personas: list[Persona], questions: list[str], answers: list[str]
    ) -> list[Interview]:
        # ペルソナごとに質問と回答の組み合わせからインタビューオブジェクトを作成
        return [
            Interview(persona=persona, question=question, answer=answer)
            for persona, question, answer in zip(personas, questions, answers)
        ]
```

InformationEvaluator

InformationEvaluatorクラスは、収集した情報が要件定義書を生成するために十分かどうかを評価します。

```
class InformationEvaluator:
    def __init__(self, llm: ChatOpenAI):
        self.llm = llm.with_structured_output(EvaluationResult)

    # ユーザーリクエストとインタビュー結果をもとに情報の十分性を評価
    def run(self, user_request: str, interviews: list[Interview]) ->
EvaluationResult:
        # プロンプトを定義
        prompt = ChatPromptTemplate.from_messages(
            [
                (
                    "system",
                    "あなたは包括的な要件文書を作成するための情報の十分性を評価する専門家です。",
                ),
                (
                    "human",
```

第10章　要件定義書生成AIエージェントの開発

```
                    "以下のユーザーリクエストとインタビュー結果に基づいて、包括的な要件文書を作成する
のに十分な情報が集まったかどうかを判断してください。\n\n"
                    "ユーザーリクエスト: {user_request}\n\n"
                    "インタビュー結果:\n{interview_results}",
                ),
            ]
        )
        # 情報の十分性を評価するチェーンを作成
        chain = prompt | self.llm
        # 評価結果を返す
        return chain.invoke(
            {
                "user_request": user_request,
                "interview_results": "\n".join(
                    f"ペルソナ: {i.persona.name} - {i.persona.background}\n"
                    f"質問: {i.question}\n回答: {i.answer}\n"
                    for i in interviews
                ),
            }
        )
```

RequirementsDocumentGenerator

　RequirementsDocumentGeneratorクラスは、ユーザー要求とインタビュー結果に基づいて最終的な要件定義書を生成します。

```
class RequirementsDocumentGenerator:
    def __init__(self, llm: ChatOpenAI):
        self.llm = llm

    def run(self, user_request: str, interviews: list[Interview]) -> str:
        # プロンプトを定義
        prompt = ChatPromptTemplate.from_messages(
            [
                (
                    "system",
                    "あなたは収集した情報に基づいて要件文書を作成する専門家です。",
                ),
                (
                    "human",
                    "以下のユーザーリクエストと複数のペルソナからのインタビュー結果に基づいて、要件文
書を作成してください。\n\n"
                    "ユーザーリクエスト: {user_request}\n\n"
                    "インタビュー結果:\n{interview_results}\n"
                    "要件文書には以下のセクションを含めてください:\n"
                    "1. プロジェクト概要\n"
```

```
            "2．主要機能\n"
            "3．非機能要件\n"
            "4．制約条件\n"
            "5．ターゲットユーザー\n"
            "6．優先順位\n"
            "7．リスクと軽減策\n\n"
            "出力は必ず日本語でお願いします。\n\n要件文書:",
        ),
    ]
)
# 要件定義書を生成するチェーンを作成
chain = prompt | self.llm | StrOutputParser()
# 要件定義書を生成
return chain.invoke(
    {
        "user_request": user_request,
        "interview_results": "\n".join(
            f"ペルソナ: {i.persona.name} - {i.persona.background}\n"
            f"質問: {i.question}\n回答: {i.answer}\n"
            for i in interviews
        ),
    }
)
```

10.5 ワークフロー構築

　これまでのすべてのコンポーネントをつなぎ合わせて、全体のワークフローを管理するのが DocumentationAgent クラスです。

　このクラスは次の構造を取っています。

- クラスの初期化時に主要コンポーネントであるPersonaGenerator、InterviewConductor、InformationEvaluator、RequirementsDocumentGeneratorのインスタンスを作成する
- _create_graph関数で、LangGraphを用いたワークフローを定義する。ペルソナ生成、インタビュー実施、評価、要件定義書生成の各ステップをノードとして定義し、ノード間の遷移をエッジ、条件付きエッジで定義している

第10章 要件定義書生成AIエージェントの開発

- ノードの実装は各ステップに対応する関数（_generate_personas、_conduct_interviews、_evaluate_information、_generate_requirements）に実装している。これらの関数は対応するステートからコンポーネントに情報を渡し、コンポーネントから受け取った情報をもとにステートを更新する責務を持つ
- エージェントの実行はrun関数で行う

```python
class DocumentationAgent:
    def __init__(self, llm: ChatOpenAI, k: Optional[int] = None):
        # 各種ジェネレータの初期化
        self.persona_generator = PersonaGenerator(llm=llm, k=k)
        self.interview_conductor = InterviewConductor(llm=llm)
        self.information_evaluator = InformationEvaluator(llm=llm)
        self.requirements_generator = RequirementsDocumentGenerator(llm=llm)

        # グラフの作成
        self.graph = self._create_graph()

    def _create_graph(self) -> StateGraph:
        # グラフの初期化
        workflow = StateGraph(InterviewState)

        # 各ノードの追加
        workflow.add_node("generate_personas", self._generate_personas)
        workflow.add_node("conduct_interviews", self._conduct_interviews)
        workflow.add_node("evaluate_information", self._evaluate_information)
        workflow.add_node("generate_requirements", self._generate_requirements)

        # エントリーポイントの設定
        workflow.set_entry_point("generate_personas")

        # ノード間のエッジの追加
        workflow.add_edge("generate_personas", "conduct_interviews")
        workflow.add_edge("conduct_interviews", "evaluate_information")

        # 条件付きエッジの追加
        workflow.add_conditional_edges(
            "evaluate_information",
            lambda state: not state.is_information_sufficient and state.iteration <
5,
            {True: "generate_personas", False: "generate_requirements"},
        )
        workflow.add_edge("generate_requirements", END)

        # グラフのコンパイル
        return workflow.compile()
```

```python
    def _generate_personas(self, state: InterviewState) -> dict[str, Any]:
        # ペルソナの生成
        new_personas: Personas = self.persona_generator.run(state.user_request)
        return {
            "personas": new_personas.personas,
            "iteration": state.iteration + 1,
        }

    def _conduct_interviews(self, state: InterviewState) -> dict[str, Any]:
        # インタビューの実施
        new_interviews: InterviewResult = self.interview_conductor.run(
            state.user_request, state.personas[-5:]
        )
        return {"interviews": new_interviews.interviews}

    def _evaluate_information(self, state: InterviewState) -> dict[str, Any]:
        # 情報の評価
        evaluation_result: EvaluationResult = self.information_evaluator.run(
            state.user_request, state.interviews
        )
        return {
            "is_information_sufficient": evaluation_result.is_sufficient,
            "evaluation_reason": evaluation_result.reason,
        }

    def _generate_requirements(self, state: InterviewState) -> dict[str, Any]:
        # 要件定義書の生成
        requirements_doc: str = self.requirements_generator.run(
            state.user_request, state.interviews
        )
        return {"requirements_doc": requirements_doc}

    def run(self, user_request: str) -> str:
        # 初期状態の設定
        initial_state = InterviewState(user_request=user_request)
        # グラフの実行
        final_state = self.graph.invoke(initial_state)
        # 最終的な要件定義書の取得
        return final_state["requirements_doc"]
```

10.6 エージェントの実行と結果の確認

すでに本章の環境設定が完了している方は、Google Colab 上で次のコマンドを実行するとプログラムを起動できます。

```
!python -m documentation_agent.main --task "スマートフォン向けの健康管理アプリを開発したい" --k 5
```

実行すると、Google Colab 上の標準出力で次の生成結果を得ることができます。

```
# 健康管理アプリ要件文書

## 1. プロジェクト概要
本プロジェクトは、スマートフォン向けの健康管理アプリを開発することを目的としています。ユーザーが日常生活の中で健康を維持・向上させるために必要な機能を提供し、ストレス管理、運動、食事、睡眠などの健康データを一元管理できるアプリを目指します。

## 2. 主要機能
### 2.1 ストレスレベルのモニタリング
- 心拍数や睡眠パターンを分析し、ストレスレベルをリアルタイムでモニタリング。
- ストレスが高まっている時期を通知。

### 2.2 リマインダー機能
- 定期的な休憩、水分補給、ストレッチのタイミングを通知。
- 運動や健康目標の達成をリマインド。

### 2.3 リラクゼーションエクササイズ
- 短時間でできる呼吸法、瞑想、ストレッチのガイドを提供。

### 2.4 睡眠トラッキング
- 睡眠の質をモニタリングし、改善のためのアドバイスを提供。
- 睡眠サイクルに基づいたスマートアラーム機能。

### 2.5 食事と運動の記録
- 食事のカロリーや栄養素のバランスを自動計算。
- 運動の種類、時間、消費カロリーを記録。
- 食事の写真記録機能。

### 2.6 健康アドバイス
- 個々のデータに基づいた健康維持のためのアドバイスや目標設定をサポート。

### 2.7 コミュニティ機能
- 同じ目標を持つユーザー同士で情報交換や励まし合いができる機能。
```

2.8 ダッシュボード
- 運動、食事、睡眠、ストレスなどのデータを一元管理し、視覚的に確認できるダッシュボード。

2.9 歩数計
- 日々の歩数を記録し、目標歩数を設定・達成通知。

2.10 水分摂取記録
- 一日の水分摂取量を記録し、リマインダー機能。

2.11 簡単な設定とサポート機能
- 初期設定や目標設定が簡単にできるインターフェース。
- チャットサポートや電話サポート機能。

3．非機能要件
- **ユーザビリティ**： シンプルで直感的なデザイン、大きなアイコンや文字。
- **パフォーマンス**： リアルタイムでデータを処理し、迅速に通知を送信。
- **セキュリティ**： ユーザーデータの暗号化とプライバシー保護。
- **互換性**： iOSおよびAndroidプラットフォームでの動作。
- **スケーラビリティ**： 将来的な機能追加やユーザー増加に対応可能。

4．制約条件
- **予算**： 開発および運用にかかるコストを抑える。
- **時間**： プロジェクトの完了期限は6ヶ月以内。
- **技術**： 現在の技術スタックに依存しない柔軟な設計。

5．ターゲットユーザー
- **田中一郎**： 45歳の中小企業経営者。技術的な知識は少ないが、健康管理に興味がある。
- **佐藤花子**： 28歳のIT企業エンジニア。技術的な知識が豊富で、フィットネスに熱心。
- **鈴木太郎**： 35歳の公務員。デスクワークが多く、運動不足を感じている。
- **山田美咲**： 22歳の大学生。健康に気を使っており、スマートフォンの操作に慣れている。
- **高橋健二**： 60歳の退職者。ウォーキングを始めたが、スマートフォンの操作には不慣れ。

6．優先順位
1. **基本的な健康データの記録とモニタリング**（ストレス、睡眠、運動、食事）
2. **リマインダー機能**
3. **リラクゼーションエクササイズ**
4. **コミュニティ機能**
5. **ダッシュボード**
6. **簡単な設定とサポート機能**

7．リスクと軽減策
- **技術的なリスク**： 新しい技術の導入に伴う不具合。→ 綿密なテストと段階的なリリース。
- **ユーザーの習熟度**： 高齢者や技術に不慣れなユーザーが使いにくい。→ シンプルなUI/UX設計と音声ガイドの導入。
- **データセキュリティ**： ユーザーデータの漏洩。→ 強固なセキュリティ対策と定期的な監査。
- **予算超過**： 開発コストが予算を超える。→ プロジェクト管理とコスト監視の徹底。

以上が、スマートフォン向け健康管理アプリの要件文書です。

10.7 全体のソースコード

最後に、要件定義書生成AIエージェントの全体のソースコードを掲載します。

```python
import operator
from typing import Annotated, Any, Optional

from dotenv import load_dotenv
from langchain_core.output_parsers import StrOutputParser
from langchain_core.prompts import ChatPromptTemplate
from langchain_core.pydantic_v1 import BaseModel, Field
from langchain_openai import ChatOpenAI
from langgraph.graph import END, StateGraph

# .envファイルから環境変数を読み込む
load_dotenv()


# ペルソナを表すデータモデル
class Persona(BaseModel):
    name: str = Field(..., description="ペルソナの名前")
    background: str = Field(..., description="ペルソナの持つ背景")


# ペルソナのリストを表すデータモデル
class Personas(BaseModel):
    personas: list[Persona] = Field(
        default_factory=list, description="ペルソナのリスト"
    )


# インタビュー内容を表すデータモデル
class Interview(BaseModel):
    persona: Persona = Field(..., description="インタビュー対象のペルソナ")
    question: str = Field(..., description="インタビューでの質問")
    answer: str = Field(..., description="インタビューでの回答")


# インタビュー結果のリストを表すデータモデル
class InterviewResult(BaseModel):
    interviews: list[Interview] = Field(
        default_factory=list, description="インタビュー結果のリスト"
    )
```

```python
# 評価の結果を表すデータモデル
class EvaluationResult(BaseModel):
    is_sufficient: bool = Field(..., description="情報が十分かどうか")
    reason: str = Field(..., description="判断の理由")


# 要件定義生成AIエージェントのステート
class InterviewState(BaseModel):
    user_request: str = Field(..., description="ユーザーからのリクエスト")
    personas: Annotated[list[Persona], operator.add] = Field(
        default_factory=list, description="生成されたペルソナのリスト"
    )
    interviews: Annotated[list[Interview], operator.add] = Field(
        default_factory=list, description="実施されたインタビューのリスト"
    )
    requirements_doc: str = Field(default="", description="生成された要件定義")
    iteration: int = Field(
        default=0, description="ペルソナ生成とインタビューの反復回数"
    )
    is_information_sufficient: bool = Field(
        default=False, description="情報が十分かどうか"
    )


# ペルソナを生成するクラス
class PersonaGenerator:
    def __init__(self, llm: ChatOpenAI, k: int = 5):
        self.llm = llm.with_structured_output(Personas)
        self.k = k

    def run(self, user_request: str) -> Personas:
        # プロンプトテンプレートを定義
        prompt = ChatPromptTemplate.from_messages(
            [
                (
                    "system",
                    "あなたはユーザーインタビュー用の多様なペルソナを作成する専門家です。",
                ),
                (
                    "human",
                    f"以下のユーザーリクエストに関するインタビュー用に、{self.k}人の多様なペルソナ"
                    "を生成してください。\n\n"
                    "ユーザーリクエスト: {user_request}\n\n"
                    "各ペルソナには名前と簡単な背景を含めてください。年齢、性別、職業、技術的専門知識"
                    "において多様性を確保してください。",
                ),
            ]
        )
```

第 10 章　要件定義書生成 AI エージェントの開発

```python
        # ペルソナ生成のためのチェーンを作成
        chain = prompt | self.llm
        # ペルソナを生成
        return chain.invoke({"user_request": user_request})


# インタビューを実施するクラス
class InterviewConductor:
    def __init__(self, llm: ChatOpenAI):
        self.llm = llm

    def run(self, user_request: str, personas: list[Persona]) -> InterviewResult:
        # 質問を生成
        questions = self._generate_questions(
            user_request=user_request, personas=personas
        )
        # 回答を生成
        answers = self._generate_answers(personas=personas, questions=questions)
        # 質問と回答の組み合わせからインタビューリストを作成
        interviews = self._create_interviews(
            personas=personas, questions=questions, answers=answers
        )
        # インタビュー結果を返す
        return InterviewResult(interviews=interviews)

    def _generate_questions(
        self, user_request: str, personas: list[Persona]
    ) -> list[str]:
        # 質問生成のためのプロンプトを定義
        question_prompt = ChatPromptTemplate.from_messages(
            [
                (
                    "system",
                    "あなたはユーザー要件に基づいて適切な質問を生成する専門家です。",
                ),
                (
                    "human",
                    "以下のペルソナに関連するユーザーリクエストについて、1つの質問を生成してください。"
"\n\n"
                    "ユーザーリクエスト: {user_request}\n"
                    "ペルソナ: {persona_name} - {persona_background}\n\n"
                    "質問は具体的で、このペルソナの視点から重要な情報を引き出すように設計してください。"
",
                ),
            ]
        )
        # 質問生成のためのチェーンを作成
        question_chain = question_prompt | self.llm | StrOutputParser()
```

```python
        # 各ペルソナに対する質問クエリを作成
        question_queries = [
            {
                "user_request": user_request,
                "persona_name": persona.name,
                "persona_background": persona.background,
            }
            for persona in personas
        ]
        # 質問をバッチ処理で生成
        return question_chain.batch(question_queries)

    def _generate_answers(
        self, personas: list[Persona], questions: list[str]
    ) -> list[str]:
        # 回答生成のためのプロンプトを定義
        answer_prompt = ChatPromptTemplate.from_messages(
            [
                (
                    "system",
                    "あなたは以下のペルソナとして回答しています: {persona_name} - {persona_
background}",
                ),
                ("human", "質問: {question}"),
            ]
        )
        # 回答生成のためのチェーンを作成
        answer_chain = answer_prompt | self.llm | StrOutputParser()

        # 各ペルソナに対する回答クエリを作成
        answer_queries = [
            {
                "persona_name": persona.name,
                "persona_background": persona.background,
                "question": question,
            }
            for persona, question in zip(personas, questions)
        ]
        # 回答をバッチ処理で生成
        return answer_chain.batch(answer_queries)

    def _create_interviews(
        self, personas: list[Persona], questions: list[str], answers: list[str]
    ) -> list[Interview]:
        # ペルソナごとに質問と回答の組み合わせからインタビューオブジェクトを作成
        return [
            Interview(persona=persona, question=question, answer=answer)
            for persona, question, answer in zip(personas, questions, answers)
        ]
```

第`10`章　要件定義書生成AIエージェントの開発

```python
# 情報の十分性を評価するクラス
class InformationEvaluator:
    def __init__(self, llm: ChatOpenAI):
        self.llm = llm.with_structured_output(EvaluationResult)

    # ユーザーリクエストとインタビュー結果をもとに情報の十分性を評価
    def run(self, user_request: str, interviews: list[Interview]) ->
EvaluationResult:
        # プロンプトを定義
        prompt = ChatPromptTemplate.from_messages(
            [
                (
                    "system",
                    "あなたは包括的な要件文書を作成するための情報の十分性を評価する専門家です。",
                ),
                (
                    "human",
                    "以下のユーザーリクエストとインタビュー結果に基づいて、包括的な要件文書を作成する
のに十分な情報が集まったかどうかを判断してください。\n\n"
                    "ユーザーリクエスト: {user_request}\n\n"
                    "インタビュー結果:\n{interview_results}",
                ),
            ]
        )
        # 情報の十分性を評価するチェーンを作成
        chain = prompt | self.llm
        # 評価結果を返す
        return chain.invoke(
            {
                "user_request": user_request,
                "interview_results": "\n".join(
                    f"ペルソナ: {i.persona.name} – {i.persona.background}\n"
                    f"質問: {i.question}\n回答: {i.answer}\n"
                    for i in interviews
                ),
            }
        )


# 要件定義書を生成するクラス
class RequirementsDocumentGenerator:
    def __init__(self, llm: ChatOpenAI):
        self.llm = llm

    def run(self, user_request: str, interviews: list[Interview]) -> str:
        # プロンプトを定義
        prompt = ChatPromptTemplate.from_messages(
```

```
                [
                    (
                        "system",
                        "あなたは収集した情報に基づいて要件文書を作成する専門家です。",
                    ),
                    (
                        "human",
                        "以下のユーザーリクエストと複数のペルソナからのインタビュー結果に基づいて、要件文
書を作成してください。\n\n"
                        "ユーザーリクエスト: {user_request}\n\n"
                        "インタビュー結果:\n{interview_results}\n"
                        "要件文書には以下のセクションを含めてください:\n"
                        "1. プロジェクト概要\n"
                        "2. 主要機能\n"
                        "3. 非機能要件\n"
                        "4. 制約条件\n"
                        "5. ターゲットユーザー\n"
                        "6. 優先順位\n"
                        "7. リスクと軽減策\n\n"
                        "出力は必ず日本語でお願いします。\n\n要件文書:",
                    ),
                ]
            )
            # 要件定義書を生成するチェーンを作成
            chain = prompt | self.llm | StrOutputParser()
            # 要件定義書を生成
            return chain.invoke(
                {
                    "user_request": user_request,
                    "interview_results": "\n".join(
                        f"ペルソナ: {i.persona.name} - {i.persona.background}\n"
                        f"質問: {i.question}\n回答: {i.answer}\n"
                        for i in interviews
                    ),
                }
            )


# 要件定義書生成AIエージェントのクラス
class DocumentationAgent:
    def __init__(self, llm: ChatOpenAI, k: Optional[int] = None):
        # 各種ジェネレータの初期化
        self.persona_generator = PersonaGenerator(llm=llm, k=k)
        self.interview_conductor = InterviewConductor(llm=llm)
        self.information_evaluator = InformationEvaluator(llm=llm)
        self.requirements_generator = RequirementsDocumentGenerator(llm=llm)

        # グラフの作成
        self.graph = self._create_graph()
```

第10章　要件定義書生成AIエージェントの開発

```python
    def _create_graph(self) -> StateGraph:
        # グラフの初期化
        workflow = StateGraph(InterviewState)

        # 各ノードの追加
        workflow.add_node("generate_personas", self._generate_personas)
        workflow.add_node("conduct_interviews", self._conduct_interviews)
        workflow.add_node("evaluate_information", self._evaluate_information)
        workflow.add_node("generate_requirements", self._generate_requirements)

        # エントリーポイントの設定
        workflow.set_entry_point("generate_personas")

        # ノード間のエッジの追加
        workflow.add_edge("generate_personas", "conduct_interviews")
        workflow.add_edge("conduct_interviews", "evaluate_information")

        # 条件付きエッジの追加
        workflow.add_conditional_edges(
            "evaluate_information",
            lambda state: not state.is_information_sufficient and state.iteration <
5,
            {True: "generate_personas", False: "generate_requirements"},
        )
        workflow.add_edge("generate_requirements", END)

        # グラフのコンパイル
        return workflow.compile()

    def _generate_personas(self, state: InterviewState) -> dict[str, Any]:
        # ペルソナの生成
        new_personas: Personas = self.persona_generator.run(state.user_request)
        return {
            "personas": new_personas.personas,
            "iteration": state.iteration + 1,
        }

    def _conduct_interviews(self, state: InterviewState) -> dict[str, Any]:
        # インタビューの実施
        new_interviews: InterviewResult = self.interview_conductor.run(
            state.user_request, state.personas[-5:]
        )
        return {"interviews": new_interviews.interviews}

    def _evaluate_information(self, state: InterviewState) -> dict[str, Any]:
        # 情報の評価
        evaluation_result: EvaluationResult = self.information_evaluator.run(
            state.user_request, state.interviews
```

```python
        )
        return {
            "is_information_sufficient": evaluation_result.is_sufficient,
            "evaluation_reason": evaluation_result.reason,
        }

    def _generate_requirements(self, state: InterviewState) -> dict[str, Any]:
        # 要件定義書の生成
        requirements_doc: str = self.requirements_generator.run(
            state.user_request, state.interviews
        )
        return {"requirements_doc": requirements_doc}

    def run(self, user_request: str) -> str:
        # 初期状態の設定
        initial_state = InterviewState(user_request=user_request)
        # グラフの実行
        final_state = self.graph.invoke(initial_state)
        # 最終的な要件定義書の取得
        return final_state["requirements_doc"]


def main():
    import argparse

    # コマンドライン引数のパーサーを作成
    parser = argparse.ArgumentParser(
        description="ユーザー要求に基づいて要件定義を生成します"
    )
    # "task"引数を追加
    parser.add_argument(
        "--task",
        type=str,
        help="作成したいアプリケーションについて記載してください",
    )
    # "k"引数を追加
    parser.add_argument(
        "--k",
        type=int,
        default=5,
        help="生成するペルソナの人数を設定してください（デフォルト:5）",
    )
    # コマンドライン引数を解析
    args = parser.parse_args()

    # ChatOpenAIモデルを初期化
    llm = ChatOpenAI(model="gpt-4o", temperature=0.0)
    # 要件定義書生成AIエージェントを初期化
    agent = DocumentationAgent(llm=llm, k=args.k)
```

```
    # エージェントを実行して最終的な出力を取得
    final_output = agent.run(user_request=args.task)

    # 最終的な出力を表示
    print(final_output)


if __name__ == "__main__":
    main()
```

10.8 まとめ

　本章では第9章で学んだLangGraphの知識を活かした実践的なアプリケーション開発例として、要件定義書生成AIエージェントを作成しました。

　LangGraphを利用したプログラムは、本章までに学んできたLangChainのコンポーネントをつなぎ合わせる形で実現されており、コードを整理しながら開発を進めていかないと、簡単にコードが複雑化してしまいます。そのため、本章の作例では、シンプルな動作例を示すというよりも、実際にプロジェクトでLangGraphを用いた開発をするとしたら、どのような書き方になるのかを意識したコードとして提示しました。

　一方でLangGraphを使うことにより、アプリケーションの状態管理が楽になったり、LangSmithを活用したデバッグを行いやすいといったメリットもあります。

　ぜひ本章を参考に、さまざまなLangGraphアプリケーションの開発にチャレンジしてください。

第11章

エージェント
デザインパターン

本章では、AIエージェントを効率的に開発するために提唱されているエージェントデザインパターンについて解説します。

エージェントデザインパターンは、AIエージェントの設計と実装において再利用可能な考え方を提供する概念です。Yue Liuら8人の研究者が提案した「エージェントデザインパターンカタログ（Agent Design Pattern Catalogue）」では、合計で18のパターンが紹介されています[注1]。これらのパターンは、目標設定、計画生成、推論の確実性向上、エージェント間の協調、入出力制御など、AIエージェント開発におけるさまざまな課題に対応しています[注2]。

それではさっそく、エージェントデザインパターンの探求の旅へ出かけましょう。

西見公宏

第11章 エージェントデザインパターン

エージェントデザインパターンの概要

本節ではエージェントデザインパターンの概要として、エージェントデザインパターンが解決する4つの課題領域と、その課題領域にひもづくパターンの概要について解説します。

 ## デザインパターンとは

そもそもデザインパターンとは何を意味するのでしょうか。デザインパターンとは、ソフトウェア設計において、頻繁に発生する問題に対する、再利用可能な解決策のことです。これは具体的なコードではなく、問題を解決するための設計思想やアプローチを示すものです。そのため、いわばデザインパターンとは、経験豊富な開発者たちが長年の実践を通じて発見し、整理した「ベストプラクティス」のことだと言えます。

たとえば、オブジェクト指向プログラミングの世界では、「シングルトン (Singleton)」「オブザーバ (Observer)」「ファクトリーメソッド (Factory Method)」などの有名なデザインパターンがあります。これらのパターンは、特定の設計課題に対する一般的な解決策を示す、開発者の間における共通の語彙として機能します。

 ## エージェントデザインパターンが解決する課題領域

Yue Liuらが提案した「エージェントデザインパターンカタログ (Agent Design Pattern Catalogue)」[注1]は、AIエージェントの設計と実装に特化した「デザインパターン」の集合です。このカタログでは18の異なるパターンが紹介されており、大きく分けて「目標設定と計画生成」「推論の確実性向上」「エージェント間の協調」「入出力制御」の4つの課題領域に対応しています。

1. 目標設定と計画生成

この課題領域では、ユーザーの入力や要求から具体的な目標を抽出し、それらの目標を達成するための計画を生成することにフォーカスしています。AIエージェントがユーザーの意図を正確に理

注1 Liu et al. (2024)「Agent Design Pattern Catalogue: A Collection of Architectural Patterns for Foundation Model Based Agents」 https://arxiv.org/abs/2405.10467
注2 これらの課題領域による整理は論文中で提案されているものではなく、本書独自に整理したものです。

11.1 エージェントデザインパターンの概要

解し、効果的な行動計画を立てられるようにすることが目的です。

この課題領域に属するパターンには次のものがあります。

- パッシブゴールクリエイター（Passive Goal Creator）：ユーザーの入力から具体的な目標を抽出するパターン
- プロアクティブゴールクリエイター（Proactive Goal Creator）：ユーザーからの指示以外にもユーザーの周辺環境や状況の情報を利用し、能動的に目標を抽出するパターン
- プロンプト／レスポンス最適化（Prompt/Response Optimizer[注3]）：得られたプロンプトやレスポンスに最適化プロセスを追加するパターン
- シングルパスプランジェネレーター（Single-Path Plan Generator）：抽出された目標を達成するための、一連の行動計画を生成するパターン
- マルチパスプランジェネレーター（Multi-Path Plan Generator）：目標を達成するために複数の行動計画を生成し、その中から最適な行動を選択するパターン
- ワンショットモデルクエリ（One-Shot Model Querying）：モデルへの単一の問い合わせで、エージェントの行動計画を生成するパターン
- インクリメンタルモデルクエリ（Incremental Model Querying）：モデルへの複数回の問い合わせや、外部システムや人間からの情報収集を通し、段階的に行動計画を生成するパターン

たとえば、ユーザーが「週末の旅行計画を立てて」と依頼した場合、パッシブゴールクリエイターパターンを使用して「家族で楽しめる旅行プランを立てる」という目標を抽出し、シングルパスプランジェネレーターでこの目標を達成するための具体的な手順を順序立てて生成する、といった具合に組み合わせて利用していきます。

2. 推論の確実性向上

この課題領域では、AIエージェントの推論や判断の正確性を高めることにフォーカスしています。LLMの出力の信頼性を向上させ、誤った判断や不適切な推論を減らすことが目的です。

この課題領域に属するパターンには次のものがあります。

- 検索拡張生成（Retrieval-Augmented Generation：RAG）：AIエージェントが持っていない情報を外部環境から取得するパターン

注3　論文ではイギリス英語のスペルで「Optimiser」と表記されていますが、本書ではアメリカ英語でもイギリス英語でも使用できる「Optimizer」という表記を採用しています。

- セルフリフレクション (Self-Reflection)：AIエージェントが自身の出力を評価し、必要に応じて修正するパターン
- クロスリフレクション (Cross-Reflection)：異なる視点や基準を持つ別のAIエージェントによる評価を行うパターン
- ヒューマンリフレクション (Human-Reflection)：人間からのフィードバックをもとに評価を行うパターン
- エージェント評価器 (Agent Evaluator)：AIエージェントの性能や動作を評価し、その結果をフィードバックするパターン

たとえば、AIエージェントが生成した旅行計画の妥当性を検証するために、クロスリフレクションパターンを適用し、別の視点 (例：予算の観点、時間効率の観点) から計画を評価し、必要に応じて修正を加えることで、計画の質を向上させることができます。また、移動にかかる交通費などの情報は、通常LLMが持ち得ない知識のため、外部環境から情報を取得するRAGパターンによって知識を補填し、出力される情報の信頼性を高めることができます。

3. エージェント間の協調

この課題領域では、複数のAIエージェントが協力することにより、複雑なタスクを解決できるようにすることにフォーカスしています。複雑なタスクを分割し、専門化されたエージェントが協調して作業することで、より効率的で高品質な問題解決を実現することが目的です。

この課題領域に属するパターンには次のものがあります。

- 投票ベースの協調 (Voting-Based Cooperation)：各エージェントが個別に判断や提案を行い、その結果を投票によって集約し、最終的な意思決定を行うパターン
- 役割ベースの協調 (Role-Based Cooperation)：各エージェントに特定の役割を割り当て、それぞれの専門性を活かして協働するパターン
- 議論ベースの協調 (Debate-Based Cooperation)：エージェント間で議論や対話を行い、意見交換や討論を通じて合意形成や問題解決を図るパターン

たとえば、旅行計画を立てる際に、1つのエージェントが交通手段の選定を担当し、別のエージェントが宿泊施設の選定を担当するといった役割分担を、役割ベースの協調パターンにより実現できます。これにより、各エージェントが特定の領域に特化することで、より詳細で最適化された計画を立てることが可能になります。

4. 入出力制御

　この課題領域では、AIエージェントと外部 (ユーザーや他のシステム) とのインタラクションを適切に管理することにフォーカスしています。AIエージェントへの入力に対する適切な処理、出力の制御を行うことと、高度なツールをAIエージェントが利用できるようにすることによる複雑なタスクの達成を目的としています。

　この課題領域に属するパターンには次のものがあります。

- マルチモーダルガードレール (Multimodal Guardrails)：テキスト、画像、音声など多様な形式の入出力に対して、不適切な入力になっていないか、倫理的な基準を満たした出力になっているかを制御するパターン
- ツール／エージェントレジストリ (Tool/Agent Registry)：AIエージェントが利用可能なツールやサブエージェントを管理し、適切に選択・実行するパターン
- エージェントアダプター(Agent Adapter)：AIエージェントと外部ツールやシステムとの間のインターフェースを提供するパターン

　旅行計画の例で言えば、倫理的に問題のない旅行計画になっているかの検査を行うためにマルチモーダルガードレールパターンを適用したり、実際に宿泊先の手配を行うためにツール／エージェントレジストリパターンを利用するといったことが考えられます。

　ここまで課題領域別に紹介した18のエージェントデザインパターンを表にまとめると、表11.1のようになります。

第11章 エージェントデザインパターン

表11.1 エージェントデザインパターンの整理

課題領域	パターン名	概要	利用シーン
目標設定と計画生成	パッシブゴールクリエイター (Passive Goal Creator)	ユーザーの入力から目標を抽出する	エージェントが達成する目標の明確化が必要な場合
	プロアクティブゴールクリエイター (Proactive Goal Creator)	環境や状況から能動的に目標を生成する	
	プロンプト／レスポンス最適化 (Prompt/Response Optimizer)	プロンプトや応答を最適化する	プロンプトの性能向上、および応答内容の制御が必要な場合
	シングルパスプランジェネレーター (Single-Path Plan Generator)	単一パスの実行計画を生成する	実行プランの策定が必要な場合
	マルチパスプランジェネレーター (Multi-Path Plan Generator)	複数パスの実行計画を生成する	
	ワンショットモデルクエリ (One-Shot Model Querying)	単一のクエリでプラン生成を進める	実行プランの生成戦略を考える場合
	インクリメンタルモデルクエリ (Incremental Model Querying)	複数回のクエリで段階的にプラン生成を進める	
推論の確実性向上	検索拡張生成 (Retrieval-Augmented Generation：RAG)	外部情報を活用して生成を行う	LLMに知識のない情報が必要な場合
	セルフリフレクション (Self-Reflection)	自身の出力を評価し改善する	対話中の応答改善が必要な場合
	クロスリフレクション (Cross-Reflection)	他のモデル、エージェントによる評価を行う	
	ヒューマンリフレクション (Human Reflection)	人間からのフィードバックを取り入れる	
	エージェント評価器 (Agent Evaluator)	エージェントの性能を評価する	持続的な性能向上が必要な場合
エージェント間の協調	投票ベースの協調 (Voting-Based Cooperation)	投票によって意思決定を行う	多角的な視点を取り入れたい場合
	役割ベースの協調 (Role-Based Cooperation)	役割に基づいて協力する	
	議論ベースの協調 (Debate-Based Cooperation)	議論を通じて合意形成を行う	
入出力制御	マルチモーダルガードレール (Multimodal Guardrails)	多様な形式の入出力を制御する	ユーザーからの有害な入力、LLMからの有害な出力の制御が必要な場合
	ツール／エージェントレジストリ (Tool/Agent Registry)	ツールやサブエージェントを活用する	外部ツール、他エージェントの利用が必要な場合
	エージェントアダプター (Agent Adapter)	外部ツールとのインターフェースを提供する	

エージェントデザインパターンの位置付け

　エージェントデザインパターンは、業界のベストプラクティスを集めた決定版というものではなく、あくまで急速に発展するAIエージェント開発分野において、現段階で観察される設計パターンを整理・体系化し、開発者に指針を提供することを目的として提示されています。

　そのため、ここで紹介するパターン以外にもさらなる応用が見いだされる可能性はありますし、使われなくなるパターンもあるかもしれません。

　それでも本章でエージェントデザインパターンを紹介する意義は、筆者がAIエージェントを業務向けに開発していく中で得られているノウハウと多くの部分で一致していることと、AIエージェント開発に関わる開発者間の共通言語として有用と言えるほどに実践的な内容であると実務経験を通じて感じていることにあります。

　また、これからAIエージェントの開発について学ぶ方にとって、設計がパターン化されていることは、学習の指針としても良い効果を生みます。やみくもに試作品を作らずとも、パターン別の実装を試してみることで網羅的な学習を期待できるからです。本章でそれぞれのパターンについて詳細を説明したあとに、次の第12章ではいくつかのパターンについて実装例をご紹介しているので、ぜひ参考にしてください。

11.2　18のエージェントデザインパターン

　それでは、ここまでに概要を紹介した18のエージェントデザインパターンについて、それぞれ詳細を見ていきましょう。詳細について、論文でカバーされていない部分については、筆者独自の解釈が入っています。

 エージェントデザインパターンの全体図

　図11.1はエージェントデザインパターンの全体図です。開発者によるAIエージェントのデプロイ、ユーザーからのAIエージェントへのプロンプトを起点にしたAIエージェントの動作フロー、ならびにその動作フローに関連するパターンを図示したものです。

第11章 エージェントデザインパターン

図11.1 エージェントデザインパターンの全体図[4]

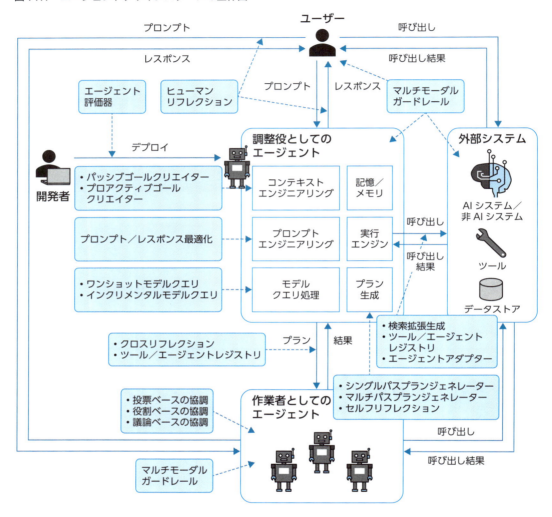

　図11.1ではエージェントの役割を「調整役としてのエージェント（Agent-as-a-coordinator）」「作業者としてのエージェント（Agent-as-a-worker）」として大きく分類しています。エージェントデザインパターンは、これらのエージェントの実現を支えるものだという位置付けです。
　調整役としてのエージェントは、ユーザーからのプロンプトを受け取り、このプロンプトが何を

注4　Liu et al. (2024)「エージェントデザインパターンカタログ（Agent Design Pattern Catalogue）」内の図を参考に筆者が作成。

意味しているのかをコンテキストエンジニアリング[注5]によって明確化し、プロンプトエンジニアリングによってAIエージェントが動作可能なプロンプトに最適化します。その後モデルへのクエリや記憶による補助、外部システムの実行などを駆使して実行プランを生成します。

作業者としてのエージェントは、調整役としてのエージェントから実行プランを受け取り、それぞれが役割分担などを経ながら実行結果を返します。作業者としてのエージェントは、自身の仕事をさらに他のAIエージェントに委譲することもあります。

また、図11.1に登場する**外部システム**は、AIエージェントが利用する他の生成AIモデルや、外部ベンダーのSaaS、データストアといった、AIエージェントの外側にあるシステムのことを指します。

各パターンを見ながら、どのパターンがAIエージェントのどの要素に関連しているのか迷ってしまった場合は、ぜひこの全体図に立ち戻ってみてください。

1. パッシブゴールクリエイター(Passive Goal Creator)

AIエージェントがユーザーの要求を適切に処理するためには、まずその要求を具体的な目標に変換する必要があります。パッシブゴールクリエイター(図11.2)は、このようにユーザーの入力から具体的な目標を抽出するためのパターンです。

図11.2　パッシブゴールクリエイター[注6]

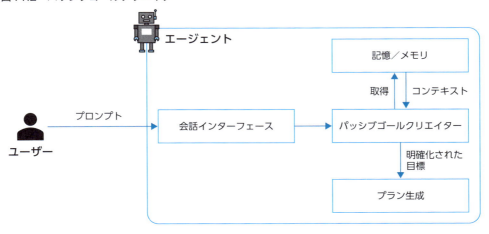

注5　論文内で明確な定義は記載されていませんが、内容から推定して「コンテキストエンジニアリングとは、エージェントがユーザーの要求を理解し、適切な計画を作成するために必要な背景情報や、文脈（コンテキスト）を収集、分析するプロセスのこと」と言えると考えられます。
注6　Liu et al. (2024)「エージェントデザインパターンカタログ (Agent Design Pattern Catalogue)」内の図を参考に筆者が作成。

第11章 エージェントデザインパターン

　ユーザーが自然言語で入力する要求は、しばしばあいまいであったり、意図せず複数の目標を含んでいたりします。たとえば「週末に家族で楽しめるような旅行プランを立てて」という入力には、日程、人数（家族には子どもがいる？　ペットは？）、目的、予算など、さまざまな要素が含まれています。AIエージェントがこのような漠然とした要求から適切な行動計画を立てるには、まず具体的で明確な目標に分解する必要があります。

　パッシブゴールクリエイターは、次の手順でユーザーの入力を処理します。

1. ユーザーからの入力をテキストで受け取る
2. LLMを用いて入力テキストを処理し、含まれている目標や要求を特定する
3. 特定された目標を、AIエージェントが処理しやすい構造化された形式（リスト、辞書、Pydanticモデルなど）に変換する
4. 必要に応じて、目標の優先順位付けや依存関係の特定を行う
5. 構造化された目標をAIエージェントの次のステップに渡す

　具体例として、先ほどの旅行プラン作成の例を見てみましょう。ユーザーが「週末に家族で楽しめるような旅行プランを立てて」と入力した場合、パッシブゴールクリエイターは次のような具体的な目標を抽出します。

- 日程の特定：週末（2日間）
- 旅行メンバーの確認：家族（人数の詳細は要確認）
- 目標の設定：家族で楽しめる旅行プランを立てる

　これらの目標は、構造化されたデータとしてAIエージェントの次の処理ステップ（例：プラン生成など）に渡されます。

　パッシブゴールクリエイターの特徴は、あくまでもユーザーが提供した情報のみに基づいて動作する点です。後述するプロアクティブゴールクリエイターが、ユーザーの過去の行動履歴や現在の状況、外部データなども考慮して能動的に目標を設定するのとは対照的です。

　たとえば、パッシブゴールクリエイターは、ユーザーが明示的に言及していない「予算」や「移動手段」については目標として抽出しません。これらの要素が重要だと判断した場合は、後続の処理でユーザーに追加の質問をする必要があります。

310

関連するパターン[注7]

- プロアクティブゴールクリエイター（Proactive Goal Creator）：ユーザーの明示的な入力以外の情報も利用して目標を生成するため、パッシブゴールクリエイターを補完する役割を果たす
- プロンプト／レスポンス最適化（Prompt/Response Optimizer）：抽出された目標をより効果的なプロンプトに変換する際に使用でき、パッシブゴールクリエイターの出力を最適化するのに役立つ
- シングルパスプランジェネレーター（Single-Path Plan Generator）：パッシブゴールクリエイターで抽出された目標をもとに、具体的な行動計画を生成するために使用される
- エージェント評価器（Agent Evaluator）：パッシブゴールクリエイターの性能を評価し、抽出された目標の質を向上させるのに役立つ

2. プロアクティブゴールクリエイター（Proactive Goal Creator）

AIエージェントがより効果的にユーザーをサポートするためには、ユーザーの明示的な指示だけでなく、ユーザーを取り巻く環境を理解して先回りした対応をすることが求められます。プロアクティブゴールクリエイター（図11.3）は、このような能動的な目標設定を実現するためのパターンです。

図11.3　プロアクティブゴールクリエイター[注8]

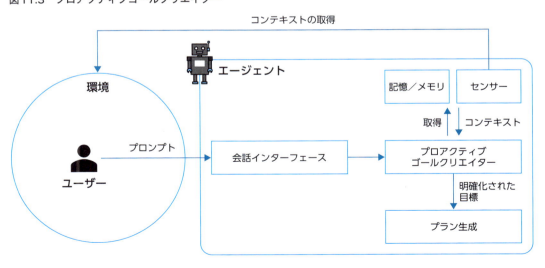

注7　関連するパターンは筆者独自の見解でまとめたものです。
注8　Liu et al.（2024）「エージェントデザインパターンカタログ（Agent Design Pattern Catalogue）」内の図を参考に筆者が作成。

第11章 エージェントデザインパターン

　ユーザーが自分のニーズを完全に言語化できないことや、状況の変化に気づいていないことはしばしばあります。たとえば、旅行プランを立てているユーザーは、目的地の天候や季節のイベントについてとくに考慮していないかもしれません。このような場合、AIエージェントが自主的に関連情報を収集し、追加の目標を設定することで、よりユーザーのニーズに合った提案ができるようになる可能性があります。

　プロアクティブゴールクリエイターは次の手順で動作します。

1. ユーザーの入力や明示的な要求を受け取る
2. ユーザーの過去の行動履歴、現在の状況（時間、場所など）、外部情報（天気予報、イベント情報など）を収集する
3. 収集した情報を分析し、ユーザーが明示していない潜在的なニーズや考慮すべき要素を特定する
4. 特定された要素をもとに、追加の目標や考慮事項を生成する
5. 生成された追加目標を、ユーザーの明示的な要求と統合する
6. 統合された目標セットをAIエージェントの次の処理ステップに渡す

　具体例として、スマートホームシステムのAIアシスタントを考えてみましょう。ユーザーが「明日の朝6時に起こして」と指示したとき、プロアクティブゴールクリエイターは次のような追加の目標を設定するかもしれません。

- 天気予報をチェックし、雨の場合は起床が遅くなる傾向があるので15分早く起こす
- カレンダーから最初の予定の時間と場所を確認し、必要な移動時間を考慮する
- 朝食の準備時間を考慮し、コーヒーメーカーの起動時間を設定する
- 起床時の室温を快適に保つため、エアコンの事前設定を行う

　これらの追加目標は、ユーザーが明示的に指示していなくても、快適な朝を迎えるために重要な要素です。プロアクティブゴールクリエイターは、このように状況を総合的に判断し、ユーザーの潜在的なニーズに応える目標を設定しようとします。

　パッシブゴールクリエイターとの主な違いは、情報の収集範囲と目標設定の能動性にあります。パッシブゴールクリエイターがユーザーの明示的な入力のみを扱うのに対し、プロアクティブゴールクリエイターは幅広い情報源から状況を分析し、先回りして目標を設定するのです。

　プロアクティブゴールクリエイターを適切に実装することで、AIエージェントはユーザーの意図をより深く理解し、状況に応じた柔軟な対応が可能となります。しかし過度に積極的な目標設定は

ユーザーの意図と乖離する可能性があるため、ユーザー体験としてバランスの取れた実装が求められます。

関連するパターン

- パッシブゴールクリエイター（Passive Goal Creator）：プロアクティブゴールクリエイターの基礎となる部分を担当し、明示的な要求の処理を行う
- 検索拡張生成（Retrieval-Augmented Generation：RAG）：目標設定に必要な外部情報を取得する際に利用できる
- マルチモーダルガードレール（Multimodal Guardrails）：設定された目標が倫理的・道義的に適切かどうかを検証する際に使用できる
- エージェント評価器（Agent Evaluator）：設定された目標の適切性や有効性を評価する際に使用できる

3. プロンプト／レスポンス最適化（Prompt/Response Optimizer）

　AIエージェントはLLMを利用して思考するため、その性能はLLMに入力するプロンプトの質に大きく依存します。プロンプト／レスポンス最適化（図11.4）は、AIエージェントとのプロンプトを通じたやり取りをより効果的にするためのパターンです。

図11.4　プロンプト／レスポンス最適化[注9]

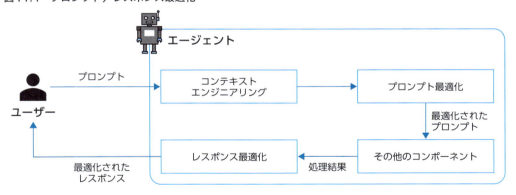

　ユーザーの要求や抽出された目標を、そのままLLMに入力しても、必ずしも最適な結果が得られるとは限りません。たとえば、旅行プランの作成では「家族向けの観光スポットを5つ提案して」という単純なプロンプトよりも、「小学生の子どもがいる5人家族向けで、屋外と屋内のアクティビティ

注9　Liu et al.（2024）「エージェントデザインパターンカタログ（Agent Design Pattern Catalogue）」内の図を参考に筆者が作成。

第11章　エージェントデザインパターン

をバランスよく含む観光スポットを5つ、それぞれの特徴と所要時間付きで提案してください」というように、より具体的で構造化されたプロンプトのほうが、質の高い回答を得られる可能性が高くなります。

プロンプト／レスポンス最適化は次の手順で動作します。

1. もとのプロンプトや目標を受け取る
2. プロンプトの構造や内容を分析する
3. タスクの種類や目的に応じたテンプレートを選択または生成する
4. テンプレートにもとのプロンプトの情報を組み込み、最適化されたプロンプトを生成する
5. 最適化されたプロンプトを使ってLLMに問い合わせる
6. 得られたレスポンスを評価し、必要に応じてさらに最適化を行う

具体例として、レストラン推薦システムを考えてみましょう。ユーザーが「美味しい和食のお店を教えて」と入力した場合、プロンプトテンプレートを用いて、次のようなプロンプトの最適化を行うかもしれません。

```
以下の条件に合う和食レストランを3つ推薦してください:
 - 料理のジャンル:和食（具体的な料理タイプも含める）
 - 価格帯:予算の異なる選択肢を含める
 - 場所:ユーザーの現在地から5km以内
 - 雰囲気:静かな店内か賑やかな店内か
 - 特徴:各店舗の特徴や人気メニュー

回答は以下の形式で提供してください:
1. [店名]
   - 料理タイプ:
   - 価格帯:
   - 場所:
   - 雰囲気:
   - 特徴:
   - おすすめメニュー:

(2と3も同様の形式で)
```

最適化されたプロンプトでは、単に「美味しい和食のお店」を列挙するだけでなく、ユーザーが意思決定するために必要となる具体的な情報を含んでおり、より有用な回答を引き出すことができる可能性があります。

プロンプト／レスポンス最適化は、パッシブゴールクリエイターやプロアクティブゴールクリエイターとは異なり、目標の抽出自体は行いません。代わりに、抽出された目標やユーザー要求を、

LLMが扱うために最も効果的な形に変換する役割を果たします。

関連するパターン

- パッシブゴールクリエイター（Passive Goal Creator）：抽出された目標をプロンプト／レスポンス最適化の入力として利用できる
- プロアクティブゴールクリエイター（Proactive Goal Creator）：能動的に生成された目標も、最適化の対象となる
- ワンショットモデルクエリ（One-Shot Model Querying）、インクリメンタルモデルクエリ（Incremental Model Querying）：最適化されたプロンプトは、これらのクエリパターンの効果を高める
- セルフリフレクション（Self-Reflection）：最適化されたプロンプトとレスポンスの品質評価に活用できる
- エージェント評価器（Agent Evaluator）：最適化されたプロンプトやレスポンスの効果の評価に活用できる

4. 検索拡張生成（Retrieval-Augmented Generation：RAG）

　AIエージェントの基礎となるLLMが持つ知識には限りがあり、とくに最新の情報や専門的な知識が必要な場合、その限界が顕著になります。しばしば英文の頭文字を取ってRAG（ラグ）と呼ばれる検索拡張生成（図11.5）は、LLMの生成能力と外部情報源からの検索を組み合わせることで、この問題を解決するパターンです。

図11.5　検索拡張生成[注10]

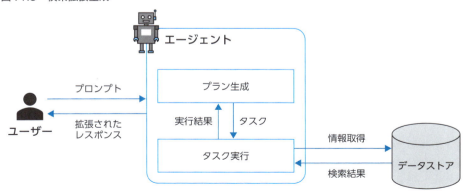

注10　Liu et al. (2024)「エージェントデザインパターンカタログ（Agent Design Pattern Catalogue）」内の図を参考に筆者が作成。

第11章 エージェントデザインパターン

　たとえば、「2024年のパリオリンピックの開催状況について教えて」というリアルタイム性を必要とする質問に対して、学習データが2023年以前で止まっているLLMは正確な回答を生成できません。このケースでは検索拡張生成を利用することで、最新の情報を取り込んだうえで回答を生成することができます。

　検索拡張生成は次の手順で動作します。

1. ユーザーからの質問や要求を受け取る
2. 質問から検索クエリを生成する
3. 生成されたクエリを使用して、外部情報源（Web、データベース、ファイルサーバー上の文書など）から関連情報を検索する
4. 検索結果をフィルタリング、リランキングし、最も関連性の高い情報を選択する
5. 選択された情報と、もともとの質問を組み合わせて、新しいプロンプトを作成する
6. 作成されたプロンプトをLLMに入力し、回答を生成する
7. 必要に応じて、生成された回答の事実確認や補足を行う

　具体例として、旅行計画アシスタントを考えてみましょう。ユーザーが7月に「来月の富士山の混雑状況を教えて」と質問した場合、検索拡張生成を使用したAIエージェントは次のように動作します。

1. 「富士山 登山 混雑状況 8月」というクエリを生成する
2. このクエリを使用して、SNSや旅行情報サイトなどから最新の混雑予測情報を検索する
3. 検索結果から、最も信頼性が高く、質問に関連する情報を選択する
4. 選択された情報を含む新しいプロンプトを作成する
「以下の最新情報をもとに、8月の富士山登山の混雑状況について回答してください。[検索によって得られた混雑予測情報]」
5. このプロンプトをLLMに入力し、回答を生成する
6. 生成された回答に、情報源や「この情報は○○○○年○月○日時点のものです」といった注釈を追加する

　検索拡張生成の大きな利点は、LLMの知識をオンデマンドで拡張できることです。これにより、最新の情報や専門知識を必要とする質問に対しても、正確で適切な回答を提供することが可能になります。

　検索拡張生成を実装する際の課題としては、適切な情報源の選択、検索結果の信頼性評価、回答

生成プロンプトの品質などがあります。また、外部情報元のアクセスや信頼性評価により応答時間が長くなる可能性もあるため、実行パフォーマンスとのバランスを考慮する必要があります。

関連するパターン

- プロアクティブゴールクリエイター（Proactive Goal Creator）：外部情報を活用して、より適切な目標を設定できる
- プロンプト／レスポンス最適化（Prompt/Response Optimizer）：検索結果を組み込んだ、より効果的なプロンプトを生成できる
- セルフリフレクション（Self-Reflection）：生成された回答の正確性を、再度外部情報源と照合して検証できる
- インクリメンタルモデルクエリ（Incremental Model Querying）：外部情報と生成結果を組み合わせ、プラン生成の質を向上させることができる
- エージェントアダプター（Agent Adapter）：外部情報源との効率的な接続を可能にすることで、検索機能を強化する

5. シングルパスプランジェネレーター（Single-Path Plan Generator）

シングルパスプランジェネレーター（図11.6）はユーザーの目標を達成するための一連の手順や行動計画を生成するパターンです。このパターンは、比較的単純なタスクや、明確な手順が存在する問題に対して効果的です。

図11.6　シングルパスプランジェネレーター[注11]

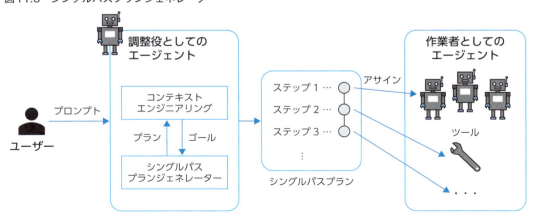

[注11] Liu et al.（2024）「エージェントデザインパターンカタログ（Agent Design Pattern Catalogue）」内の図を参考に筆者が作成。

シングルパスプランジェネレーターは次の手順で動作します。

1. ユーザー要求を入力として受け取る
2. 目標達成に必要なステップを順序立てて生成する
3. 各ステップの実行に必要な詳細情報や、注意点を追加する
4. 生成された計画全体を、一貫性と完全性の観点からチェックする
5. 完成した計画をユーザーに提示する

具体例として、ユーザーサポート業務におけるトラブルシューティングを自動化するAIエージェントを考えてみましょう。たとえば「インターネット接続が遅い」というユーザーの問い合わせに対して、次のプランを生成します。

1. 現在の接続速度を確認する
2. ルーターの再起動を顧客に提案する
3. Wi-Fi信号の強度を確認する
4. ネットワークケーブルの接続状態を確認する
5. ISP（インターネットサービスプロバイダ）の障害情報を確認する
6. 必要に応じて、現地に技術者の派遣を手配する

シングルパスプランジェネレーターを実装する際の課題は、各プランの詳細さのバランス（細かすぎず、大雑把すぎない）や、想定外の状況への対応などがあります。また、ユーザー個別のニーズや好みをどこまで反映させるかも考慮する必要があります。

関連するパターン
- マルチパスプランジェネレーター（Multi-Path Plan Generator）：シングルパスプランジェネレーターとは対照的に、複数の選択肢や条件分岐を含む複雑な計画を生成する。シングルパスで十分な場合と、マルチパスが必要な場合を適切に判断することが重要である
- パッシブゴールクリエイター（Passive Goal Creator）／プロアクティブゴールクリエイター（Proactive Goal Creator）：これらのパターンで抽出または生成された目標を入力として受け取り、具体的な行動計画に変換する
- プロンプト／レスポンス最適化（Prompt/Response Optimizer）：生成するプランの品質を向上させるために、プロンプトを最適化することができる

- 検索拡張生成（Retrieval-Augmented Generation：RAG）：プラン生成時に必要な具体的な情報（例：電車の時刻表、会場の位置情報）を取得するために使用できる
- セルフリフレクション（Self-Reflection）：生成されたプランの妥当性や完全性を評価し、必要に応じて修正を加えるために使用できる
- エージェント評価器（Agent Evaluator）：生成されたプランの品質や効果を評価し、プランジェネレーターの性能向上に貢献する

6. マルチパスプランジェネレーター（Multi-Path Plan Generator）

マルチパスプランジェネレーター（図11.7）は、複数の選択肢や条件分岐を含む複雑な計画を生成するためのパターンです。このパターンは、不確実性の高い状況や、ユーザーの好みや外部要因によって計画が変わる可能性があるケースで、とくに有効です。

図11.7　マルチパスプランジェネレーター[注12]

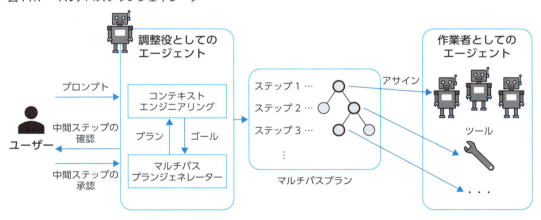

マルチパスプランジェネレーターは次の手順で動作します。

1. ユーザーの目標や要求、考慮すべき変数を入力として受け取る
2. 主要な分岐点や意思決定ポイントを特定する
3. 各分岐点での選択肢を生成する
4. 選択肢ごとに、その後の行動計画を生成する
5. 各選択肢のメリット、デメリット、条件などを生成する

注12　Liu et al.（2024）「エージェントデザインパターンカタログ（Agent Design Pattern Catalogue）」内の図を参考に筆者が作成。

第11章　エージェントデザインパターン

6. 生成された複数の計画を統合し、全体の構造を整理する
7. ユーザーまたはエージェントが選択や判断を行いやすいよう、計画を構造化して提示する

　シングルパスプランジェネレーターの例と対比できるよう、マルチパスプランジェネレーターでも、ユーザーサポート業務におけるトラブルシューティングを自動化するAIエージェントを例に取り、プランニングをしてみます。次の例ではそれぞれのステップについて選択肢が提示されている点に注目してください。

1. 接続速度の確認方法
   a. ユーザーにスピードテストサイトを案内し、結果を報告してもらう
   b. リモートアクセスツールを使用して、サポート担当者が直接速度を測定する
   c. ユーザーのルーターから自動的に速度データを取得する
2. 初期トラブルシューティング
   a. ルーターの再起動を顧客に提案する
   b. デバイス（PC、スマートフォンなど）の再起動を提案する
   c. ブラウザのキャッシュとクッキーのクリアを指示する
3. Wi-Fi関連の確認
   a. Wi-Fi信号の強度を確認する
   b. 使用中のWi-Fiチャンネルの混雑状況を調査する
   c. 5GHzバンドへの切り替えを提案する（対応している場合）
4. 有線接続の確認
   a. ネットワークケーブルの接続状態を確認する
   b. 別のネットワークケーブルでのテストを提案する
   c. ルーターのLANポートの状態を確認する
5. 外部要因の調査
   a. ISP（インターネットサービスプロバイダ）の障害情報を確認する
   b. 地域全体のネットワーク状況を調査する
   c. ユーザーの契約プランと実際の使用状況を照合する
6. 追加のサポート
   a. 電話でのリモートサポートを提供する
   b. ビデオチャットを利用した視覚的なリモートサポートを提供する
   c. 現地に技術者の派遣を手配する

マルチパスプランジェネレーターの場合、AIエージェントは各ステップで複数の選択肢を提示し、ユーザーの状況や前のステップの結果に基づいて、最適な選択肢を選ぶことができます。単一の実行計画のみを生成するシングルパスプランジェネレーターの場合と異なり、マルチパスプランジェネレーターでは実行時、次のように複数の異なる経路が発生する場合があります。

- 1a → 2a → 3b → 4a → 5a → 6c
  - スピードテスト → ルーター再起動 → Wi-Fiチャンネル調査 → ケーブル確認 → ISP障害確認 → 技術者派遣
- 1b → 2c → 3c → 4b → 5c → 6b
  - リモート速度測定 → キャッシュクリア → 5GHz切り替え → 別ケーブルテスト → 契約プラン確認 → ビデオチャットサポート

マルチパスプランジェネレーターを実装する際の課題としては、選択肢の数と深さのバランス（多すぎると経路が複雑化しすぎることでコントロール不能になる）、各選択肢が比較不可能な状態で生成された場合の例外処理、計画全体の一貫性の維持などがあります。ユーザーに選択肢から選択させる場合は、意思決定の負荷をかけすぎないよう、適切なデフォルト値や推奨オプションを提示する工夫も必要でしょう。

関連するパターン
- プロアクティブゴールクリエイター（Proactive Goal Creator）：ユーザーが明示的に指定していない選択肢や条件を予測し、より包括的な計画を生成するのに役立つ
- 検索拡張生成（Retrieval-Augmented Generation：RAG）：各選択肢に関する具体的な情報（営業時間、料金、評判など）を取得するために使用できる
- プロンプト／レスポンス最適化（Prompt/Response Optimizer）：複雑な計画を生成する際のプロンプトを最適化し、より質の高い選択肢を生成するのに役立つ
- セルフリフレクション（Self-Reflection）、クロスリフレクション（Cross-Reflection）：生成された計画の各選択肢の妥当性や整合性を評価し、必要に応じて修正を加えるために使用できる
- ヒューマンリフレクション（Human-Reflection）：生成された複数の選択肢からユーザーが選択を行い、その選択に基づいて計画を更新するために使用できる
- エージェント評価器（Agent Evaluator）：生成された複数の計画オプションの品質や実現可能性を評価し、最適な選択を支援する

7. セルフリフレクション（Self-Reflection）

セルフリフレクション（図11.8）は、AIエージェントが自身の出力や推論プロセスを評価し、必要に応じて自身で修正を行うパターンです。この評価の結果はデータベースなどに保存しておくことで、次回に類似したタスクを実行する際の参考にも使われたりします。

図11.8　セルフリフレクション[注13]

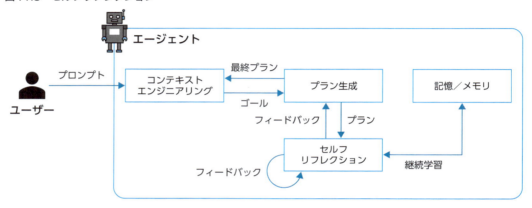

人間が自分の考えや行動を振り返り、改善点を見つけるように、AIエージェントも自己評価と修正のプロセスを通じて、その性能を向上させることができます。たとえばQ&Aシステムであれば生成した回答の正確性や完全性を自己チェックし、不足している情報があれば補完するといった使い方ができます。

セルフリフレクションは次の手順で動作します。

1. AIエージェントが初期の回答や判断を生成する
2. 生成された結果に対して、事前に定義された評価基準、記憶／メモリに保存された教訓に基づきフィードバックを行う
3. AIエージェントがフィードバックを分析し、問題点や改善点を特定する
4. 特定された問題点や改善点を記憶／メモリに保存する（教訓として今後のリフレクションで活用する）
5. 生成された回答や判断を、特定された問題点に基づいて修正する
6. 必要に応じて、このプロセスを複数回繰り返す
7. 改善された結果をユーザーに提示する

注13　Liu et al.（2024）「エージェントデザインパターンカタログ（Agent Design Pattern Catalogue）」内の図を参考に筆者が作成。

11.2　18のエージェントデザインパターン

　具体例としてユーザーサポート業務を担当するチャットボットを考えてみましょう。ユーザーからは「新しく購入したスマートフォンの画面が突然真っ暗になってしまいました。どうすれば直りますか？」という質問があったとします。

　この質問に対し、チャットボットはまず初期の回答を生成します。

チャットボットの初期の回答

画面が突然真っ暗になる問題については、以下の手順をお試しください：

1．電源ボタンを10秒間長押しして、強制再起動を行ってください。
2．充電器に接続して、バッテリー残量を確認してください。
3．セーフモードで起動して、アプリの問題かどうかを確認してください。
4．それでも解決しない場合は、ファクトリーリセットを検討してください。

　この回答に対し、セルフリフレクションを実施します。

セルフリフレクションのプロセス

1．応答の適切性評価：AIは自身の応答を評価し、ユーザーの状況に適しているか確認します。
2．不足情報の特定：初期応答では、ユーザーの具体的な状況（機種、OSバージョンなど）を考慮していないことに気づきます。
3．潜在的リスクの検討：ファクトリーリセットの提案が早すぎる可能性を認識します。
4．改善案の生成：より詳細な情報収集と段階的なアプローチを含む改善された応答を生成します。

　セルフリフレクションの結果を踏まえて改善された回答は次のとおりです。

セルフリフレクションにより改善された回答

申し訳ありません。より適切なサポートをご提供するために、いくつか追加の情報をお聞かせください：

1．お使いのスマートフォンの機種名とOSバージョンを教えていただけますか？
2．画面が真っ暗になる直前に何か特別な操作をされましたか？
3．電源ボタンを押すと、振動や音はしますか？

これらの情報をもとに、段階的に問題解決を進めていきましょう。まずは以下の手順をお試しください：

1．電源ボタンを10秒間長押しして、強制再起動を行ってください。
2．充電器に接続して、最低10分間充電してください。
3．画面の明るさ設定が最小になっていないか確認してください。

これらの手順で解決しない場合は、次の段階の対処法をご案内いたします。ファクトリーリセットは最後の手段として検討しましょう。

　このように、チャットボットはセルフリフレクションを通じて初期応答の不足点を認識し、より詳細で段階的なアプローチを考案することができました。

　セルフリフレクションの発想は人間の振り返りプロセスからインスピレーションを受けています。

そのため、リフレクションに使用するプロンプトには、私たち人間が普段利用しているKPT（Keep、Problem、Tryの頭文字を取った振り返り手法）、YWT（やったこと、わかったこと、次にやることの頭文字を取った振り返り手法）といったフォーマットを活用することも有効だと考えられます。

セルフリフレクションを実装する際の課題としては、適切な評価基準の設定、無限ループに陥らないための停止条件の設定、リフレクションにかかる時間的金銭的コストとパフォーマンスとのバランスなどがあります。また、セルフリフレクションによる改善が本当にユーザーのニーズと合致しているのかを確認することも重要です。

関連するパターン

- プロンプト／レスポンス最適化（Prompt/Response Optimizer）：セルフリフレクションの結果をもとに、より効果的なプロンプトを生成することができる
- 検索拡張生成（Retrieval-Augmented Generation：RAG）：セルフリフレクションの過程で追加情報が必要になった場合、外部ソースから情報を取得するのに使用できる
- マルチパスプランジェネレーター（Multi-Path Plan Generator）：複数の選択肢のそれぞれに対してセルフリフレクションを適用し、各オプションの品質を向上させることができる
- クロスリフレクション（Cross-Reflection）：セルフリフレクションと組み合わせることで、複数の視点からの評価が可能になり、より全体感のある改善が期待できる
- エージェント評価器（Agent Evaluator）：セルフリフレクションの過程や結果を客観的に評価し、リフレクション能力の向上につなげることができる

8. クロスリフレクション（Cross-Reflection）

クロスリフレクション（図11.9）は、複数のAIエージェントや異なるLLMなどが互いの出力を評価し、フィードバックを提供し合うパターンです。このパターンは単一のAIエージェントでは捉えきれない多様な観点や専門知識を取り入れ、全体感が考慮された信頼性の高い結果を得ることを目的としています。

図11.9 クロスリフレクション[注14]

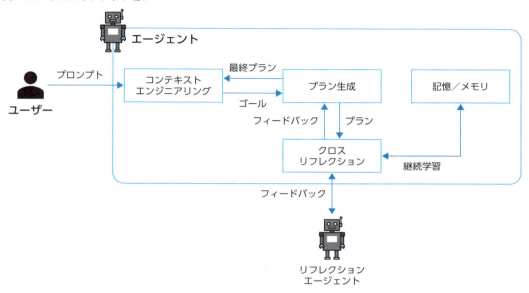

　たとえばソフトウェア開発システムにおいて、異なる専門分野（デザイナー、プログラマ、テスタなど）の知識を持つAIエージェントが、互いの成果物をレビューし合うことで、より現実的な設計を実現させることができる、といった応用例が考えられます。
　クロスリフレクションは次の手順で動作します。

1. 主要なAIエージェントが初期の回答や判断を生成する
2. 生成された結果を、異なる専門性や視点を持つ他のAIエージェントに、過去の教訓と共に提示する
3. 各エージェントが初期の結果に対してフィードバックを行う
4. 得られたフィードバックを統合し、生成された回答や判断の問題点や改善点を特定する
5. 特定された問題点や改善点を記憶／メモリに保存する（教訓として今後のリフレクションで活用する）
6. 生成された回答や判断を、特定された問題点に基づいて修正する
7. 必要に応じて、このプロセスを複数回繰り返す
8. 改善された結果と、各エージェントからの主要な指摘をユーザーに提示する

注14　Liu et al. (2024)「エージェントデザインパターンカタログ（Agent Design Pattern Catalogue）」内の図を参考に筆者が作成。

第11章　エージェントデザインパターン

　セルフリフレクションの例と対比するために、ユーザーサポートのチャットボットがユーザーから「新しく購入したスマートフォンの画面が突然真っ暗になってしまいました。どうすれば直りますか？」という質問を受けたケースを再度考えてみましょう。

　まずチャットボットは次のように、初期の回答を生成します。

チャットボットが生成した初期の回答

画面が真っ暗になる問題は、ハードウェアまたはソフトウェアの問題が考えられます。以下の手順を試してください：

1．強制再起動：　電源ボタンを10秒間長押しします。
2．バッテリー確認：　充電器に接続し、充電インジケーターを確認します。
3．セーフモード起動：　OSの問題かアプリの問題かを切り分けます。
4．ファクトリーリセット：　上記で解決しない場合の最終手段です。

　この回答に対し、カスタマーサービスのプロフェッショナルとして振る舞う別エージェントが、次のようなフィードバックを返したとします。

カスタマーサービスエージェントのフィードバック

技術的なアドバイスは適切ですが、ユーザー体験を考慮するともう少し丁寧な対応が必要です：

1．ユーザーの不安を和らげる言葉かけを追加しましょう。
2．機種やOSバージョンの確認を最初に行うべきです。
3．ファクトリーリセットの提案は早すぎるかもしれません。
4．保証や修理サービスについての情報も提供すべきです。

　このフィードバックを受けて修正されたメッセージは次のとおりです。

チャットボットが修正したメッセージ

ご不便をおかけして申し訳ありません。画面が真っ暗になる問題は解決可能なケースが多いので、ご安心ください。まず、以下の情報をお教えいただけますか？

1．お使いのスマートフォンの機種名とOSバージョン
2．問題が発生する前の状況

次に、以下の手順を順番にお試しください：

1．強制再起動：　電源ボタンを10秒間長押しします。
2．バッテリー確認：　充電器に接続し、最低10分間充電してください。
3．セーフモード起動：　OSやアプリの問題を確認します。手順をご案内しますので、必要でしたらお知らせください。

これらの手順で解決しない場合は、製品保証や修理サービスについてもご案内いたします。ファクトリーリセットは最終手段として、他の方法を試した後で検討しましょう。

クロスリフレクションにより、技術的な正確さとユーザーフレンドリーな対応のバランスが取れた応答が生成されました。

クロスリフレクションを実装する際の課題としては、適切な専門家の選択と設計、異なる視点からのフィードバックの適切な統合方法、実行コストと応答時間のバランスなどがあります。また、エージェント間で意見が分かれた場合の調停メカニズムも考慮する必要があります。

関連するパターン

- セルフリフレクション（Self-Reflection）：クロスリフレクションの前後にセルフリフレクションを行うことで、さらに深い洞察を得ることができる
- プロンプト／レスポンス最適化（Prompt/Response Optimizer）：クロスリフレクションの結果をもとに、より効果的なプロンプトを生成することができる
- 検索拡張生成（Retrieval-Augmented Generation：RAG）：各専門家が評価を行う際に、最新の専門情報を参照するのに使用できる
- ヒューマンリフレクション（Human-Reflection）：AIエージェントによるクロスリフレクションの結果を人間の専門家がさらにレビューすることで、より信頼性の高い結果を得ることができる
- エージェント評価器（Agent Evaluator）：クロスリフレクションのプロセスや結果の有効性を評価し、改善点を特定するのに役立つ

9. ヒューマンリフレクション（Human-Reflection）

ヒューマンリフレクション（図11.10）は、AIエージェントの出力や判断に対して、人間が評価やフィードバックを提供し、それをもとにエージェントの動作の性能を向上させるパターンです。このパターンは、AIエージェント独自では難しい倫理的判断、文脈理解、創造性の評価などにおいて、人間の知恵と経験を活用することを目的としています。

図11.10 ヒューマンリフレクション[注15]

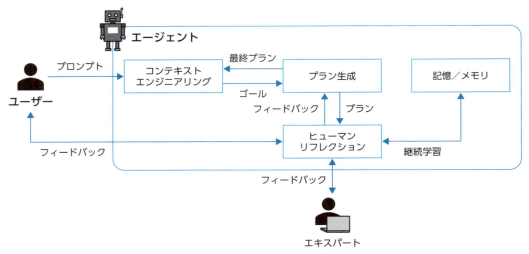

ヒューマンリフレクションは次の手順で動作します。

1. AIエージェントが初期の回答や判断を生成する
2. 生成された結果を、人間の専門家または一般ユーザーに、過去の教訓とともに提示する
3. 人間が結果を評価し、フィードバックを提供する
4. AIエージェントがフィードバックを分析し、問題点や改善点を特定する
5. 特定された問題点や改善点を記憶／メモリに保存する（教訓として今後のリフレクションで活用する）
6. 生成された回答や判断を、特定された問題点に基づいて修正する
7. 必要に応じて、このプロセスを複数回繰り返す
8. 改善された結果をユーザーに提示する

セルフリフレクション、クロスリフレクションと対比するために、ユーザーサポートのチャットボットがユーザーから「新しく購入したスマートフォンの画面が突然真っ暗になってしまいました。どうすれば直りますか？」という質問を受けたケースを考えてみましょう。
　まずチャットボットは次のように、初期の回答を生成します。

注15　Liu et al.（2024）「エージェントデザインパターンカタログ（Agent Design Pattern Catalogue）」内の図を参考に筆者が作成。

11.2　18のエージェントデザインパターン

チャットボットが生成した初期の回答

画面が真っ暗になる問題は、ハードウェアまたはソフトウェアの問題が考えられます。以下の手順を試してください:

1. 強制再起動: 電源ボタンを10秒間長押しします。
2. バッテリー確認: 充電器に接続し、充電インジケーターを確認します。
3. セーフモード起動: OSの問題かアプリの問題かを切り分けます。
4. ファクトリーリセット: 上記で解決しない場合の最終手段です。

この回答に対する、人間からのフィードバックは次のようなものだったとします。

人間からのフィードバック

AIの回答は基本的に間違ってはいないんだけど、ちょっと機械的すぎるかな。もう少し温かみのある対応ができると良いと思うよ。
たとえば、最初にユーザーの困っている状況に共感を示すとか。「お困りのことと思います」みたいな一言があるだけでも違うんじゃないかな。
それと、問題がどれくらい深刻なのか、もう少し詳しく聞いてみるといいかも。「画面が完全に映らないのか、それとも時々チラつくだけなのか」とか、具体的に聞いてみるのはどうかな。
あと、保証期間内かどうかの確認を忘れずに。
それから、地域のサポートセンターの情報を教えてあげるのも親切だと思うよ。電話番号とか営業時間とか、そういう具体的な情報があると助かるはず。
最後に「次にこうしてください」みたいな感じで、はっきりとした指示があるといいね。ユーザーが迷わずに次の行動を取れるように。
まあ、こんな感じで、もう少し人間味のある対応ができれば、ユーザーも安心すると思うよ。
技術的な正確さも大事だけど、気持ちに寄り添うのも忘れずにね。

フィードバックを受けて改善された回答は次のとおりです。

フィードバック受けて改善された回答

お客様のスマートフォンに問題が発生し、ご心配のことと存じます。私たちが一緒に解決策を見つけていきましょう。まず、いくつかの質問にお答えいただけますか?

1. お使いのスマートフォンの機種名とOSバージョンをお教えください。
2. この問題はいつ頃から発生していますか?
3. 画面が真っ暗になる前に、何か特別な操作や出来事はありましたか?
4. お買い上げ日はいつ頃ですか?(保証期間の確認のため)

これらの情報をもとに、以下の手順をお試しください:

1. 電源ボタンを10秒間長押しして、強制再起動を行ってください。
2. 充電器に接続して、最低10分間充電してください。
3. 画面の明るさ設定が最小になっていないか確認してください。

これらの手順で解決しない場合は、お客様の地域のサポートセンターをご案内いたします。東京都内にお住まいの場合、最寄りのサポートセンターは○○区にございます。
次のステップとしては、お答えいただいた情報をもとに、より詳細な診断と解決策をご提案いたします。ご不明な点がございましたら、いつでもお気軽にお申し付けください。

人間からのフィードバックにより、チャットボットからの応答に暖かみが生まれ、状況に応じたきめ細やかな対応が加わりました。

このようにヒューマンリフレクションの利点は、AIエージェントに人間ならではの洞察や判断を取り入れられること、AIエージェントの出力を実際の使用状況に合わせて評価できること、そしてAIエージェントと人間との協働を促進できることです。

一方、ヒューマンリフレクションを実装する際の課題としては、適切な人間の評価者の選定、評価基準の標準化、人間の主観や偏見との折り合い、フィードバックの効率的な収集と分析方法の確立などが挙げられます。また、すべての応答に対し人間の評価者が評価することは現実的でないため、セルフリフレクションのような自己改善プロセスとのバランスを取れることも、スケーラビリティを考えるうえでは重要だと考えられます。

関連するパターン

- セルフリフレクション（Self-Reflection）：ヒューマンリフレクションの前にAIエージェントがセルフリフレクションを行うことで、人間への負担を軽減し、より洗練された初期出力を提供できる
- クロスリフレクション（Cross-Reflection）：複数のAIエージェントによる評価のあとに人間がさらに評価を行うことで、多角的かつ深い洞察を得ることができる
- プロンプト／レスポンス最適化（Prompt/Response Optimizer）：人間からのフィードバックをもとに、より効果的なプロンプトを生成することができる
- マルチパスプランジェネレーター（Multi-Path Plan Generator）：人間の選好や判断を各選択肢の評価に取り入れることで、より適切な計画を生成できる

10. ワンショットモデルクエリ（One-Shot Model Querying）

ワンショットモデルクエリ（図11.11）は、調整役としてのエージェントが行うプラン生成において、プランのすべてのステップを一度のLLM呼び出しで生成するパターンです。複数回の推論を繰り返すよりは、一度の推論で回答を生成するほうがコスト面やスピード面で有利なため、クエリ戦略としてワンショットで終わらせるか、次に解説するインクリメンタルモデルクエリのように段階的に推論するか、という判断のベースとしてパターンを利用します。

11.2 18のエージェントデザインパターン

図11.11　ワンショットモデルクエリ[16]

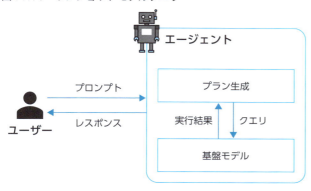

たとえば「東京の現在の気温は？」や「1ドルは何円？」といった、明確で直接的な質問に対するプラン生成では、複数回のクエリは必要なく、1回のクエリで解決した回答を得ることが可能であると考えられます。

ワンショットモデルクエリは次の手順で動作します。

1. ユーザーから質問や指示を受け取る
2. 受け取った入力に対し、必要に応じて前処理やフォーマット調整を行う
3. 調整された入力をLLMに単一のクエリとして送信する
4. LLMから得られた応答を後処理する
5. 処理された応答をユーザーに返す

具体例としてレストラン予約アシスタントを考えてみましょう。ユーザーが「明日の夜8時に、東京駅近くの寿司屋を予約したい」と要求した場合、ワンショットモデルクエリを用いたプラン生成では次のように実装されます。

1. ユーザーの入力を受け取る
2. LLMにクエリを送信する

> 日時： 明日の夜8時
> 場所： 東京駅近く
> 料理タイプ： 寿司
>
> 上記の条件で最適なレストランを探すためのタスク分解を行ってください。

---

[16] Liu et al. (2024)「エージェントデザインパターンカタログ（Agent Design Pattern Catalogue）」内の図を参考に筆者が作成。

第11章　エージェントデザインパターン

> 分解されたタスクは3〜5件以内におさまるようにしてください。
> タスクは常に具体的で実行可能な表現にしてください。
> タスクの内容のみを箇条書きで出力してください。

3. LLMから応答を受け取る

> - 東京駅周辺の寿司店を複数検索する
> - 各店の営業時間、価格帯、評価を確認する
> - 予約可能な店舗を絞り込み、空き状況を確認する
> - 立地、メニュー、雰囲気を考慮して最適な店を選定する

　ワンショットモデルクエリの利点は、複数回のクエリを繰り返すよりは処理が高速になることです。一方で課題としては、複雑な要求や多段階の推論が必要なプラン生成タスクへの対応が難しいことが挙げられます。クエリの傾向を分析したうえで、最も最適な戦略を設計することが重要だと考えられます。

関連するパターン

- プロンプト／レスポンス最適化 (Prompt/Response Optimizer)：効果的なワンショットクエリを生成するために使用できる
- 検索拡張生成 (Retrieval-Augmented Generation：RAG)：クエリに関連する追加情報を取得する際に使用できる
- パッシブゴールクリエイター(Passive Goal Creator)：ユーザーの入力から具体的な目標を抽出し、それをワンショットクエリに変換する際に使用できる

11. インクリメンタルモデルクエリ (Incremental Model Querying)

　インクリメンタルモデルクエリ (図11.12) は、プラン生成プロセスの各ステップでLLMにアクセスし、段階的に推論を進めるパターンです。ワンショットモデルクエリでは期待どおりの品質が出ないものに対して、インクリメンタルモデルクエリの使用を検討します。

11.2　18のエージェントデザインパターン

図11.12　インクリメンタルモデルクエリ[注17]

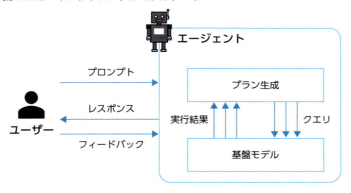

インクリメンタルモデルクエリは次の手順で動作します。

1. ユーザーからの初期の質問や指示を受け取る
2. 初期クエリを生成し、LLMに送信する
3. LLMからの応答を分析し、追加情報が必要な点や改善が必要な点を、LLMによる分析や人間からのフィードバックによって特定する
4. 特定された点に基づいて、フォローアップクエリを生成する
5. フォローアップクエリをLLMに送信し、追加の情報や改善された回答を得る
6. 必要に応じてステップ3〜5を繰り返す
7. 得られた情報を統合し、最終的な回答を生成する
8. 統合された回答をユーザーに提示する

ワンショットモデルクエリと対比できるよう、再度レストラン予約アシスタントを例に取ります。ユーザーが「来週、取引先とカジュアルなビジネス会食をセッティングしたいので適切な場所を選定してください」と要求した場合、インクリメンタルモデルクエリでは次のようにプラン生成を進めます。

注17　Liu et al. (2024)「エージェントデザインパターンカタログ（Agent Design Pattern Catalogue）」内の図を参考に筆者が作成。

第11章　エージェントデザインパターン

1. ユーザーから最初の要求を受け取る
2. 初期クエリを生成し、LLMに送信する

初期クエリ

> ユーザー要求：
> 来週、取引先とカジュアルなビジネス会食をセッティングしたいので適切な場所を選定してください
>
> ユーザー要求を実現するためのタスク分解を行ってください。
> 分解されたタスクは3〜5件以内におさまるようにしてください。
> タスクは常に具体的で実行可能な表現にしてください。
> タスクの内容のみを箇条書きで出力してください。

3. LLMからの応答を分析し、追加情報が必要な点や改善が必要な点を特定する

初期クエリに対する応答

> - 取引先の好みや dietary restrictions を確認する
> - 予算、人数、希望する雰囲気を決める
> - カジュアルなビジネス会食に適した、アクセスの良いレストランを3〜5軒リストアップする
> - 候補店に予約可能かどうか確認し、予約を入れる

分析結果

> 会食の日時を決定するタスクがないため、計画が具体性を欠いている。

4. 分析により特定された点についてフォローアップクエリを生成する

フォローアップクエリ

> タスク分解の結果をより具体的にするために必要な情報を列挙してください。

5. フォローアップクエリをLLMに送信し、追加の情報や改善された回答を得る

提案された改善点

> タスク分解をより具体的にするために必要な情報は以下の通りです：
>
> - 会食の予定日時
> - 参加予定人数
> - 予算の上限
> - 取引先の企業名や業種
> - 希望する料理のジャンルや雰囲気
> - 会食の目的（例：商談、関係強化など）
> - 会食場所の地理的な希望（例：オフィス近く、駅周辺など）
> - 参加者の交通手段

6. 必要に応じてステップ3〜5を繰り返す

追加情報に対する分析結果

> タスク実行の優先順位や時間軸が考慮されていない。

フォローアップクエリ

> タスク実行の優先順位や時間軸を考慮するために必要な情報を列挙してください。

提案された改善点

> タスク分解をより具体的にするために必要な情報は以下の通りです：
>
> - 会食までの残り日数
> - 取引先の予定確認に要する時間
> - レストラン予約の締め切り時期（人気店の場合は早めの予約が必要）
> - 社内での承認プロセスにかかる時間
> - 参加者全員のスケジュール調整に必要な期間
> - 予算承認にかかる時間
> - 特別な準備が必要な場合、その準備期間（例：資料作成、贈答品の準備など）

7. 得られた情報を統合し、最終的な回答を生成する

統合クエリ

> ここまでで得られた改善点を統合し、改めてユーザー要求に基づいたタスク分解を行ってください。

8. 統合された回答をユーザーに提示する

統合された回答

> - 会食の目的と予算を確定し、経営陣の承認を得る（会食1週間前まで）
> - 取引先の担当者に連絡し、参加者の都合、食事の好み、アレルギーなどを確認する（会食5日前まで）
> - 条件に合うレストランを3〜5軒選び、予約状況を確認して予約を行う（会食3日前まで）
> - 参加者全員に日時、場所、ドレスコード、目的を連絡し、確認を取る（会食2日前まで）
> - 必要に応じて資料や贈答品を準備し、当日の段取りを最終確認する（会食前日まで）

　LLMが生成した回答を分析する点はセルフリフレクションとの類似性がありますが、セルフリフレクションは回答の品質に着目しているのに対し、インクリメンタルモデルクエリは情報の拡張（多様な情報収集）にフォーカスがあります。

　実装する際の課題としては、適切なフォローアップクエリの生成、クエリ間の一貫性の維持、コストならびに処理時間の増加などがあります。多様な情報を集めれば集めるほど、ユーザーにとって意思決定しづらい回答を生成してしまう可能性もあります。また、リアルタイム性が要求される場面や、リソースが限られている環境では、ワンショットモデルクエリとのバランスを取る必要があります。

関連するパターン

- セルフリフレクション（Self-Reflection）：各クエリの応答を評価し、次のクエリの方向性を決定する際に使用できる
- プロンプト／レスポンス最適化（Prompt/Response Optimizer）：初期クエリ、フォローアップクエリを最適化するのに役立つ
- 検索拡張生成（Retrieval-Augmented Generation：RAG）：追加情報が必要な場合に外部情報源から情報を取得するために使用できる
- ヒューマンリフレクション（Human-Reflection）：複雑なタスクの中間段階で人間による判断を要求する際に使用できる（叩き台の提示など）

12. 投票ベースの協調（Voting-Based Cooperation）

投票ベースの協調パターン（図11.13）は、複数のAIエージェントが独立して判断や提案を行い、その結果を投票によって集約し、最終的な意思決定を行うパターンです。このパターンは、複雑な問題に対して多様な視点からのアプローチを可能にし、個々のAIエージェントによる判断の偏りや、意思決定の誤りを軽減することを目的としています。

図11.13　投票ベースの協調[注18]

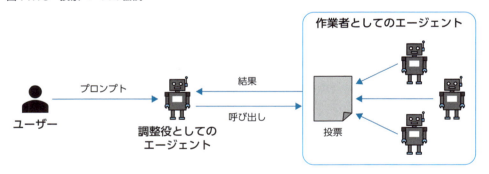

たとえば画像認識のタスクにおいて、複数の異なるモデルが同じ画像を分類し、最も多く選ばれたカテゴリを最終的な判断とする、といった使い方ができます。

投票ベースの協調パターンは次の手順で動作します。

注18　Liu et al. (2024)「エージェントデザインパターンカタログ（Agent Design Pattern Catalogue）」内の図を参考に筆者が作成。

1. 問題や課題を複数のAIエージェントに提示する
2. 各AIエージェントが独立して解答や提案を生成する
3. 生成された解答や提案を収集する
4. 事前に定義された投票方式（多数決、加重投票など）に基づいて結果を集計する
5. 集計結果に基づいて最終的な判断や決定を行う
6. 必要に応じて、最終判断の根拠や各エージェントの意見も含めて結果を提示する

　具体例としてニュース記事の信頼性評価システムを考えてみましょう。複数のAIエージェントが協力してニュース記事の信頼性を評価する場合、次のように投票ベースの協調を利用するシーンが考えられます。

1. 評価対象のニュース記事を、次の5つの異なるAIエージェントに提示する
   - ファクトチェックエージェント
   - 情報源評価エージェント
   - 文体分析エージェント
   - 画像真偽判定エージェント
   - コンテキスト分析エージェント
2. 各AIエージェントが独立して評価を行う
   - ファクトチェックエージェント：「信頼性：高」
   - 情報源評価エージェント：「信頼性：中」
   - 文体分析エージェント：「信頼性：高」
   - 画像真偽判定エージェント：「信頼性：高」
   - コンテキスト分析エージェント：「信頼性：中」
3. 評価結果を収集する
4. 投票方式、本ケースでは多数決に基づいて結果を集計する
   - 「信頼性：高」3票、「信頼性：中」2票
5. 最終的な判断を行う
   - 「信頼性：高」
6. 結果を提示する

> この記事は信頼性が高いと判断されました。5つのAIエージェントのうち3つが高い信頼性を示しました。ただし、情報源の信頼性と他ニュース記事とのコンテキストの整合性については若干の疑義があります。

投票ベースの協調パターンを利用する主な利点には、個々のAIエージェントのバイアスによる弱点を補完できること、多様な視点を取り入れられること、意思決定プロセスの透明性を高められることが挙げられます。

一方で実装上の課題としては、適切なAIエージェントの選択、各エージェント自体の専門性や信頼性の評価、投票形式の設計（多数決、加重投票、ランク付け投票など）、意見が分かれた場合の調停メカニズムの設計が挙げられます。

関連するパターン

- クロスリフレクション（Cross-Reflection）：投票の前に各AIエージェント間で意見交換を行うことで、より洞察に富んだ判断ができる可能性がある
- セルフリフレクション（Self-Reflection）：各AIエージェントが投票前に自己評価を行うことで、より信頼性の高い投票につながる可能性がある
- ヒューマンリフレクション（Human-Reflection）：投票結果に対して人間が最終判断を下したり、AIエージェントによる投票が均衡してしまった場合のタイブレーカーとして人間を作用させることができる
- プロンプト／レスポンス最適化（Prompt/Response Optimizer）：各AIエージェントへのクエリを最適化することで、より質の高い回答を得られる可能性がある

13. 役割ベースの協調（Role-Based Cooperation）

役割ベースの協調パターン（図11.14）は、複数のAIエージェントが協力して複雑なタスクを解決する必要がある場合、各エージェントの役割を明確に定義し、それぞれの専門性を活かして協調作業を行うパターンです。このパターンは、いわば人間の組織における役割分担をAIエージェントの世界に適用したものだと言えます。

11.2 18のエージェントデザインパターン

図11.14　役割ベースの協調[注19]

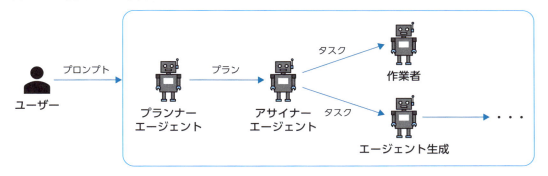

役割ベースの協調パターンは次の手順で動作します。

1. タスク全体を分析し、必要な役割を定義する
2. 各役割に適したAIエージェントを作成または割り当てる
3. エージェント間の情報共有と連携のためのプロトコル（共通のルール）を設計する
4. タスクの実行順序や依存関係を定義する
5. 各エージェントの出力を統合し、最終的な成果物を生成する

具体的な例として、新しいスマートフォンアプリケーションの開発プロジェクトを考えてみましょう。このプロジェクトでは、次のような役割を持つAIエージェントが協調して作業を進めるとします。

- プロジェクトマネージャー：全体の進行管理を担当する
- UXデザイナー：ユーザーニーズや競合分析を行い、アプリ全体の体験設計を行う
- UIデザイナー：アプリのインターフェースデザインを行う
- バックエンドエンジニア：サーバーサイドの設計と実装を行う
- フロントエンドエンジニア：クライアントサイドの設計と実装を行う
- QAエンジニア：品質保証とテスト設計を行う
- マーケティング：販売戦略の立案を行う

この例では、それぞれの役割に従って次のように協調すると考えられます。

注19　Liu et al. (2024)「エージェントデザインパターンカタログ（Agent Design Pattern Catalogue）」内の図を参考に筆者が作成。

第11章 エージェントデザインパターン

- プロジェクトマネージャーエージェントが全体のタスクを分解し、各エージェントに割り当てる
- UXデザイナーエージェントがユーザーニーズを分析し、アプリ全体の体験設計を行い、その結果をUIデザイナーエージェントとマーケティングエージェントに共有する
- UIデザイナーエージェントが作成したデザイン案を、フロントエンドエンジニアエージェントがクライアントに実装する
- フロントエンドエンジニアエージェントが作成したAPI仕様に基づいて、バックエンドエンジニアエージェントがAPIを実装する
- QAエンジニアエージェントが各段階でテストを実施し、フィードバックを提供する
- マーケティングエージェントが開発中の機能や特徴をもとに販売戦略を立案する
- プロジェクトマネージャーエージェントが各エージェントの進捗を管理し、必要に応じて調整を行う

　このパターンの実装では、各エージェントの専門性をLLMのプロンプトに組み込むことが重要です。たとえばUIデザイナーエージェントのプロンプトには、「あなたは熟練したプロフェッショナルのUIデザイナーです。以下の要件に基づいて、使いやすく魅力的なユーザーインターフェースを設計してください。」といった指示を含めます。

　また、エージェント間のコミュニケーションを円滑に行うため、共通のプロトコルを定義することも必要です。たとえば情報伝達のための共通データモデルによって各エージェントの出力を構造化し、必要な情報を行き来させられるようにする必要があります。

　役割ベースの協調パターンの利点として、複雑なタスクを専門性に基づいて分類し、効率的に処理できる点が挙げられます。各エージェントが自身の得意分野に集中することで、高品質な成果物を生み出すことが可能になります。また、人間の組織構造をメタファーとして利用できるため、人間とAIエージェントの混成チームを構築する際にも応用しやすいという特徴があります。

　一方、このパターンの課題としては、役割の適切な定義や、各エージェントの能力が足りない場合の例外処理が挙げられます。また、エージェント間の連携が不十分な場合、情報の齟齬や作業の重複が発生し、最悪のケースでは成果物の生成に失敗する可能性があります。より安全側に倒すためには、連携の不十分さを検知したうえで、エージェント同士の情報共有をファシリテーションするような機構を追加する必要があるでしょう。

関連するパターン

- パッシブゴールクリエイター（Passive Goal Creator）：役割に応じた目標設定に活用できる。各エージェントの役割に基づいて、適切な目標を設定することができる

- プロンプト／レスポンス最適化（Prompt/Response Optimizer）：各役割に特化したプロンプトを生成し、エージェントの出力を最適化するのに役立つ
- クロスリフレクション（Cross-Reflection）：異なる役割を持つエージェント間でフィードバックを行い、成果物の質を向上させることができる
- 投票ベースの協調（Voting-based Cooperation）：役割ベースの協調と組み合わせることで、重要な意思決定を行う際に各役割の視点を考慮した投票システムを実装できる
- ツール／エージェントレジストリ（Tool/Agent Registry）：さまざまな役割を持つエージェントやツールを一元管理し、必要に応じて適切なエージェントを呼び出すことができる

14. 議論ベースの協調（Debate-Based Cooperation）

議論ベースの協調パターン（図11.15）は、複数のAIエージェントが対話形式で意見を交換し、合意形成を図りながら問題解決を行うパターンです。役割ベースの協調パターンはエージェント同士の作業分担によって問題解決を目指すのに対し、議論ベースの協調パターンではエージェント同士の討論を通じた合意形成によって問題解決を目指す点が異なります。

図11.15　議論ベースの協調[20]

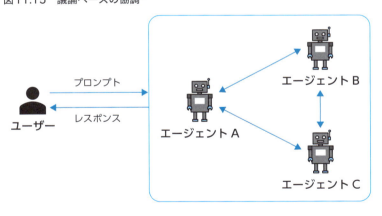

議論ベースの協調パターンは次の手順で動作します。

1. 問題や課題を明確に定義する
2. 議論に参加するAIエージェントを選定し、それぞれの役割や専門分野を設定する
3. 議論のルールと評価基準を決める

注20　Liu et al.（2024）「エージェントデザインパターンカタログ（Agent Design Pattern Catalogue）」内の図を参考に筆者が作成。

第11章 エージェントデザインパターン

4. 各AIエージェントが順番に意見を出し、他のエージェントの意見に対して反論や補足を行う
5. 議論の進行に応じて新たな情報や視点を導入する
6. 合意形成のプロセスを経て、最終的な結論や解決策を導き出す
7. 必要に応じて人間の専門家が議論の結果をレビューし、最終判断を下す

　具体例としてWebアプリケーションの設計を行うAIエージェントチームを考えてみましょう。このチームは次のエージェントで構成されます。

- アーキテクチャ設計：全体のシステム設計を担当
- パフォーマンス最適化：システムのスループット向上を担当
- セキュリティ：セキュリティ設計を担当
- コスト最適化：システム運用コストとリソース効率を重視した設計を担当

　これらのエージェントがWebアプリケーションの設計について議論を行うとします。議論のプロセスは次のようになるのではないでしょうか。

1. アーキテクチャ設計エージェントが初期の設計案を提示する
2. 各専門エージェントが、自身の観点から設計案を評価し、さらなる改善案を議論する
3. アーキテクチャ設計エージェントが指摘を踏まえて設計案を修正する
4. 修正案に対して、再び各エージェントが評価を行い、さらなる改善案を議論する
5. 議論が行き詰まった場合は、新たな技術トレンドや事例研究を導入し、議論を活発化させる
6. すべてのエージェントが合意できる設計案に達するまで、ステップ2〜5を繰り返す
7. 最終的な設計案を人間の専門家チームに提出し、レビューと承認を受ける

　このプロセスを通じて、パフォーマンス、セキュリティ、コスト効率など、多面的な要素を考慮したバランスの取れた設計案を、エージェントの力で導き出すことができます。

　議論ベースの協調パターンの実装では、これまでの協調パターンと同様に各AIエージェントの「個性」や「専門性」をLLMのプロンプトに組み込むことが重要です。たとえばセキュリティ担当のエージェントのプロンプトには「あなたは経験豊富なサイバーセキュリティ専門家です。これまでいくつもの重大なインシデントへの対応を経験してきました。あなたの経験をもとに、提案された設計のセキュリティ上の脆弱性を特定し、改善案を提示してください。」といった指示を含めます。

342

また、議論の進行を管理し、合意形成を促進する「モデレーターエージェント」「ファシリテーターエージェント」を導入することも効果的だと考えられます。これらのエージェントは、議論が建設的に進むよう調整し、必要に応じて追加の情報や視点を提供します。

議論ベースの協調パターンの利点は、複数の専門的な視点を組み合わせることで、より包括的で質の高い解決策を生み出せることです。また、議論のプロセスを通じて、潜在的な問題点や改善の機会を早期に発見できます。

一方でこのパターンの課題としては、議論が発散してしまう可能性があること、合意形成に時間がかかる、もしくは合意形成に至らない可能性があることが挙げられます。人間の合意形成プロセスと同様に、エージェント間の意見の対立をどのようにファシリテーションするかも、重要な課題となります。

関連するパターン

- 役割ベースの協調（Role-based Cooperation）：議論ベースの協調は、役割ベースの協調を拡張したものと考えることができる。各エージェントの役割や専門性を明確にすることで、より効果的な議論が可能になる
- クロスリフレクション（Cross-Reflection）：議論ベースの協調では、エージェント間で互いの意見を評価し合うため、クロスリフレクションの要素が含まれている。これにより、各エージェントの判断や提案の質を向上させることができる
- 投票ベースの協調（Voting-based Cooperation）：議論の結果、完全な合意に至らない場合、最終的な意思決定を投票で行うことができる。議論ベースの協調と投票ベースの協調を組み合わせることで、より公平で透明性の高い意思決定プロセスを実現できる
- マルチモーダルガードレール（Multimodal Guardrails）：議論の過程で、倫理的な問題や法的な制約に抵触しないよう、マルチモーダルガードレールを適用することで、適法の範囲内で議論を進めることができる
- プロンプト／レスポンス最適化（Prompt/Response Optimizer）：各エージェントの発言の質を高めるために、LLMへの入力に対しプロンプト／レスポンス最適化を適用することで、より効果的な議論を期待できる

15. マルチモーダルガードレール（Multimodal Guardrails）

マルチモーダルガードレール（図11.16）は、AIエージェントの入出力を制御し、特定の要件（ユーザー要求、倫理基準、法律など）に適合させるためのパターンです。このパターンは、AIエージェントの動作を安全で信頼できるものにし、望ましくない結果や有害な影響を防ぐために使用されます。

第11章 エージェントデザインパターン

図11.16 マルチモーダルガードレール[注21]

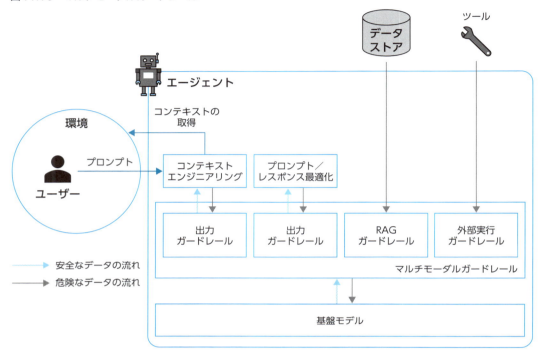

マルチモーダルガードレールは、テキスト、画像、音声などの複数の形式（モダリティ）の入出力に対応できるため、さまざまな種類のAIエージェントに適用可能です。とくに、一般ユーザーと直接対話するLLMアプリケーションにおいて、このパターンは重要な役割を果たすと考えられます。

図11.16では次の点について出力の制御（ガードレール）を設けています。

- ユーザーからの入力に対する基盤モデルからの応答（出力ガードレール）
- プロンプト／レスポンス最適化に対する基盤モデルからの応答（出力ガードレール）
- 外部情報源からの参照情報（RAGガードレール）
- 外部ツールの実行結果（外部実行ガードレール）

具体例として、一般向けQ&Aチャットボットにマルチモーダルガードレールを適用する場合を考えてみましょう。このチャットボットは、顧客からの問い合わせに対応し、製品情報の提供や、簡単なトラブルシューティングを行います。

注21　Liu et al. (2024)「エージェントデザインパターンカタログ（Agent Design Pattern Catalogue）」内の図を参考に筆者が作成。

11.2　18のエージェントデザインパターン

1. 入力フィルタリング
   - 不適切な言葉や攻撃的な表現を含む質問をブロックし、丁寧な言葉遣いを促す警告メッセージを表示する
   - 個人情報（クレジットカード番号、マイナンバーなど）が入力された場合、その情報を自動的に削除し、セキュリティ上の理由から個人情報を共有しないよう注意を促す
2. 出力制御
   - 回答に含まれる製品情報や価格が最新かつ正確であることを確認するため、データベースと照合する
   - 法的責任を負う可能性のある表現（例：「この製品は○○病に効果があります」）を検出し、適切な免責事項を追加する
   - ブランドイメージに沿った言葉遣いや表現を使用していることを確認し、必要に応じて修正する
3. マルチモーダル対応
   - ユーザーがアップロードした画像に不適切なコンテンツが含まれていないか、画像認識モデルを用いてチェックする
   - 音声入力の場合、音声をテキストに変換したあと、テキストベースのガードレールを適用する
   - チャットボットが画像や図表を生成する場合、生成された視覚コンテンツが提供企業におけるブランドガイドラインに準拠しているか確認する
4. コンテキスト認識
   - ユーザーとの会話履歴を考慮し、一貫性のある応答を維持する。たとえば、以前の質問ですでに提供した情報と矛盾する回答を避ける
   - ユーザーの質問の意図を正確に理解し、不適切な文脈での回答を避ける。たとえば、製品の欠陥に関する質問に対して、無関係な製品の宣伝を行わない
5. 倫理的配慮
   - 差別的な表現や偏見を含む回答を検出し、より中立的な表現に置き換える
   - 健康や安全に関する質問に対しては、医療的なアドバイスの提供を避けるようにし、専門家への相談を促す注意書きを追加する
6. セキュリティとプライバシー
   - ユーザーのプライバシーを保護するため、回答に個人を特定できる情報が含まれていないか確認する
   - プロンプトインジェクションなどにより、システムの脆弱性につながる可能性のある内容が開示されないようにする

第11章　エージェントデザインパターン

7. エスカレーション
   - チャットボットが適切に対応できない複雑な質問や要求を検出し、人間のオペレーターにエスカレーションするしくみを実装する
8. フィードバックループ
   - ユーザーの反応（満足度、追加質問の有無など）を分析し、ガードレールの有効性を評価する
   - 定期的にガードレールの設定を見直し、新たな要件や発見された問題に対応して更新する

　マルチモーダルガードレールの利点は、AIエージェントの動作を制御可能にし、信頼性と安全性を向上させることです。とくに、一般ユーザーと直接対話するようなシステムにおいて、法的リスクの軽減、ブランド価値の保護、ユーザー体験の向上などに貢献します。

　一方でこのパターンの課題としては、過度に制限的なガードレールが回答の柔軟性や創造性を損なう可能性がある点が挙げられます。また、複数のモダリティに対応するガードレールの開発と維持には、相当の労力が必要になる可能性があります。ガードレール実行のためのシステムパフォーマンス低下とのバランスも取る必要があります。

関連パターン

- プロンプト／レスポンス最適化（Prompt/Response Optimizer）：マルチモーダルガードレールと組み合わせることで、制約条件を満たしつつ最適な応答を生成できる
- クロスリフレクション（Cross-Reflection）：複数のAIエージェントによる相互チェックを通じて、ガードレールの有効性を高めることができる
- 役割ベースの協調（Role-based Cooperation）：異なる役割を持つAIエージェントにそれぞれ適したガードレールを適用することでリスクを軽減することができる
- 検索拡張生成（Retrieval-Augmented Generation：RAG）：最新の情報や正確なデータを参照しながら応答を生成することで、ガードレールの一部として機能し、不正確な情報の提供を防ぐことができる
- セルフリフレクション（Self-Reflection）：AIエージェントが自身の出力をガードレールに照らして評価し、必要に応じて修正を行うことができる
- エージェントアダプター（Agent Adapter）：異なるモダリティのデータや外部システムとの連携を円滑にし、ガードレールの適用範囲を拡大する

16. ツール／エージェントレジストリ（Tool/Agent Registry）

ツール／エージェントレジストリ（図11.17）は、AIエージェントシステム内で利用可能なさまざまなツールやエージェント（サブエージェント）を一元管理し、必要に応じて適切なものを選択・呼び出すためのパターンです。このパターンは、AIエージェントがより多くのタスクに対応するための基盤となります。

図11.17　ツール／エージェントレジストリ[注22]

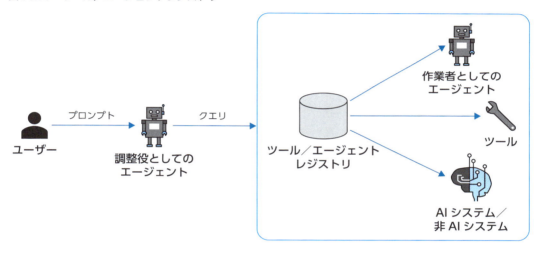

ツール／エージェントレジストリの実装手順は次のようになります。

1. 利用可能なツールやエージェントの一覧を作成し、それぞれの機能、入出力形式、使用条件などを定義する
2. ツールやエージェントを分類し、カテゴリやタグを付与して整理する
3. 各ツール／エージェントへのアクセス方法（APIエンドポイント、関数呼び出しなど）を標準化する
4. ツール／エージェントの検索、選択、呼び出しを行うためのインターフェースを実装する
5. 新しいツール／エージェントの追加や既存のものの更新を容易に行えるメカニズムを用意する
6. ツール／エージェントの使用状況や性能をモニタリングし、最適化するためのしくみを実装する

注22　Liu et al. (2024)「エージェントデザインパターンカタログ（Agent Design Pattern Catalogue）」内の図を参考に筆者が作成。

第11章　エージェントデザインパターン

　具体例として、ソフトウェア開発プロジェクトにおいて、人間とAIエージェントが協働するケースで役に立つツール／エージェントレジストリの実装を考えてみましょう。必要となるツールやエージェントとして、次のようなものが挙げられるのではないでしょうか。

1. **コード関連ツール**
   - コード生成AIエージェント（各種プログラミング言語対応）
   - コードレビューAIエージェント
   - リファクタリング支援ツール
   - 静的解析ツール
2. **テスト関連ツール**
   - ユニットテスト生成AIエージェント
   - インテグレーションテスト自動化ツール
   - パフォーマンステストツール
3. **ドキュメント関連ツール**
   - ドキュメント生成AIエージェント
   - API仕様書自動生成ツール
4. **プロジェクト管理ツール**
   - タスク割り当てAIエージェント
   - 進捗管理AIエージェント
   - リソース最適化ツール
5. **インフラストラクチャ関連ツール**
   - クラウドリソース最適化AIエージェント
   - TerraformなどのIaC[注23]生成ツール
   - コンテナ設定最適化ツール
6. **セキュリティ関連ツール**
   - ペネトレーション（脆弱性）テストツール
   - 脆弱性スキャンツール
   - セキュリティポリシーチェックツール

　このようなツール／エージェントレジストリを使用したワークフローがあるとすると、次のようなシナリオが考えられます。

注23　Infrastructure as Code

11.2　18のエージェントデザインパターン

1. **新しい機能の実装の開始時**
   - コード生成 AI エージェントを呼び出し、初期コードのスケルトンを生成する
   - 生成されたコードに対して、静的解析ツールとフォーマッターを適用する
   - コードレビュー AI エージェントを使用して、初期レビューを行う

2. **テストフェーズの実施時**
   - ユニットテスト生成 AI エージェントを使用して、テストケースを自動生成する
   - インテグレーションテスト自動化ツールを呼び出し、テストを実行する
   - パフォーマンステストツールを適用して非機能要件を満たすことを確認する

3. **ドキュメント作成時**
   - ドキュメント生成 AI エージェントを使用して、初期ドラフトを作成する
   - API 仕様書自動生成ツールを呼び出し、最新の API ドキュメントを生成する

4. **プロジェクト管理の実施時**
   - タスク割り当て AI エージェントを使用して、チームメンバーにタスクを最適に分配する
   - 進捗管理 AI エージェントを定期的に呼び出し、プロジェクトの進捗状況を分析する
   - リソース最適化ツールを使用して、人的リソースと時間の配分を最適化する

5. **インフラストラクチャの設定と最適化の実施時**
   - クラウドリソース最適化 AI エージェントを使用して、必要なリソースを見積もる
   - IaC 生成ツールを呼び出し、インフラストラクチャのコードを自動生成する
   - コンテナ設定最適化ツールを適用して、Dockerfile や Kubernetes マニフェストを最適化する

6. **セキュリティ対策の実施時**
   - ペネトレーションテストツールを実行し、顕在している脆弱性を検出する
   - 脆弱性スキャンツールを実行し、潜在的な脆弱性を検出する
   - セキュリティポリシーチェックツールを適用して、組織のセキュリティ基準への準拠を確認する

　ツール／エージェントレジストリの利点は、AI エージェントが利用できるツールやエージェントのバリエーションが広がれば広がるほど、多様なタスクに対応していくことができる点です。さらに AI エージェント自身が、どのようにツールやエージェントを利用するのかを決定するため、ツールを拡充しても、通常のソフトウェアと比べてインテグレーションコストがかかりづらい点も利点として挙げられます。

　一方でこのパターンの課題としては、多数のツールやエージェントが正常動作することを担保し続けなくてはいけない点と、AI エージェント自身がいかに適切なツールやエージェントを選定でき

るかに実行品質が左右される点が挙げられます。

関連するパターン

- 役割ベースの協調（Role-based Cooperation）：ツール／エージェントレジストリと組み合わせることで、各役割に適したツールやエージェントを効率的に割り当てることができる
- マルチモーダルガードレール（Multimodal Guardrails）：レジストリ内のツールやエージェントに対して、適切なガードレールを適用することで、安全性と信頼性を確保できる
- プロンプト／レスポンス最適化（Prompt/Response Optimizer）：各ツールやエージェントの使用時に、最適化されたプロンプトを生成することで、より効果的な結果を得ることができる
- クロスリフレクション（Cross-Reflection）：複数のツールやエージェントの結果を相互評価することで、より信頼性の高い出力を得ることができる
- 検索拡張生成（Retrieval-Augmented Generation：RAG）：レジストリ内のツールやエージェントの使用方法や最新の情報を、検索を通じて効率的に提供することができる。ツール候補の絞り込みに使用することも有用
- エージェントアダプター（Agent Adapter）：レジストリ内の多様なツールやエージェントとの効率的な連携を可能にし、システムの柔軟性を高める
- エージェント評価器（Agent Evaluator）：レジストリ内のツールやエージェントの性能を評価し、最適な選択を支援する

17. エージェントアダプター（Agent Adapter）

エージェントアダプター（図11.18）は、AIエージェントと外部ツールやシステムとの間のインターフェースを提供するパターンです。このパターンは、異なる形式やプロトコルを持つ多様なツールやシステムと、AIエージェントを連携させるケースで有効に活用できます。

図11.18 エージェントアダプター[注24]

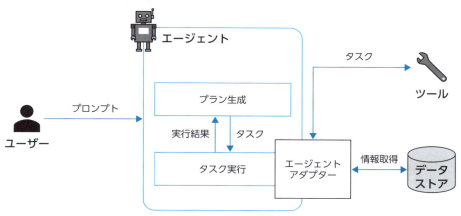

エージェントアダプターの実装手順は次のようになります。

1. 連携対象の外部ツールやシステムを特定する
2. 各ツール・システムのAPI仕様や入出力形式を分析する
3. それぞれのツールを呼び出すための関数を作成する
4. エラーハンドリングやリトライのメカニズムを実装する
5. 必要に応じて、ツールの使用方法や制約条件をLLMのプロンプトに含める

具体例として、多様な業務アシスタントとして動作するAIエージェントを考えてみましょう。たとえば業務アシスタントの業務として、カレンダーへのアクセスとメール送信が必要だとした場合、LangChainのTool機能を使うと、それぞれの機能をAIエージェントが使うためのツールとして定義することができます。このことから、LangChainではTool機能がエージェントアダプターパターンの実装として機能していることがわかります。LangChainのTool機能を利用したコード例は次のとおりです（カレンダーへのアクセス、メールクライアントへのアクセスの処理は記載していないため、このままでは動かないコードです）。

注24　Liu et al. (2024)「エージェントデザインパターンカタログ（Agent Design Pattern Catalogue）」内の図を参考に筆者が作成。

第11章　エージェントデザインパターン

```python
from typing import Optional
from langchain.tools import tool
from langchain_core.pydantic_v1 import BaseModel, Field

# カレンダー管理ツールの入力スキーマ
class CalendarEventInput(BaseModel):
    action: str = Field(description="'add', 'update', 'delete', 'get'のいずれかの操作を
設定します")
    event_data: dict = Field(description="カレンダーイベントの詳細")

@tool("calendar-event", args_schema=CalendarEventInput)
def calendar_event(action: str, event_data: dict) -> dict:
    """カレンダー管理ツールへのアクセスが必要な場合に使用します"""
    # カレンダーAPIとの実際の通信処理
    # ....
    return {"status": "success", "message": f"{action} event successful"}

# メールクライアントの入力スキーマ
class SendEmailInput(BaseModel):
    to: list[str] = Field(description="送信先のメールアドレス")
    subject: str = Field(description="メールのタイトル")
    body: str = Field(description="メールの本文")
    attachments: Optional[list[str]] = Field(default=None, description="添付ファイルの
ファイルパスのリスト")

@tool("send-email", args_schema=SendEmailInput)
def send_email(to: List[str], subject: str, body: str, attachments: Optional[list[
str]] = None) -> bool:
    """メール送信が必要な場合に使用します"""
    # メール送信処理
    # ...
    return True
```

　第12章で紹介するcreate_react_agent（LangGraphのプリビルト関数）を利用すると、このツールを利用するエージェントを定義することができます。コード例は次のとおりです。

```python
from langchain_openai import ChatOpenAI
from langgraph.prebuilt import create_react_agent

# チャットモデルの定義
llm = ChatOpenAI()

# エージェントの定義
agent = create_react_agent(model=llm, tools=[calendar_event, send_mail])

# エージェントの実行
agent.invoke({
```

@toolでデコレーションした関数をエージェントで
利用するツールとして設定

```
    "messages": [("human", "明日の午後2時に打ち合わせのスケジュールを登録して、チームにミーティング
の通知メールを送信して")]
})
```

このコードを実行すると、エージェントはユーザーの要求を実現するために次の動作を行います。

1. calendar_event ツールを使用して、明日の午後2時にミーティングをスケジュールする
2. send_email ツールを利用して、チームにミーティングの通知メールを送信する

エージェントアダプターを実装する際の課題としては、多様なツールのインターフェースをコードとして実装する必要があること、システム間認証やアクセス権限の安全な管理、外部システムとの連携コードのバージョンアップへの継続的な対応が挙げられます。また、利用しているLLM自体のバージョンアップにより、エージェントによるツールの利用方法に差異が生じるといったシステム影響も考慮する必要があります。

関連するパターン
- ツール／エージェントレジストリ（Tool/Agent Registry）：エージェントアダプターと組み合わせることで、多様なツールやシステムを効率的に管理し、適切に選択・実行することができる
- プロンプト／レスポンス最適化（Prompt/Response Optimizer）：エージェントのプロンプトを最適化し、より効果的なツール使用を促すことができる
- マルチモーダルガードレール（Multimodal Guardrails）：ツール実行時にも、入出力の適切性をチェックし、セキュリティやプライバシーを確保することができる
- エージェント評価器（Agent Evaluator）：ツールの使用パターンや効果を評価し、アダプターの性能を継続的に改善することができる
- 検索拡張生成（Retrieval-Augmented Generation：RAG）：ツールの使用方法や制約条件に関する情報を必要に応じて検索・参照することで、より適切なツール使用を実現できる

第11章　エージェントデザインパターン

> COLUMN
>
> ## LangChainのTool機能
>
> 　エージェントアダプターの解説で使用したサンプルコードのように、LLMが外部ツール（コード内の関数など）を使用することをTool callingと呼びます。Tool callingはAIエージェントの開発のみならず、通常のLLMアプリケーション開発でも多用される機能なので、LangChainではTool callingの実装を円滑化するための機能が用意されています。
>
> 　Tool機能はその1つです。Tool機能は入力スキーマやツール自体の説明を、LangChainのTool callingで使える形式に変換するための機能です。Tool callingはLLM自身に「どのツールをどのような引数で呼び出すか」を推論させるためのしくみなので、LLMを呼び出す際に「どのようなツールがあって、それぞれのツールはどのような引数を持っているか」の情報を渡す必要があります。
>
> 　このとき、「どのようなツールがあるか？」にはツール自体の説明を渡し、「どのような引数で呼び出すか？」は入力スキーマの情報を渡すことによって実現します。
>
> 　次のコードでは、CalendarEventInputクラスが入力スキーマとして定義されており、calendar_event関数に設定されているdocstringの内容がツール自体の説明となっています。@toolデコレータが設定されている関数は、LangChainの機能でツールとして扱うことができるようになります。
>
> ```python
> # カレンダー管理ツールの入力スキーマ
> class CalendarEventInput(BaseModel):
>     action: str = Field(description="'add', 'update', 'delete', 'get'のいずれかの操作を設定します")
>     event_data: dict = Field(description="カレンダーイベントの詳細")
>
> @tool("calendar-event", args_schema=CalendarEventInput)
> def calendar_event(action: str, event_data: dict) -> dict:
>     """カレンダー管理ツールへのアクセスが必要な場合に使用します"""
>     # カレンダーAPIとの実際の通信処理
>     # ....
>     return {"status": "success", "message": f"{action} event successful"}
> ```
>
> 　ツールの定義方法には@toolデコレータを使う方法以外にもBaseToolクラスを継承したクラスの形で定義する方法もあります。詳細については次の公式ドキュメントを参照してください。
>
> **▌参照：LangChain > Tools**
>
> https://python.langchain.com/v0.2/docs/how_to/#tools

18. エージェント評価器（Agent Evaluator）

　エージェント評価器（図11.19）は、AIエージェントの性能や動作を評価し、その結果をAIエージェントにフィードバックするパターンです。セルフリフレクションやクロスリフレクションのようにAIエージェントにその場でフィードバックするためのしくみではなく、AIエージェントの一連の動作ログなどを通じた定性・定量評価を行ったうえで、設計や実装面でAIエージェントをアップデートするためのしくみです。

図11.19　エージェント評価器[注25]

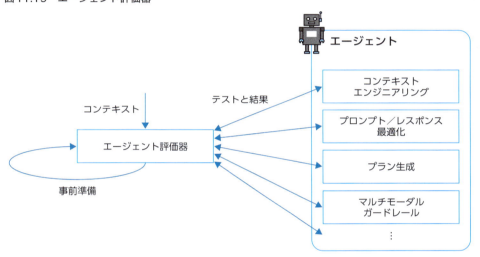

　エージェント評価器の実装手順は次のようになります。

1. 評価対象のAIエージェントとそのコンポーネントを特定する
2. 評価基準や指標を定義する（例：機能適合性、効率性、適応性）
3. テストケースや評価シナリオを作成する
4. エージェントに対して評価を実行する
5. 結果を分析し、スコアリングや評価レポートを生成する
6. 評価結果に基づいて、改善点や最適化の提案を行う
7. 必要に応じて、エージェントの調整や再設計を行う

注25　Liu et al.（2024）「エージェントデザインパターンカタログ（Agent Design Pattern Catalogue）」内の図を参考に筆者が作成。

第11章 エージェントデザインパターン

　具体例として、カスタマーサポート業務を行うAIエージェントの評価を考えてみましょう。エージェント評価器は次のような評価を行います。

1. **応答の正確性**
   - 顧客の質問に対する回答の正確さを評価
   - 誤った情報の提供回数をカウント

2. **応答時間**
   - 顧客からの問い合わせに対する初期応答時間を計測
   - 問題解決までの総所要時間を計測

3. **問題解決率**
   - 初回の応答で問題が解決された割合を算出
   - エスカレーションが必要だった案件の割合を算出

4. **顧客満足度**
   - 対応後の顧客フィードバックスコアを集計
   - ポジティブ／ネガティブな感情表現の割合を分析

5. **言語の適切性**
   - 専門用語の適切な使用を評価
   - 文法的な正確さや自然な表現を評価

6. **コンテキスト理解**
   - 複数回のやり取りにおける文脈の理解度を評価
   - 以前の対話履歴の適切な活用を確認

7. **ポリシー遵守**
   - 企業のガイドラインや法的要件の遵守を確認
   - 個人情報の適切な取り扱いを評価

　エージェント評価器は、これらの評価結果を分析し、たとえば次のようなフィードバックを提供します。

- 「応答の正確性は90%で目標を達成していますが、専門的な製品問い合わせにおいて誤りが多く見られます。該当分野の知識ベースの拡充が推奨されます。」
- 「平均応答時間は目標を20%上回っていますが、ピーク時間帯の性能低下が顕著です。負荷分散やリソース割り当ての最適化が必要です。」

- 「顧客満足度スコアは先月比5%向上しましたが、技術的な問題に関する説明でわかりにくさが指摘されています。説明の簡略化や視覚資料の活用を検討してください。」

エージェント評価器を実装する際の課題としては、評価指標の適切な設定（定量的指標と定性的指標のバランス）、評価データの信頼性確保、オンライン評価とオフライン評価の使い分け、評価結果の解釈からの具体的な改善アクションへの変換方法などがあります。

関連パターン

- セルフリフレクション（Self-Reflection）：エージェント評価器の結果を入力として、エージェント自身が自己評価や改善を行うことができる
- クロスリフレクション（Cross-Reflection）：複数のエージェント評価器を用いて、異なる視点から評価を行うことができる
- ヒューマンリフレクション（Human-Reflection）：エージェント評価器の結果を人間が確認し、追加のフィードバックを提供することで、評価の質を向上させることができる
- マルチモーダルガードレール（Multimodal Guardrails）：エージェント評価器の結果に基づいて、ガードレールの設定を動的に調整することができる
- プロンプト／レスポンス最適化（Prompt/Response Optimizer）：エージェント評価器の結果を用いて、プロンプトやレスポンスの最適化を行うことができる

11.3 まとめ

本章では18のエージェントデザインパターンについて、それぞれ解説を試みました。これらのパターンは、AIエージェントの開発におけるさまざまな課題に対して、有効な設計手法を提案しています。

- 目標設定と計画生成
  ユーザーの意図を正確に理解し、効果的な行動計画を立てるためのパターンを学びました。
- 推論の確実性向上
  AIエージェントの出力の信頼性を高めるためのパターンを学びました。

第11章 エージェントデザインパターン

- エージェント間の協調
  複数のAIエージェント同士が協力して複雑なタスクを解決するためのパターンを学びました。
- 入出力制御
  AIエージェントの動作を安全で信頼できるものにするためのパターン、適切なツールやエージェントの選択によってAIエージェントの性能を高めるためのパターンを学びました。

　一方でエージェントデザインパターンは概念的な内容であるため、具体的な実装イメージがわきにくい部分もあったのではないでしょうか。第12章ではここで紹介したいくつかのパターンについて、これまでに学んできたLangChainとLangGraphの知識を活用して、簡単な実装を試みていきます。

第 **12** 章

LangChain/LangGraphで 実装するエージェント デザインパターン

本章では、第11章で紹介したエージェントデザインパターンの中から、とくに重要かつ相互に関連する7つのパターンを取り上げ、LangChain、LangGraphによる実装方法について解説します。

西見公宏

第12章 LangChain/LangGraphで実装するエージェントデザインパターン

12.1 本章で扱うエージェントデザインパターン

本章で扱うパターンは次のとおりです。

- パッシブゴールクリエイター（Passive Goal Creator）
- プロンプト／レスポンス最適化（Prompt/Response Optimizer）
- シングルパスプランジェネレーター（Single-Path Plan Generator）
- マルチパスプランジェネレーター（Multi-Path Plan Generator）
- セルフリフレクション（Self-Reflection）
- クロスリフレクション（Cross-Reflection）
- 役割ベースの協調（Role-Based Cooperation）

これらのパターンは、AIエージェントの設計と実装において、目標設定から計画生成、推論の確実性向上、そしてエージェント間の協調に至るまでの幅広い観点をカバーしています[注1]。

まずはパッシブゴールクリエイターパターンから始め、パッシブゴールクリエイターパターンで生成された結果をプロンプト／レスポンス最適化パターンで拡張し、その結果を踏まえてシングルパスプランジェネレーターパターンでエージェント的な動作による出力をする、といった形で、各パターンを組み合わせながら、動作するエージェントを作り上げていきます。

注1 「検索拡張生成（Retrieval-Augmented Generation：RAG）」も有名なパターンですが、すでに第4章と第6章で解説済みのため、本章では割愛します。

12.2 環境設定

本章のサンプルコードはGoogle Colab上で動作するように作成しています。Google Colabにて動作確認をしたい方は、次の手順に従って環境設定を行ってください。

1. リポジトリのクローン

```
!git clone https://github.com/GenerativeAgents/agent-book.git
```

2. ディレクトリへの移動

```
%cd agent-book
%cd chapter12
```

3. 必要なライブラリのインストール

```
!pip install langchain-core==0.3.0 langchain-community==0.3.0 \
  langgraph==0.2.22 langchain-openai==0.2.0 langchain-anthropic==0.2.0 \
    numpy==1.26.4 faiss-cpu==1.8.0.post1 \
      pydantic-settings==2.5.2 retry==0.9.2 decorator==4.4.2
```

4. 環境変数のセットアップ

```
import os
from google.colab import userdata

os.environ["OPENAI_API_KEY"] = userdata.get("OPENAI_API_KEY")
os.environ["ANTHROPIC_API_KEY"] = userdata.get("ANTHROPIC_API_KEY")
os.environ["TAVILY_API_KEY"] = userdata.get("TAVILY_API_KEY")
os.environ["LANGCHAIN_TRACING_V2"] = "true"
os.environ["LANGCHAIN_ENDPOINT"] = "https://api.smith.langchain.com"
os.environ["LANGCHAIN_API_KEY"] = userdata.get("LANGCHAIN_API_KEY")
os.environ["LANGCHAIN_PROJECT"] = "agent-book"
```

各APIキーの取得方法については次の章をご参照ください。

- OpenAIのAPIキー取得方法の解説：第2章2.4節の「OpenAIのAPIを使用するための登録」

第 12 章　LangChain/LangGraph で実装するエージェントデザインパターン

- Anthropic の API キー取得方法の解説：付録 A.1 節の「Anthropic のサインアップ」
- Tavily の API キー取得方法の解説：第 5 章 5.4 節「RunnablePassthrough—入力を そのまま出力する」の Tavily サインアップ方法
- LangSmith の API キー取得方法の解説：付録 A.1 節の「LangSmith のサインアップ」

5. プログラムの実行

ステップ 4 までの設定が完了したあとは、次のコマンドで各パターンを実装したプログラムを起動することができます。

パッシブゴールクリエイター

```
!python -m passive_goal_creator.main --task "[プログラムへの入力]"
```

プロンプト／レスポンス最適化

```
!python -m prompt_optimizer.main --task "[プログラムへの入力]"
```

シングルパスプランジェネレーター

```
!python -m single_path_plan_generation.main --task "[プログラムへの入力]"
```

マルチパスプランジェネレーター

```
!python -m multi_path_plan_generation.main --task "[プログラムへの入力]"
```

セルフリフレクション

```
!python -m self_reflection.main --task "[プログラムへの入力]"
```

クロスリフレクション

```
!python -m cross_reflection.main --task "[プログラムへの入力]"
```

役割ベースの協調

```
!python -m role_based_cooperation.main --task "[プログラムへの入力]"
```

各パターンの実装コードの掲載について

各パターンの実装コードは、付録 A.2 にてパターン別に掲載しています。各パターンの解説とあわせてご参照ください。

12.3 パッシブゴールクリエイター（Passive Goal Creator）

 実装内容の解説

　パッシブゴールクリエイターパターンは、ユーザーの入力から具体的な目標を抽出するパターンです。実行されるコンテキストによってはさまざまな考慮事項があるかと思いますが、ここではシンプルにプロンプトのみを用い、ユーザーの入力を、「目標」の内容が表現されているデータモデルのオブジェクトに変換する形で実装しています。

「目標」を表現するデータモデル

　「目標」のデータモデルはPydanticのBaseModelを用いて表現しています。コードは次のとおりです。

```python
class Goal(BaseModel):
    description: str = Field(..., description="目標の説明")

    @property
    def text(self) -> str:
        return f"{self.description}"
```

　ここでは目標を表すGoalクラスを定義しています。クラスにtextプロパティを定義することで、目標の値を文字列として簡単に取得できるようにしています。このようなインターフェースの標準化は、オブジェクトの値をプロンプトに代入するケースで便利に使えます。

プロンプトとチェーン

　パッシブゴールクリエイターのプロンプトは次のように定義しました。ユースケースによっては「明確で実行可能な目標とは何か」をプロンプト内で掘り下げる必要はあると思いますが、今回は汎用的かつシンプルな例ということで、明確で実行可能な目標についてはLLM自身に考えてもらうプロンプトにしています。

```python
self.prompt = ChatPromptTemplate.from_template(
    "ユーザーの入力を分析し、明確で実行可能な目標を生成してください。\n"
    "要件:\n"
    "1. 目標は具体的かつ明確であり、実行可能なレベルで詳細化されている必要があります。\n"
    "2. あなたが実行可能な行動は以下の行動だけです。\n"
```

第12章 LangChain/LangGraphで実装するエージェントデザインパターン

```
"    – インターネットを利用して、目標を達成するための調査を行う。\n"
"    – ユーザーのためのレポートを生成する。\n"
"3. 決して2.以外の行動を取ってはいけません。\n"
"ユーザーの入力: {query}"
)
```

LLMの出力をGoalモデルの構造に合わせるためwith_structured_outputを利用しています。

```
chain = prompt | self.llm.with_structured_output(Goal)
return chain.invoke({"query": query})
```

with_structured_outputでデータモデルクラスを指定すると、LLMがTool callingを使用し、指定したデータ構造に合わせて出力データを生成するように制御します。

このように定義したチェーンを実行すると、Goalのオブジェクトとして出力結果が返ります。

```
# 呼び出し側
goal_creator = PassiveGoalCreator(llm=llm)
result: Goal = goal_creator.run(query=args.task)
```

COLUMN

Settingsクラスについて

　本章で解説している各パターンのサンプルコードで利用する、LLMのモデル名などの共通の値についてはSettingsクラスにまとめています。

　Settingsクラスの実装は次のとおりです。

```
import os

from pydantic_settings import BaseSettings, SettingsConfigDict


class Settings(BaseSettings):
    model_config = SettingsConfigDict(
        env_file=".env",
        env_file_encoding="utf-8",
    )

    OPENAI_API_KEY: str
    ANTHROPIC_API_KEY: str = ""
    TAVILY_API_KEY: str
    LANGCHAIN_TRACING_V2: str = "false"
    LANGCHAIN_ENDPOINT: str = "https://api.smith.langchain.com"
    LANGCHAIN_API_KEY: str = ""
    LANGCHAIN_PROJECT: str = "agent-book"
```

12.3　パッシブゴールクリエイター（Passive Goal Creator）

```python
# for Application
openai_smart_model: str = "gpt-4o"
openai_embedding_model: str = "text-embedding-3-small"
anthropic_smart_model: str = "claude-3-5-sonnet-20240620"
temperature: float = 0.0
default_reflection_db_path: str = "tmp/reflection_db.json"

def __init__(self, **values):
    super().__init__(**values)
    self._set_env_variables()

def _set_env_variables(self):
    for key in self.__annotations__.keys():
        if key.isupper():
            os.environ[key] = getattr(self, key)
```

　この実装では、.envファイルから設定値を読み出すためにpydantic_settingsというライブラリを使用しています。pydantic_settingsはPydantic公式のライブラリであり、.envファイルから読み出した値も含め、あらゆる設定値をPydanticのデータモデルのように型アノテーション付きで定義することができます。実装コードでは、.envファイルから設定値を読み出すのと同時に、OPENAI_API_KEYのように大文字で定義されているキーは環境変数にも登録するように、コンストラクタで実装しています。

　非常に便利なライブラリですので、ぜひお手元のプロジェクトでも活用してみてください。

> **参照：Pydantic > Settings Management**
> https://docs.pydantic.dev/latest/concepts/pydantic_settings/

✨ 実行結果

　パッシブゴールクリエイターは次のコマンドで実行することができます。ここではサンプルとして、誰でもわかる例である「カレーライスの作り方」について、パッシブゴールクリエイターを適用してみました。

コマンド

```
!python -m passive_goal_creator.main --task カレーライスの作り方
```

出力結果

```
カレーライスの作り方を調査し、ユーザーのために詳細なレポートを生成する。
```

出力結果では「カレーライスの作り方」というあいまいな要求が、「カレーライスの作り方を調査し、ユーザーのために詳細なレポートを生成する。」という具体的な目標に改善されています。

12.4 プロンプト／レスポンス最適化（Prompt/Response Optimizer）

実装内容の解説

プロンプト／レスポンス最適化は、生成された目標やユーザー要求を、より効果的なプロンプトに変換し、LLMからより質の高い回答を得るためのパターンです。

ここでは、次のプログラムをそれぞれ実装します。

- 入力された目標をもとに、効果的なプロンプトを生成するプログラム（プロンプト最適化）
- 入力された目標をもとに、最適なレスポンス内容を定義するプログラム（レスポンス最適化）

プロンプト最適化

「最適化された目標」を表現するデータモデル

今回の実装では、最適化の定義を「より具体的で測定可能なもの」としました。この定義に従うため、データモデルを次のように実装しています。

```
class OptimizedGoal(BaseModel):
    description: str = Field(..., description="目標の説明")
    metrics: str = Field(..., description="目標の達成度を測定する方法")

    @property
    def text(self) -> str:
        return f"{self.description}(測定基準: {self.metrics})"
```

新しいデータモデルでは、新たにmetricsフィールドが追加されています。metricsフィールドには「目標の達成度を測定する方法」が設定されるよう指示しています。これにより、各目標に対して必ずその達成度を測定するための測定方法が含まれることになります。

プロンプトへの代入を簡単にするため、Goalクラス同様、OptimizedGoalクラスにもtextプロパティを実装しています。

12.4 プロンプト／レスポンス最適化 (Prompt/Response Optimizer)

プロンプトとチェーン

プロンプトでは各目標を具体的、測定可能、達成可能、関連性が高いものに最適化するように指示をしています。

```
prompt = ChatPromptTemplate.from_template(
    "あなたは目標設定の専門家です。以下の目標をSMART原則（Specific: 具体的、Measurable: 測定可能、
Achievable: 達成可能、Relevant: 関連性が高い、Time-bound: 期限がある）に基づいて最適化してくださ
い。\n\n"
    "元の目標:\n"
    "{query}\n\n"
    "指示:\n"
    "1. 元の目標を分析し、不足している要素や改善点を特定してください。\n"
    "2. あなたが実行可能な行動は以下の行動だけです。\n"
    "    - インターネットを利用して、目標を達成するための調査を行う。\n"
    "    - ユーザーのためのレポートを生成する。\n"
    "3. SMART原則の各要素を考慮しながら、目標を具体的かつ詳細に記載してください。\n"
    "    - 一切抽象的な表現を含んではいけません。\n"
    "    - 必ず全ての単語が実行可能かつ具体的であることを確認してください。\n"
    "4. 目標の達成度を測定する方法を具体的かつ詳細に記載してください。\n"
    "5. 元の目標で期限が指定されていない場合は、期限を考慮する必要はありません。\n"
    "6. REMEMBER: 決して2.以外の行動を取ってはいけません。"
)
```

パッシブゴールクリエイターと同様にwith_structured_outputを利用することで、LLMの出力をOptimisedGoalクラスの構造に合わせるようにしています。

```
chain = prompt | self.llm.with_structured_output(OptimizedGoal)
return chain.invoke({"query": query})
```

実行結果

プロンプト最適化は次のコマンドで実行することができます。パッシブゴールクリエイターの出力が改善されていることが比較してわかるよう、今回も「カレーライスの作り方」で実行してみます。

コマンド

```
!python -m prompt_optimizer.main --task "カレーライスの作り方"
```

出力結果

```
インターネットを利用して、カレーライスの作り方に関する信頼性の高い情報を調査し、ユーザーのために具体的な手順
と材料リストを含むレポートを生成する。（測定基準: 生成したレポートに含まれる情報の正確性と詳細度、レポートの
完成度、ユーザーからのフィードバック）
```

第12章　LangChain/LangGraphで実装するエージェントデザインパターン

　パッシブゴールクリエイタによる目標設定が、プロンプト最適化によってさらに具体的になり、かつ測定基準も設けられたことがわかります。

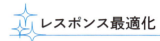
レスポンス最適化

プロンプトとチェーン

　レスポンス最適化では、ユーザーが入力したプロンプトから、そのプロンプトの目標を達成するために必要なレスポンス仕様を出力するプロンプトを定義しています。

```
prompt = ChatPromptTemplate.from_messages(
    [
        (
            "system",
            "あなたはAIエージェントシステムのレスポンス最適化スペシャリストです。与えられた目標に対して、エージェントが目標にあったレスポンスを返すためのレスポンス仕様を策定してください。",
        ),
        (
            "human",
            "以下の手順に従って、レスポンス最適化プロンプトを作成してください：\n\n"
            "1．目標分析：\n"
            "提示された目標を分析し、主要な要素や意図を特定してください。\n\n"
            "2．レスポンス仕様の策定：\n"
            "目標達成のための最適なレスポンス仕様を考案してください。トーン、構造、内容の焦点などを考慮に入れてください。\n\n"
            "3．具体的な指示の作成：\n"
            "事前に収集された情報から、ユーザーの期待に沿ったレスポンスをするために必要な、AIエージェントに対する明確で実行可能な指示を作成してください。あなたの指示によってAIエージェントが実行可能なのは、既に調査済みの結果をまとめることだけです。インターネットへのアクセスはできません。\n\n"
            "4．例の提供：\n"
            "可能であれば、目標に沿ったレスポンスの例を1つ以上含めてください。\n\n"
            "5．評価基準の設定：\n"
            "レスポンスの効果を測定するための基準を定義してください。\n\n"
            "以下の構造でレスポンス最適化プロンプトを出力してください：\n\n"
            "目標分析：\n"
            "[ここに目標の分析結果を記入]\n\n"
            "レスポンス仕様：\n"
            "[ここに策定されたレスポンス仕様を記入]\n\n"
            "AIエージェントへの指示：\n"
            "[ここにAIエージェントへの具体的な指示を記入]\n\n"
            "レスポンス例：\n"
            "[ここにレスポンス例を記入]\n\n"
            "評価基準：\n"
            "[ここに評価基準を記入]\n\n"
            "では、以下の目標に対するレスポンス最適化プロンプトを作成してください：\n"
            "{query}",
        ),
```

12.4 プロンプト／レスポンス最適化 (Prompt/Response Optimizer)

```
    ]
)
```

レスポンス最適化ではとくに出力のデータモデルクラスを用意していないため、StrOutputParser を用い、生成結果を文字列で返すようにします。

```
chain = prompt | self.llm | StrOutputParser()
return chain.invoke({"query": query})
```

実行結果

レスポンス最適化は次のコマンドで実行することができます。

コマンド

```
!python -m response_optimizer.main --task "カレーライスの作り方"
```

出力結果

```
目標分析:
この目標は、カレーライスの作り方に関する詳細なレポートを作成することです。レポートには、信頼性の高い情報源か
ら得た材料、手順、調理時間、コツ、バリエーションが含まれている必要があります。目標の主要な要素は以下の通りで
す:
1. 信頼性の高い情報源を5つ調査すること。
2. 調査結果を基に詳細なレポートを作成すること。
3. レポートには材料、手順、調理時間、コツ、バリエーションが含まれていること。

レスポンス仕様:
- トーン: 専門的でありながら親しみやすいトーン。
- 構造: 明確なセクション分け (材料、手順、調理時間、コツ、バリエーション)。
- 内容の焦点: 各セクションにおいて具体的で実用的な情報を提供すること。
- 長さ: 必要な情報を網羅しつつ、読みやすい長さにする。

AIエージェントへの指示:
1. 既に調査済みのカレーライスの作り方に関する信頼性の高い情報源を5つ選定し、それらの情報を基にレポートを作
成してください。
2. レポートには以下のセクションを含めてください:
    - 材料: 必要な材料とその分量をリストアップ。
    - 手順: 調理の手順をステップバイステップで説明。
    - 調理時間: 各ステップにかかる時間と総調理時間を記載。
    - コツ: 調理の際のポイントや注意点を提供。
    - バリエーション: カレーライスの異なるバリエーションやアレンジ方法を紹介。

レスポンス例:
---
### カレーライスの作り方
```

材料
- 牛肉または鶏肉：300g
- 玉ねぎ：2個
- 人参：1本
- じゃがいも：2個
- カレールー：1箱（約200g）
- 水：800ml
- サラダ油：大さじ2
- 塩、胡椒：適量

手順
1. **材料の準備**：
    - 玉ねぎを薄切りにする。
    - 人参とじゃがいもを一口大に切る。
    - 肉に塩、胡椒を振る。

2. **炒める**：
    - 鍋にサラダ油を熱し、玉ねぎを炒める。玉ねぎが透明になるまで炒める。
    - 肉を加え、表面が白くなるまで炒める。

3. **煮る**：
    - 人参とじゃがいもを加え、水を注ぎ、沸騰させる。
    - アクを取り除き、中火で約20分煮る。

4. **カレールーを加える**：
    - 火を止めてカレールーを加え、完全に溶かす。
    - 再び火をつけ、弱火で10分ほど煮込む。

5. **仕上げ**：
    - 味を見て、必要なら塩、胡椒で調整する。

調理時間
- 材料の準備：15分
- 炒める：10分
- 煮る：20分
- カレールーを加える：10分
- 総調理時間：約55分

コツ
- 玉ねぎをしっかり炒めることで、甘みが増し、カレーの味が深まります。
- じゃがいもは煮崩れしやすいので、煮込みすぎに注意してください。

バリエーション
- **シーフードカレー**：魚介類（エビ、イカ、ホタテなど）を使用。
- **ベジタリアンカレー**：肉を使わず、豆や野菜を多めに使用。
- **スパイシーカレー**：カレールーに加えて、ガラムマサラやチリパウダーを追加。

12.4 プロンプト／レスポンス最適化 (Prompt/Response Optimizer)

```
評価基準:
1. 調査した情報源の数が5つであること。
2. レポートに材料、手順、調理時間、コツ、バリエーションが全て含まれていること。
3. 各セクションが明確に分かれており、読みやすい構造になっていること。
4. 情報が具体的で実用的であること。
```

プログラムではユーザーが入力したプロンプトに対して、次のように処理をかけています。

- ユーザーが入力したプロンプトをパッシブゴールクリエイターによって詳細化
- 詳細化されたプロンプトを入力として、プロンプト最適化によって検証方法まで含まれたプロンプトを作成
- 最適化されたプロンプトを入力として、そのプロンプトの目標が達成されるようなレスポンス仕様をレスポンス最適化によって作成

コードは次のとおりです。

```python
passive_goal_creator = PassiveGoalCreator(llm=llm)
goal: Goal = passive_goal_creator.run(query=args.task)

prompt_optimizer = PromptOptimizer(llm=llm)
optimized_goal: OptimizedGoal = prompt_optimizer.run(query=goal.text)

response_optimizer = ResponseOptimizer(llm=llm)
optimized_response: str = response_optimizer.run(query=optimized_goal.text)

print(f"{optimized_response}")
```

レスポンス最適化によって、AIエージェントに入力するクエリの最適化だけでなく、AIエージェントから出力される内容の最適化までを実現することができます。

また、この例ではレスポンス仕様を示したプロンプトをLLMによって動的に生成していますが、開発者自身がプロンプトをハードコードすることも可能です。業務要件に合わせて特定のフォーマットで出力したい場合は、ハードコードすることも検討するとよいでしょう。

12.5 シングルパスプランジェネレーター（Single-Path Plan Generator）

 実装内容の解説

シングルパスプランジェネレーターは、設定された目標を達成するための一連の具体的なステップを生成するパターンです。

ここではシングルパスプランジェネレーターの動作を確認できるAIエージェントとして、次の一連の処理を接続したワークフローを、LangGraphを用いて実装していきます。

- パッシブゴールクリエイターとプロンプト最適化による目標設定
- 設定された目標に対し、ワンショットモデルクエリとシングルパスプランジェネレーターにより、設定した目標をタスク分解
- タスク分解の結果作成されたタスクリストに基づいて各タスクを実行
- レスポンス最適化によって定義されたレスポンス仕様によるレポート出力

ワークフロー図

それでは今回実装するAIエージェントのワークフロー図（図12.1）を見ていきましょう。

12.5　シングルパスプランジェネレーター（Single-Path Plan Generator）

図12.1　シングルパスプランジェネレーターエージェントのワークフロー図

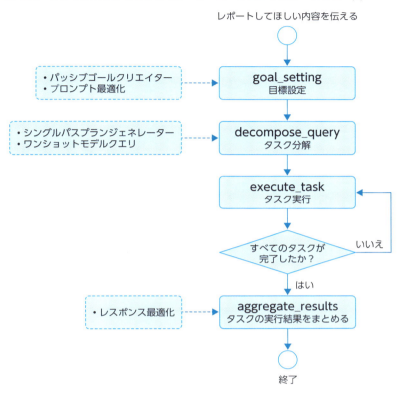

ワークフローは、次の4つのノードによって構成されています。

- goal_setting：目標設定
- decompose_query：タスク分解
- execute_task：タスク実行
- aggregate_results：タスクの実行結果をまとめる

それぞれのノードが、冒頭で述べた処理のステップに対応しています。このように設計上の処理のステップと、実際のコードの対応付けがしやすくなるのも、LangGraphを用いた開発の利点です。

第**12**章　LangChain/LangGraphで実装するエージェントデザインパターン

ステート設計

　ワークフローのステートのデータモデル定義は、SinglePathPlanGenerationState モデルで定義されています。実装コードは次のとおりです。

```
class SinglePathPlanGenerationState(BaseModel):
    query: str = Field(..., description="ユーザーが入力したクエリ")
    optimized_goal: str = Field(default="", description="最適化された目標")
    optimized_response: str = Field(
        default="", description="最適化されたレスポンス定義"
    )
    tasks: list[str] = Field(default_factory=list, description="実行するタスクのリスト")
    current_task_index: int = Field(default=0, description="現在実行中のタスクの番号")
    results: Annotated[list[str], operator.add] = Field(
        default_factory=list, description="実行済みタスクの結果リスト"
    )
    final_output: str = Field(default="", description="最終的な出力結果")
```

SinglePathPlanGenerationState モデルの定義内容は次のとおりです。

- query

  ユーザーからの入力を保持します。

- optimized_goal

  ユーザーからの入力を詳細化／最適化した目標を保持します。

- optimized_response

  詳細化／最適化した目標に対して適切なレスポンス仕様を保持します。

- tasks

  詳細化／最適化した目標をもとにタスク分解した結果を保持します。

- current_task_index

  現在何番目のタスクに取り組んでいるかを保持します。

- results

  各タスクの実行結果を保持します。

- final_output

  aggregate_results ノードの実行結果を保持します。

　今回のワークフローでは、必ずユーザー入力から AI エージェントによる処理が開始されるため、query フィールドのみが必須項目となっています。

　それでは1つずつノードの処理を見ていきましょう。

374

12.5 シングルパスプランジェネレーター（Single-Path Plan Generator）

goal_settingノード：目標設定

goal_settingノードの処理は、ここまでに作成したパッシブゴールクリエイター（PassiveGoal Creator）、プロンプト最適化（PromptOptimizer）、レスポンス最適化（ResponseOptimizer）を活用して実装しています。実装コードは次のとおりです。

```python
def _goal_setting(self, state: SinglePathPlanGenerationState) -> dict[str, Any]:
    # プロンプト最適化
    goal: Goal = self.passive_goal_creator.run(query=state.query)
    optimized_goal: OptimizedGoal = self.prompt_optimizer.run(query=goal.text)
    # レスポンス最適化
    optimized_response: str = self.response_optimizer.run(query=optimized_goal.text)
    return {
        "optimized_goal": optimized_goal.text,
        "optimized_response": optimized_response,
    }
```

goal_settingノードの処理により、以降の処理の入力となるoptimized_goalフィールドとoptimized_responseフィールドが更新されます。

decompose_queryノード：タスク分解

decompose_queryノードの処理はQueryDecomposerクラスによって行います。このクラスが、実質シングルパスプランジェネレーターパターンを実装しているクラスになります。このクラスの実装コードは次のとおりです。

```python
class QueryDecomposer:
    def __init__(self, llm: ChatOpenAI):
        self.llm = llm
        self.current_date = datetime.now().strftime("%Y-%m-%d")

    def run(self, query: str) -> DecomposedTasks:
        prompt = ChatPromptTemplate.from_template(
            f"CURRENT_DATE: {self.current_date}\n"
            "-----\n"
            "タスク: 与えられた目標を具体的で実行可能なタスクに分解してください。\n"
            "要件:\n"
            "1. 以下の行動だけで目標を達成すること。決して指定された以外の行動をとらないこと。\n"
            "   - インターネットを利用して、目標を達成するための調査を行う。\n"
            "2. 各タスクは具体的かつ詳細に記載されており、単独で実行ならびに検証可能な情報を含めること。一切抽象的な表現を含まないこと。\n"
            "3. タスクは実行可能な順序でリスト化すること。\n"
            "4. タスクは日本語で出力すること。\n"
            "目標: {query}"
        )
        chain = prompt | self.llm.with_structured_output(DecomposedTasks)
        return chain.invoke({"query": query})
```

第12章 LangChain/LangGraph で実装するエージェントデザインパターン

前章では、与えられた目標に対して一度のクエリでプラン生成を行うパターンを、ワンショットモデルクエリパターンとして紹介しました。ここではワンショットモデルクエリでプラン生成を行っています。

目標には「来月までに」といった時間的要素が含まれる可能性があるため、具体的な時間軸を考慮したタスク分解ができるよう、現在の日付をタスク分解のプロンプトに設定しています。また、AIエージェントの動作に制約をつけるために、詳細な要件も設定しています。要件が設定されていない場合、「ステークホルダーにヒアリングする」といった、AIエージェントでは実行不可能なタスクも、タスク分解結果に含まれてしまうため、注意が必要です。

タスク分解結果のデータ構造を意図どおりに調整するため、with_structured_output 関数を用い、生成結果が DecomposedTasks 型になるようにしています。DecomposedTasks クラスの実装コードは次のとおりです。

```
class DecomposedTasks(BaseModel):
    values: list[str] = Field(
        default_factory=list,
        min_items=3,
        max_items=5,
        description="3〜5個に分解されたタスク",
    )
```

フィールド定義に min_items（最小要素数）、max_items（最大要素数）を含めることで、生成されるリストの要素数もコントロールすることができます。

decomposed_query ノードでは QueryDecomposer でタスク分解を実行した結果を受け取り、ステートの tasks フィールドを更新します。実装コードは次のとおりです。

```
def _decompose_query(self, state: SinglePathPlanGenerationState) -> dict[str, Any]:
    decomposed_tasks: DecomposedTasks = self.query_decomposer.run(
        query=state.optimized_goal
    )
    return {"tasks": decomposed_tasks.values}
```

execute_task ノード：タスク実行

execute_task ノードでは、decompose_query ノードで得られた tasks フィールドに保存されているタスクを1つずつ取り出し、TaskExecutor クラスでその目標について実行した結果を、results フィールドに実行結果として保存する処理を行っています。

```
def _execute_task(self, state: SinglePathPlanGenerationState) -> dict[str, Any]:
    current_task = state.tasks[state.current_task_index]
    result = self.task_executor.run(task=current_task)
```

12.5　シングルパスプランジェネレーター(Single-Path Plan Generator)

```
    return {
        "results": [result],
        "current_task_index": state.current_task_index + 1,
    }
```

execute_taskノードでどのタスクを実行するべきかは、current_task_indexフィールドの値によって把握するしくみになっています。current_task_indexフィールドの値はexecute_taskノードを実行するたびにインクリメント (1ずつカウントアップ) されます。

生成されたタスクについてすべて処理が完了すると、次の条件付きエッジによりaggregate_resultsノードへ処理が移行します。

```
graph.add_conditional_edges(
    "execute_task",
     lambda state: state.current_task_index < len(state.tasks.goals),
     {True: "execute_task", False: "aggregate_results"},
)
```

実際にタスク実行を行うTaskExecutorクラスの実装コードは次のとおりです。

```
class TaskExecutor:
    def __init__(self, llm: ChatOpenAI):
        self.llm = llm
        self.tools = [TavilySearchResults(max_results=3)]

    def run(self, task: str) -> str:
        agent = create_react_agent(self.llm, self.tools)
        result = agent.invoke(
            {
                "messages": [
                    (
                        "human",
                        (
                            "次のタスクを実行し、詳細な回答を提供してください。\n\n"
                            f"タスク: {task}\n\n"
                            "要件:\n"
                            "1. 必要に応じて提供されたツールを使用してください。\n"
                            "2. 実行は徹底的かつ包括的に行ってください。\n"
                            "3. 可能な限り具体的な事実やデータを提供してください。\n"
                            "4. 発見した内容を明確に要約してください。\n"
                        ),
                    )
                ]
            }
        )
        return result["messages"][-1].content
```

第12章　LangChain/LangGraphで実装するエージェントデザインパターン

このクラスの実装で活用しているcreate_react_agent関数は、LangGraphで事前に用意されているプリビルト関数です。この関数を利用することで、引数で指定したツールを利用してタスクを実行するAIエージェントを簡単に作成することができます。create_react_agent関数の詳細な説明については、コラムを参照してください。

また、ツールにはLangChainで事前に用意されているTavilySearchResultsを利用しています。TavilySearchResultsは、第5章でも紹介のあったRAGに特化したTavilyという検索エンジンを利用し、検索結果を取得するためのツールです。

AIエージェントのプロンプトでは、実行結果に対する要約を要求しています。後続のaggregate_resultsノードでは、この要約を参照して、ユーザー要求に対する最終的なレポートを生成することになります。

COLUMN

タスクの並列実行への対応方法

掲載している実装コードでは、インデックスのカウントアップによって次のタスクを抽出するロジックとしているため、タスクを上から順に直列に実行することは可能ですが、それぞれを独立して並列処理することができません。

処理のスピードアップのために依存関係のないタスクについては並列実行するように処理を実装したいこともあるでしょう。

その場合はステートのデータとして着手または完了したタスクのIDを保持するようにし、まだ着手・完了していないタスクを抽出して実行するロジックに変更してください。

COLUMN

LangGraphのcreate_react_agent関数の解説

create_react_agent関数はツールの呼び出しを伴うAIエージェントを作成するための関数です。このような、LLMからツールを呼び出すしくみは、一般にFunction callingやTool callingなどと呼ばれています。Function callingについての詳細な解説は、第2章2.6節「Function calling」を参照してください。

create_react_agent関数によって作成されたAIエージェントはCompiledGraphクラスのオブジェクトなので、LangGraphでコンパイルしたグラフと同じインターフェースで利用することができます。

このAIエージェントの動作は非常にシンプルで、Function callingのしくみによってLLMからツールの実行が要求されている間は指定ツールの実行を繰り返し、要求されなくなったら終了します（図12.2）。

12.5　シングルパスプランジェネレーター（Single-Path Plan Generator）

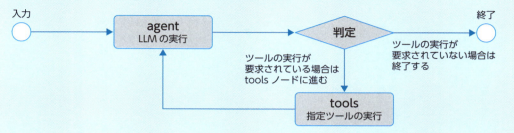

図12.2　create_react_agent関数によって作成されるAIエージェントのフロー図

　この動作の確認のために、簡単なサンプルコードを作成しました。次のコードでは、LangChainの機能（@toolデコレータ）によりAIエージェントが利用可能なツールとして定義したcheck_weather関数を実行できるエージェントを定義しています。

```
from langchain_core.tools import tool
from langchain_core.messages import HumanMessage
from langchain_openai import ChatOpenAI
from langgraph.prebuilt import create_react_agent

@tool
def check_weather(location: str) -> str:
    """現在の天気を返すツール"""
    return f"{location}は晴れています"

tools = [check_weather]
llm = ChatOpenAI(model="gpt-4o")
graph = create_react_agent(llm, tools)

inputs = {"messages": [HumanMessage(content="今の東京の天気は？")]}
for state in graph.stream(inputs, stream_mode="values"注):
    message = state["messages"][-1]
    message.pretty_print()
```

注：stream_modeを"values"に設定すると、ステートが更新されるたびに、ステートの情報全体がfor文のイテレーション変数（例ではstate変数）に渡されます。また、"updates"に設定すると、ノードが更新した値のみがイテレーション変数に渡されます。

　create_react_agent関数によって作成されるAIエージェントは、ステートとしてmessagesフィールドを持っています。このフィールドはAIエージェントによる実行結果をすべて蓄積する設計になっています。サンプルコードではCompiledGraphのstream関数によって逐次的にエージェントを動作させ、都度返ってくるステート内のmessagesフィールドのリストの最後の要素を標準出力しています。このコードの実行結果は以下のとおりです。

```
================================ Human Message =================================
今の東京の天気は？
================================== Ai Message ==================================
```

```
Tool Calls:
  check_weather (call_OuvuXs3iiFU6P3PhS0UoERZ9)
 Call ID: call_OuvuXs3iiFU6P3PhS0UoERZ9
  Args:
    location: 東京
================================ Tool Message ================================
Name: check_weather

東京は晴れています
================================ Ai Message ================================
今、東京は晴れています。
```

　ユーザーは天気について聞いているため、AIエージェントはツールとして定義されている check_weather 関数の実行を要求し、現在の天気を取得した結果を返そうとしていることがわかります。

aggregate_results ノード：タスクの実行結果をまとめる

　最後に、aggregate_results ノードでタスクの実行結果をまとめます。aggregate_results ノードの実装コードは次のとおりです。

```python
def _aggregate_results(
    self, state: SinglePathPlanGenerationState
) -> dict[str, Any]:
    final_output = self.result_aggregator.run(
        query=state.optimized_goal,
        response_definition=state.optimized_response,
        results=state.results,
    )
    return {"final_output": final_output}
```

　ResultAggregator クラスの run 関数には、詳細化／最適化した目標、最適化されたレスポンス仕様、AIエージェントによるタスクの実行結果をそれぞれ入力しています。実装コードは次のとおりです。

```python
class ResultAggregator:
    def __init__(self, llm: ChatOpenAI):
        self.llm = llm

    def run(self, query: str, response_definition: str, results: list[str]) -> str:
        prompt = ChatPromptTemplate.from_template(
            "与えられた目標:\n{query}\n\n"
            "調査結果:\n{results}\n\n"
            "与えられた目標に対し、調査結果を用いて、以下の指示に基づいてレスポンスを生成してください。
```

12.5 シングルパスプランジェネレーター(Single-Path Plan Generator)

```
    \n"
            "{response_definition}"
        )
        results_str = "\n\n".join(
            f"Info {i+1}:\n{result}" for i, result in enumerate(results)
        )
        chain = prompt | self.llm | StrOutputParser()
        return chain.invoke(
            {
                "query": query,
                "results": results_str,
                "response_definition": response_definition,
            }
        )
```

プロンプトは、入力された内容をそのまま渡すシンプルな設計にしています。レスポンス仕様を定めた詳細なプロンプトは、事前にレスポンス最適化によって作成されているので、その内容をそのまま渡せばプロンプトとして動作してくれます。

実行結果

それでは次のコマンドで、作成したAIエージェントを実行してみましょう。

コマンド

```
!python -m single_path_plan_generation.main --task "カレーライスの作り方"
```

筆者が実行した際、LangSmithを用いて処理状況を確認すると、プロンプト最適化の結果は次の内容になっていました。

インターネットを利用して、カレーライスの作り方に関する情報を調査し、ユーザーのために詳細なレポートを生成する。レポートには、材料、手順、調理時間、コツ、よくある質問を含める。（測定基準：レポートの完成度は、材料、手順、調理時間、コツ、よくある質問の各項目が全て含まれているかどうかで測定する。）

また、レスポンス最適化の内容は次のとおりです。

目標分析：
この目標は、カレーライスの作り方に関する詳細なレポートを作成することです。レポートには以下の要素が含まれる必要があります：材料、手順、調理時間、コツ、よくある質問。ユーザーがカレーライスを作る際に必要な情報を網羅し、わかりやすく提供することが意図されています。

レスポンス仕様：
- **トーン**：親しみやすく、わかりやすいトーンで書く。
- **構造**：各セクション（材料、手順、調理時間、コツ、よくある質問）を明確に分ける。

第12章　LangChain/LangGraphで実装するエージェントデザインパターン

```
 - **内容の焦点**： 各セクションにおいて具体的で実用的な情報を提供する。とくに手順はステップバイステップで
詳細に記述する。

AIエージェントへの指示：
1．**材料**： カレーライスを作るために必要な材料をリストアップし、分量も明記する。
2．**手順**： カレーライスの作り方をステップバイステップで詳細に説明する。
3．**調理時間**： 各ステップにかかる時間と全体の調理時間を記載する。
4．**コツ**： カレーライスを美味しく作るためのコツやポイントを提供する。
5．**よくある質問**： カレーライスの作り方に関するよくある質問とその回答を含める。

レスポンス例：
―――
（※中略）

評価基準：
 - **完成度**： 材料、手順、調理時間、コツ、よくある質問の各項目が全て含まれているか。
 - **明確さ**： 各セクションが明確に分かれており、情報がわかりやすく整理されているか。
 - **実用性**： 提供された情報が実際にカレーライスを作る際に役立つかどうか。
```

設定された目標に対するタスク分解の結果は次のとおりです。

```
{
  "values": [
    "カレーライスの材料を調査する",
    "カレーライスの作り方の手順を調査する",
    "カレーライスの調理時間を調査する",
    "カレーライスを作る際のコツを調査する",
    "カレーライスに関するよくある質問を調査する"
  ]
}
```

このような準備の結果、得られたのが次の出力です。レスポンス最適化によって定義された仕様のとおりに、調査結果に基づいたレポートが出力されていることがわかります。

出力結果

```
### カレーライスの作り方

#### 材料（4人分）
 - **玉ねぎ**： 2個
 - **にんじん**： 1本
 - **じゃがいも**： 2個
 - **牛肉または豚肉**： 300g
 - **カレールウ**： 1箱（約200g）
 - **水**： 800ml
 - **サラダ油**： 大さじ2
 - **ご飯**： 適量
```

12.5　シングルパスプランジェネレーター（Single-Path Plan Generator）

手順
1. **材料の準備**
   - 玉ねぎを薄切りにします。
   - にんじんは乱切り、じゃがいもは一口大に切ります。
   - 肉は食べやすい大きさに切ります。

2. **炒める**
   - 鍋にサラダ油を熱し、玉ねぎを炒めます。玉ねぎが透明になるまで炒めたら、にんじんとじゃがいもを加えてさらに炒めます。
   - 次に肉を加え、肉の色が変わるまで炒めます。

3. **煮込む**
   - 鍋に水を加え、沸騰させます。沸騰したらアクを取り除き、弱火にして約20分間煮込みます。

4. **ルウを加える**
   - 火を止めてカレールウを加え、完全に溶かします。再び火をつけ、弱火で10分間煮込みます。時々かき混ぜて焦げ付かないように注意します。

5. **仕上げ**
   - 最後に味を見て、必要に応じて塩や胡椒で調整します。ご飯と一緒に盛り付けて完成です。

調理時間
- **準備時間**：15分
- **調理時間**：35分
- **合計**：50分

コツ
- **飴色玉ねぎ**：　玉ねぎをじっくり炒めて飴色にすることで、カレーに深みとコクが加わります。
- **隠し味**：　砂糖や赤ワインを少量加えると、さらに風味が豊かになります。
- **2種類のルウ**：　異なる種類のカレールウを混ぜることで、複雑な味わいが楽しめます。
- **肉の焼き色**：　肉はしっかりと焼き色がつくまで焼くことで、香ばしさが増し、カレーの味が引き立ちます。
- **ルウを溶かす際の火加減**：　ルウを溶かす際には火を止めてから溶かすことで、ダマにならずに滑らかなカレーが作れます。

よくある質問
- **Q：カレールウの代わりにカレー粉を使えますか？**
  - A：はい、カレー粉を使う場合は、小麦粉とバターでルーを作り、カレー粉を加えてください。
- **Q：野菜を増やしてもいいですか？**
  - A：もちろんです。ピーマンやナスなど、お好みの野菜を追加しても美味しく作れます。
- **Q：じゃがいもが煮崩れしやすいのですが、どうすればいいですか？**
  - A：じゃがいもはメイクイーンなど煮崩れしにくい品種を使うと良いです。また、あまりかき混ぜないように注意しましょう。
- **Q：カレーが辛すぎる場合、どうすればいいですか？**
  - A：牛乳やヨーグルトを少量加えると、辛さが和らぎます。

これらの情報を基に、美味しいカレーライスを作ってみてください。家庭でのカレー作りが一層楽しくなること間違いなしです！

```
###  参考リンク
- [S&Bカレールウを使ったカレーライスの作り方](              
                    )
- [Cookpadの基本のカレーライスレシピ](              
                    )
- [Kurashiruのカレーライスレシピ](              
                    )
- [Comeon Houseのカレーライス作り方](                                          )
- [食楽webのプロ直伝カレーライス](                                          )

---

このレポートが、あなたのカレーライス作りに役立つことを願っています。楽しい料理時間をお過ごしください！
```

注：実際のページのURLが出力されるため、黒塗りでマスクしています。

12.6 マルチパスプランジェネレーター（Multi-Path Plan Generator）

実装内容の解説

　マルチパスプランジェネレーターは、タスク分解時に複数の選択肢を同時に生成し、実行時のコンテキストに応じて実行エージェント自身に都度適切な選択をさせるパターンです。

　シングルパスプランジェネレーターの例と同様、ここでもマルチパスプランジェネレーターの動作を確認するAIエージェントを作成していきます。シングルパスプランジェネレーターの例との違いは、設定された目標に対し、マルチパスプランジェネレーターによるタスク分解を行う点です。

ワークフロー図

　それでは今回実装するAIエージェントのワークフロー図（図12.3）を見ていきましょう。

12.6 マルチパスプランジェネレーター（Multi-Path Plan Generator）

図12.3 マルチパスプランジェネレータープログラムのワークフロー図

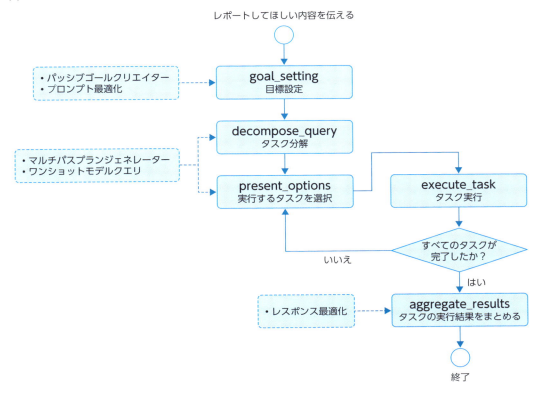

今回のワークフローでは、シングルパスジェネレーターの例で作成したプログラムのワークフローに、マルチパスプランジェネレーターによって生成された選択肢の中から適切なものを選択するためのpresent_optionsノードが追加された構成になっています。ここで選択されたタスクが、後続のexecute_taskノードで実行されます。

最終的にはシングルパスプランジェネレーターの例と同じように、aggregate_resultsノードがタスクの実行結果をまとめ、最終レポートを生成します。

ステート設計

ステート設計はシングルパスプランジェネレーターの例とほぼ同じですが、タスクに複数の選択肢を保持させるため、新しくDecomposedTasksクラスをデータモデルとして定義しています。

実装コードは次のとおりです。

第12章　LangChain/LangGraphで実装するエージェントデザインパターン

```python
class TaskOption(BaseModel):
    description: str = Field(default="", description="タスクオプションの説明")


class Task(BaseModel):
    task_name: str = Field(..., description="タスクの名前")
    options: list[TaskOption] = Field(
        default_factory=list,
        min_items=2,
        max_items=3,
        description="2〜3個のタスクオプション",
    )


class DecomposedTasks(BaseModel):
    values: list[Task] = Field(
        default_factory=list,
        min_items=3,
        max_items=5,
        description="3〜5個に分解されたタスク",
    )


class MultiPathPlanGenerationState(BaseModel):
    query: str = Field(..., description="ユーザーが入力したクエリ")
    optimized_goal: str = Field(default="", description="最適化された目標")
    optimized_response: str = Field(default="", description="最適化されたレスポンス")
    tasks: DecomposedTasks = Field(
        default_factory=DecomposedTasks,
        description="複数のオプションを持つタスクのリスト",
    )
    current_task_index: int = Field(default=0, description="現在のタスクのインデックス")
    chosen_options: Annotated[list[int], operator.add] = Field(
        default_factory=list, description="各タスクで選択されたオプションのインデックス"
    )
    results: Annotated[list[str], operator.add] = Field(
        default_factory=list, description="実行されたタスクの結果"
    )
    final_output: str = Field(default="", description="最終出力")
```

　AIエージェントによる選択をステートに保持するため、chosen_optionsフィールドに、各タスク
で選択された選択肢のインデックスをリストで保持する仕様としています。

decompose_queryノード：タスク分解

　goal_settingノード、execute_taskノードおよびaggregate_resultsノードは、シングルパスプ
ランジェネレーターの例での実装と同一のため、ここではdecompose_queryノードとpresent_
optionsノードについて実装を解説します。

12.6 マルチパスプランジェネレーター（Multi-Path Plan Generator）

まずdecompose_queryノードですが、ノード自体は次のコードで示す実装となっており、処理の大部分をQueryDecomposerクラスに委譲しています。

```python
def _decompose_query(self, state: MultiPathPlanGenerationState) -> dict[str, Any]:
    tasks = self.query_decomposer.run(query=state.optimized_goal)
    return {"tasks": tasks}
```

QueryDecomposerクラスの実装は次のとおりです。

```python
class QueryDecomposer:
    def __init__(self, llm: ChatOpenAI):
        self.llm = llm
        self.current_date = datetime.now().strftime("%Y-%m-%d")

    def run(self, query: str) -> DecomposedTasks:
        prompt = ChatPromptTemplate.from_template(
            f"CURRENT_DATE: {self.current_date}\n"
            "-----\n"
            "タスク: 与えられた目標を3～5個の高レベルタスクに分解し、各タスクに2～3個の具体的なオプ
ションを提供してください。\n"
            "要件:\n"
            "1. 以下の行動だけで目標を達成すること。決して指定された以外の行動をとらないこと。\n"
            "   – インターネットを利用して、目標を達成するための調査を行う。\n"
            "2. 各高レベルタスクは具体的かつ詳細に記載されており、単独で実行ならびに検証可能な情報を含
めること。一切抽象的な表現を含まないこと。\n"
            "3. 各項レベルタスクに2～3個の異なるアプローチまたはオプションを提供すること。\n"
            "4. タスクは実行可能な順序でリスト化すること。\n"
            "5. タスクは日本語で出力すること。\n\n"
            "REMEMBER: 実行できないタスク、ならびに選択肢は絶対に作成しないでください。\n\n"
            "目標: {query}"
        )
        chain = prompt | self.llm.with_structured_output(DecomposedTasks)
        return chain.invoke({"query": query})
```

with_structured_output関数を利用し、DecomposedTasksクラスで定義しているデータモデルをもとに、選択肢付きのタスクリストが生成されるように実装しています。選択肢の生成を含め、ほぼすべての処理をプロンプトによる指示で実現する形になっているため、コードの実装はシンプルです。

DecomposedTasksクラスによるデータモデルの定義は、LLMに対して次のようなJSONによるスキーマ[注2]として渡されます。

注2　スキーマとは、データの構造を定義するための設計図のようなものです。スキーマには、どのような種類の情報を保存するか、それぞれの情報がどんな形式か、情報同士がどのように関連しているか、といった情報が表現されています。ここではそのスキーマ情報をJSONで表現しています。

第12章　LangChain/LangGraphで実装するエージェントデザインパターン

```json
{
  "description": "3〜5個に分解されたタスク",
  "minItems": 3,
  "maxItems": 5,
  "type": "array",
  "items": {
    "type": "object",
    "properties": {
      "task_name": {
        "description": "タスクの名前",
        "type": "string"
      },
      "options": {
        "description": "2〜3個のタスクオプション",
        "minItems": 2,
        "maxItems": 3,
        "type": "array",
        "items": {
          "type": "object",
          "properties": {
            "description": {
              "description": "タスクオプションの説明",
              "default": "",
              "type": "string"
            }
          }
        }
      }
    },
    "required": [
      "task_name"
    ]
  }
}
```

　このスキーマをもとに、LLMによってスキーマに沿った情報が生成され、DecomposedTasksの
オブジェクトとしてステートに保存される動きになります。次の生成例は「カレーライスの作り方」
について、マルチプランジェネレーターによるタスク分解を指示した結果です。

```json
[
  {
    "name": "DecomposedTasks",
    "args": {
      "values": [
        {
          "task_name": "信頼性の高い情報源を5つ見つける",
          "options": [
```

388

12.6 マルチパスプランジェネレーター（Multi-Path Plan Generator）

```
    {
      "description": "Google検索を使用して、上位に表示される料理サイトを調査する。"
    },
    {
      "description": "クックパッドや楽天レシピなどの大手レシピサイトを調査する。"
    },
    {
      "description": "YouTubeで人気の料理チャンネルを調査する。"
    }
  ]
},
{
  "task_name": "各情報源からカレーライスの材料をリストアップする",
  "options": [
    {
      "description": "各サイトのレシピページから材料を抽出する。"
    },
    {
      "description": "YouTube動画の説明欄やコメント欄から材料を確認する。"
    }
  ]
},
{
  "task_name": "各情報源からカレーライスの手順をリストアップする",
  "options": [
    {
      "description": "各サイトのレシピページから手順を抽出する。"
    },
    {
      "description": "YouTube動画の内容を視聴し、手順をメモする。"
    }
  ]
},
{
  "task_name": "各情報源から調理時間を確認する",
  "options": [
    {
      "description": "各サイトのレシピページに記載されている調理時間を確認する。"
    },
    {
      "description": "YouTube動画内で言及されている調理時間を確認する。"
    }
  ]
},
{
  "task_name": "各情報源からコツとバリエーションをリストアップする",
  "options": [
    {
```

```
                  "description": "各サイトのレシピページやコメント欄からコツとバリエーションを抽出す
る。"
              },
              {
                  "description": "YouTube動画の内容やコメント欄からコツとバリエーションを確認する。"
              }
          ]
      }
    ]
  },
  "id": "call_4mBNJuNuJkRMdXvNL1CgXQlH",
  "type": "tool_call"
  }
]
```

スキーマで定義しているとおり、タスクごとの選択肢が2〜3個の範囲で生成されていることがわかります。

present_optionsノード：タスク選択

present_optionsノードは、decomposed_queryノードで生成したタスク内の選択肢から、適切な選択肢を選択する役目を担っています。

```
def _present_options(self, state: MultiPathPlanGenerationState) -> dict[str, Any]:
    current_task = state.tasks.values[state.current_task_index]
    chosen_option = self.option_presenter.run(task=current_task)
    return {"chosen_options": [chosen_option]}
```

ノードでは、現在の処理対象となっているタスクを1件抽出し、選択肢の中から適切なものを選択する責務を持つOptionPresenterクラスのrun関数に渡しています。

OptionPresenterクラスでは、シンプルにタスクと選択肢をプロンプトとしてLLMに入力し、判断させる実装にしています。

```
class OptionPresenter:
    def __init__(self, llm: ChatOpenAI):
        self.llm = llm.configurable_fields(
            max_tokens=ConfigurableField(id="max_tokens")
        )

    def run(self, task: Task) -> int:
        task_name = task.task_name
        options = task.options

        print(f"\nタスク: {task_name}")
        for i, option in enumerate(options):
```

12.6 マルチパスプランジェネレーター(Multi-Path Plan Generator)

```python
        print(f"{i + 1}. {option.description}")

    choice_prompt = ChatPromptTemplate.from_template(
        "タスク: 与えられたタスクとオプションに基づいて、最適なオプションを選択してください。必ず番号のみで回答してください。\n\n"
        "なお、あなたは次の行動しかできません。\n\n"
        "- インターネットを利用して、目標を達成するための調査を行う。\n\n"
        "タスク: {task_name}\n"
        "オプション:\n{options_text}\n"
        "選択 (1-{num_options}): "
    )

    options_text = "\n".join(
        f"{i+1}. {option.description}" for i, option in enumerate(options)
    )
    chain = (
        choice_prompt
        | self.llm.with_config(configurable=dict(max_tokens=1))
        | StrOutputParser()
    )
    choice_str = chain.invoke(
        {
            "task_name": task_name,
            "options_text": options_text,
            "num_options": len(options),
        }
    )
    print(f"==> エージェントの選択: {choice_str}\n")

    return int(choice_str.strip()) - 1
```

　また、プログラムの実行時に処理の経過をわかりやすくするため、タスク、選択肢、エージェントによる選択を標準出力に出力するようにしています。

COLUMN
実装の発展

　現在の実装をさらに改善するには、タスク選択時までに行われてきた選択結果や、そこまでのタスク実行結果もコンテキストとしてプロンプトに入力されるようにすることが考えられます。これにより、より実行時のコンテキストに合わせた適切な選択が可能になります。

　気になる方はぜひサンプルコードを変更し、実行時のコンテキストがOptionPresenterでの選択に反映されるようにしてみてください。

第**12**章　LangChain/LangGraphで実装するエージェントデザインパターン

実行結果

それでは次のコマンドで、作成したAIエージェントを実行してみましょう。

コマンド

```
!python -m multi_path_plan_generation.main --task "カレーライスの作り方"
```

実行時の出力結果は次のとおりです。タスク内の選択肢について、AIエージェントがどの選択肢を採用したのかも表示されるようになっています。

出力結果

```
タスク： 信頼性の高い情報源を5つ見つける
1．Google検索を使用して、上位に表示される料理サイトを調査する。
2．クックパッドや楽天レシピなどの大手レシピサイトを調査する。
3．YouTubeで人気の料理チャンネルを調査する。
==> エージェントの選択： 2


タスク： 各情報源からカレーライスの材料をリストアップする
1．各サイトのレシピページから材料を抽出する。
2．YouTube動画の説明欄やコメント欄から材料を確認する。
==> エージェントの選択： 1


タスク： 各情報源からカレーライスの手順をリストアップする
1．各サイトのレシピページから手順を抽出する。
2．YouTube動画の内容を視聴し、手順をメモする。
==> エージェントの選択： 1


タスク： 各情報源から調理時間を確認する
1．各サイトのレシピページに記載されている調理時間を確認する。
2．YouTube動画内で言及されている調理時間を確認する。
==> エージェントの選択： 1


タスク： 各情報源からコツとバリエーションをリストアップする
1．各サイトのレシピページやコメント欄からコツとバリエーションを抽出する。
2．YouTube動画の内容やコメント欄からコツとバリエーションを確認する。
==> エージェントの選択： 1


=== 最終出力 ===
### カレーライスの作り方レポート
```

材料
カレーライスの基本的な材料とバリエーションを以下にまとめました。

- **一般的な材料：**
  - 鶏肉または牛肉：300g
  - 玉ねぎ：2個
  - 人参：1本
  - じゃがいも：2個
  - カレールー：1箱
  - 水：800ml
  - サラダ油：大さじ2

- **バリエーション：**
  - ココナッツミルク：200ml（タイ風カレー）
  - トマト缶：1缶（トマトベースのカレー）
  - ほうれん草：1束（ほうれん草カレー）
  - 赤ワイン：100ml（風味豊かなカレー）
  - チョコレート：1片（コクを出すため）

手順
各情報源から得られた手順を統合し、最も一般的な手順を以下に記載します。

1. **準備**
   - 玉ねぎを薄切りにし、人参とじゃがいもを一口大に切ります。
   - 肉を適当な大きさに切ります。

2. **炒める**
   - 鍋にサラダ油を熱し、玉ねぎを透明になるまで炒めます。
   - 肉を加え、色が変わるまで炒めます。

3. **煮込む**
   - 人参とじゃがいもを加え、さらに炒めます。
   - 水を加え、沸騰したらアクを取り除きます。
   - 弱火にして20分ほど煮込みます。

4. **ルーを加える**
   - カレールーを加え、完全に溶けるまでかき混ぜます。
   - さらに10分煮込みます。

5. **仕上げ**
   - 必要に応じて、隠し味（赤ワインやチョコレートなど）を加えます。
   - 最後に味を調整し、完成です。

調理時間
各情報源の調理時間を比較し、平均的な調理時間を以下に記載します。

- **準備時間：** 15分
- **調理時間：** 30分
- **合計：** 45分

```
#### コツ
各情報源から得られた調理のコツを以下にリストアップしました。

- **玉ねぎをしっかり炒める：** 玉ねぎをしっかり炒めることで、甘みが増し、カレーの深い味わいが引き立ちます。
- **じゃがいもは大きめに切る：** じゃがいもは煮崩れしないように大きめに切ると、食感が良くなります。
- **カレールーを加えた後は頻繁にかき混ぜる：** カレールーを加えた後は、焦げ付かないように頻繁にかき混ぜることが重要です。
- **隠し味を加える：** 赤ワインやチョコレートを加えることで、カレーに深みとコクが出ます。

#### バリエーション
各情報源から得られたバリエーションを以下に紹介します。

- **タイ風カレー：** ココナッツミルクを加えることで、クリーミーな味わいに仕上がります。
- **トマトベースのカレー：** トマト缶を加えることで、酸味が効いたさっぱりとした味になります。
- **ほうれん草カレー：** ほうれん草を加えることで、栄養価が高く、色鮮やかなカレーに仕上がります。
- **風味豊かなカレー：** 赤ワインを加えることで、風味が豊かになります。
- **コクを出すカレー：** チョコレートを加えることで、カレーに深いコクが出ます。

---

### まとめ
このレポートでは、カレーライスの作り方に関する信頼性の高い情報源を5つ調査し、それらの情報を基に詳細なレポートを作成しました。材料、手順、調理時間、コツ、バリエーションを含め、ユーザーが実際に調理を行う際に役立つ情報を提供しています。各情報源の特徴を活かし、最も一般的で実用的な方法をまとめましたので、ぜひ参考にしてください。
```

12.7 セルフリフレクション（Self-Reflection）

実装内容の解説

セルフリフレクションは、タスクの実行結果をエージェント自身で振り返ること（＝リフレクション）によって、その実行内容を自己改善させるパターンです。

　今回の実装では、直前のタスクの実行内容を振り返るだけでなく、その振り返り内容を永続化し、次回の実行時にも過去の振り返り内容を活かすことができるように実装していきます。この設計により、エージェントを実行すればするほど、過去の教訓を活かした動作を期待できるようになります。

12.7 セルフリフレクション（Self-Reflection）

ワークフロー図

それでは今回実装するAIエージェントのワークフロー図（図12.4）を見ていきましょう。

図12.4　セルフリフレクションエージェントのワークフロー図

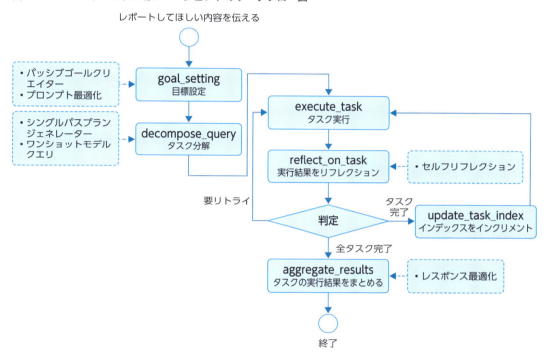

今回用意しているワークフローは、シングルパスプランジェネレーターやマルチパスプランジェネレーターの例とほぼ同一ですが、reflect_on_taskノードによって実行結果をリフレクションし、その結果によって次にどのノードへ遷移するかを決定している点が異なります。

また、これまではexecute_taskノードによるタスク実行後に、どのタスクを次に実行するかを表すインデックスをインクリメントしていましたが、リフレクションの結果次第でタスクをやり直す可能性があるため、リフレクションを踏まえてタスクが完了したと見なしたあとに、update_task_indexノードでインデックスをインクリメントする設計にしています。

全体的に過去のリフレクション内容を参照する動作が入っているため、decompose_queryノードなどの実装も変化しています。

第12章　LangChain/LangGraphで実装するエージェントデザインパターン

ステート設計

　ステートには、新しくリフレクションに関連するフィールド、reflection_idsとretry_countが追加されています。

　実装コードは次のとおりです。

```python
class DecomposedTasks(BaseModel):
    values: list[str] = Field(
        default_factory=list,
        min_items=3,
        max_items=5,
        description="3〜5個に分解されたタスク",
    )


class ReflectiveAgentState(BaseModel):
    query: str = Field(..., description="ユーザーが最初に入力したクエリ")
    optimized_goal: str = Field(default="", description="最適化された目標")
    optimized_response: str = Field(
        default="", description="最適化されたレスポンス定義"
    )
    tasks: list[str] = Field(default_factory=list, description="実行するタスクのリスト")
    current_task_index: int = Field(default=0, description="現在実行中のタスクの番号")
    results: Annotated[list[str], operator.add] = Field(
        default_factory=list, description="実行済みタスクの結果リスト"
    )
    reflection_ids: Annotated[list[str], operator.add] = Field(
        default_factory=list, description="リフレクション結果のIDリスト"
    )
    final_output: str = Field(default="", description="最終的な出力結果")
    retry_count: int = Field(default=0, description="タスクの再試行回数")
```

- reflection_ids
  今回の実装では、リフレクション内容を永続化するための簡易的なデータベースを構築しています。リフレクション内容の読み出しはそのデータベースを経由して行うため、ステートにはIDのみを保持しています。

- retry_count
  また、今回のフローではリフレクションの結果によってタスクを再実行する仕様にしていますが、場合によってはタスクの結果が延々と受け入れられず、永久ループになってしまう危険性があります。そのため、ステート上でもタスクの再試行回数を保持しておき、一定回数以上になったらタスクの実行結果を受け入れるような仕様にしています。

12.7 セルフリフレクション（Self-Reflection）

タスクリフレクターの実装

それではさっそくセルフリフレクションの実装の中身に入っていきましょう。今回の実装では、タスクの実行結果のリフレクションを行うタスクリフレクター（TaskReflector）と、その内容をデータベースに登録したり、類似度検索したりするリフレクションマネージャ（ReflectionManager）というクラスを用意しました。

まずはタスクリフレクターについて解説をしていきましょう。タスクリフレクターはタスクの内容と実行結果を引数にとり、Reflection型のオブジェクトを返すクラスです。Reflection型のデータモデルは次のように定義しています。

```python
class ReflectionJudgment(BaseModel):
    needs_retry: bool = Field(
        description="タスクの実行結果は適切だったと思いますか?あなたの判断を真偽値で示してください。"
    )
    confidence: float = Field(
        description="あなたの判断に対するあなたの自信の度合いを0から1までの小数で示してください。"
    )
    reasons: list[str] = Field(
        description="タスクの実行結果の適切性とそれに対する自信度について、判断に至った理由を簡潔に列挙してください。"
    )


class Reflection(BaseModel):
    id: str = Field(description="リフレクション内容に一意性を与えるためのID")
    task: str = Field(description="ユーザーから与えられたタスクの内容")
    reflection: str = Field(
        description="このタスクに取り組んだ際のあなたの思考プロセスを振り返ってください。何か改善できる点はありましたか? 次に同様のタスクに取り組む際に、より良い結果を出すための教訓を2～3文程度で簡潔に述べてください。"
    )
    judgment: ReflectionJudgment = Field(description="リトライが必要かどうかの判定")
```

それぞれのフィールドについてdescriptionを詳細に記載しているのは、with_structured_output関数によってReflection型へのデータ変換を行っているためです。LLMが理解しやすいように詳細に記述しているわけですが、同時に解説が多くなることによって人間にとってもわかりやすくなるという、副次的な効果が期待できます。

タスクリフレクターの実装コードは次のとおりです。run関数を実行することにより、リフレクションを実行できるように実装しています。

```python
class TaskReflector:
    def __init__(self, llm: BaseChatModel, reflection_manager: ReflectionManager):
        self.llm = llm.with_structured_output(Reflection)
        self.reflection_manager = reflection_manager
```

第12章 LangChain/LangGraphで実装するエージェントデザインパターン

```
def run(self, task: str, result: str) -> Reflection:
    prompt = ChatPromptTemplate.from_template(
        "与えられたタスクの内容:\n{task}\n\n"
        "タスクを実行した結果:\n{result}\n\n"
        "あなたは高度な推論能力を持つAIエージェントです。上記のタスクを実行した結果を分析し、このタ
スクに対するあなたの取り組みが適切だったかどうかを内省してください。\n"
        "以下の項目に沿って、リフレクションの内容を出力してください。\n\n"
        "リフレクション:\n"
        "このタスクに取り組んだ際のあなたの思考プロセスや方法を振り返ってください。何か改善できる点
はありましたか?\n"
        "次に同様のタスクに取り組む際に、より良い結果を出すための教訓を2〜3文程度で簡潔に述べてくだ
さい。\n\n"
        "判定:\n"
        "− 結果の適切性: タスクの実行結果は適切だったと思いますか?あなたの判断を真偽値で示してくだ
さい。\n"
        "− 判定の自信度: 上記の判断に対するあなたの自信の度合いを0から1までの小数で示してください。
\n"
        "− 判定の理由: タスクの実行結果の適切性とそれに対する自信度について、判断に至った理由を簡潔
に列挙してください。\n\n"
        "出力は必ず日本語で行ってください。\n\n"
        "Tips: Make sure to answer in the correct format."
    )

    chain = prompt | self.llm

    @retry(tries=5)
    def invoke_chain() -> Reflection:
        return chain.invoke({"task": task, "result": result})

    reflection = invoke_chain()
    reflection_id = self.reflection_manager.save_reflection(reflection)
    reflection.id = reflection_id

    return reflection
```

　タスクリフレクターのプロンプトでは、タスクの内容と実行結果から端的に教訓を引き出すような内容にしています。タスク分解やタスク実行時に過去のリフレクション内容を参照する際、冗長な内容が設定されていると、トークン量に対する教訓の質のコスパが悪くなってしまうためです。

　本コードは次に解説するクロスリフレクションの例でも利用しています。クロスリフレクションの例では、タスクを実行したモデルとは異なるモデルを利用してリフレクションを実行する例を掲載していますが、モデルによってはwith_structured_output関数によるReflection型への変換に失敗することもあるため、チェーンの実行を最大5回リトライする仕様にしています。

　Reflection型のオブジェクトが生成できたあとは、そのオブジェクトをリフレクションマネージャに保存する処理を実行しています。それでは続けてリフレクションマネージャの実装を見ていきましょう。

398

12.7 セルフリフレクション（Self-Reflection）

リフレクションマネージャの実装

リフレクションマネージャは、タスクリフレクターによって生成したリフレクション内容を管理するための機能（データベースの機能）を提供しています。たとえば、リフレクション内容をUUIDで採番して保存したり、採番されたUUIDからデータ取得をしたり、類似度検索によって関連する過去のリフレクション内容を抽出したりすることができ、簡易的なベクターデータベースとして扱えるようになっています。このデータベースの内容はJSONファイルとして永続化されます。

類似度検索は、埋め込みベクトルによる類似度検索をサポートするFaissを利用して実現しています。Faissについての解説は後述のコラムを参照してください。

リフレクションマネージャの実装コードは次のとおりです。

```python
class ReflectionManager:
    def __init__(self, file_path: str = settings.default_reflection_db_path):
        self.file_path = file_path
        self.embeddings = OpenAIEmbeddings(model=settings.openai_embedding_model)
        self.reflections: dict[str, Reflection] = {}
        self.embeddings_dict: dict[str, list[float]] = {}
        self.index = None
        self.load_reflections()

    def load_reflections(self):
        if os.path.exists(self.file_path):
            with open(self.file_path, "r") as file:
                data = json.load(file)
                for item in data:
                    reflection = Reflection(**item["reflection"])
                    self.reflections[reflection.id] = reflection
                    self.embeddings_dict[reflection.id] = item["embedding"]

            if self.reflections:
                embeddings = list(self.embeddings_dict.values())
                self.index = faiss.IndexFlatL2(len(embeddings[0]))
                self.index.add(np.array(embeddings).astype("float32"))

    def save_reflection(self, reflection: Reflection) -> str:
        reflection.id = str(uuid.uuid4())
        reflection_id = reflection.id
        self.reflections[reflection_id] = reflection
        embedding = self.embeddings.embed_query(reflection.reflection)
        self.embeddings_dict[reflection_id] = embedding

        if self.index is None:
            self.index = faiss.IndexFlatL2(len(embedding))
        self.index.add(np.array([embedding]).astype("float32"))

        with open(self.file_path, "w", encoding="utf-8") as file:
```

第12章 LangChain/LangGraphで実装するエージェントデザインパターン

```
            json.dump(
                [
                    {"reflection": reflection.dict(), "embedding": embedding}
                    for reflection, embedding in zip(
                        self.reflections.values(), self.embeddings_dict.values()
                    )
                ],
                file,
                ensure_ascii=False,
                indent=4,
            )

        return reflection_id

    def get_reflection(self, reflection_id: str) -> Optional[Reflection]:
        return self.reflections.get(reflection_id)

    def get_relevant_reflections(self, query: str, k: int = 3) -> list[Reflection]:
        if not self.reflections or self.index is None:
            return []

        query_embedding = self.embeddings.embed_query(query)
        try:
            D, I = self.index.search(
                np.array([query_embedding]).astype("float32"),
                min(k, len(self.reflections)),
            )
            reflection_ids = list(self.reflections.keys())
            return [
                self.reflections[reflection_ids[i]]
                for i in I[0]
                if i < len(reflection_ids)
            ]
        except Exception as e:
            print(f"Error during reflection search: {e}")
            return []
```

このクラスで実装されている関数は次のとおりです。

- load_reflections関数
  所定のファイルパスからJSONデータを読み出し、Faissにロードします。リフレクションマネージャのオブジェクトが生成される際に呼ばれます。
- save_reflection関数
  データベースにReflection型のオブジェクトを保存します。成功すると、データベースに登録する際に生成したユニークID（UUID）を返します。

400

12.7 セルフリフレクション（Self-Reflection）

- get_reflection関数

  save_reflection関数によって返ってきたユニークIDをもとに、データを抽出します。

- get_relevant_reflections関数

  クエリ内容と類似したリフレクションのリストをデータベースから抽出します。

セルフリフレクションの実装では、ここまでで紹介したタスクリフレクターとリフレクションマネージャを活用して、各ノードの実装を行っていきます。

COLUMN

Faissとは

　Faissとは、Facebook AI Similarity Searchの略称で、近似最近傍探索（Approximate Nearest Neighbor、以下ANN）を高速に行うためのパッケージです。

　ANNとは、大規模なデータセットにおいて、与えられたクエリに最も似ているデータを、近似性を利用して効率的に見つけ出すための手法です。すべてのデータとの距離を計算する手法では、データ量が増えると計算量が大きくなってしまい、非効率になるため、近似的に求める手法が採用されます。

　Faissでは複数のANNアプローチが実装されており、たとえば空間分割法によるアプローチであるIVFフラット（IndexIVFFlat）、グラフベースの手法であるHNSW（IndexHNSW）、ベクトル量子化を利用したProduct Quantization（PQ）インデックス（IndexPQ）、空間分割とベクトル量子化を組み合わせたインデックス（IndexIVFPQ）など、データセットの性質によってさまざまなインデックスを検討することができます。

　それぞれに、IVFフラットは速度とメモリ消費量が中程度、HNSWは高速だがメモリ使用量が高い、PQはコンパクトだが精度が低下する可能性がある、といったトレードオフがあるため、要求される検索速度、精度、利用可能なメモリ量を踏まえて検討する必要があります。

　今回の実装では総じてデータ量が大きくはならないことから、ANNを使わないフラットインデックス（IndexFlatL2）を採用し、厳密な最近傍検索を行うようにしています。

　詳しくは以下のドキュメントを参照してください。

▎**参照：Faiss**

```
https://github.com/facebookresearch/faiss
```

第12章 LangChain/LangGraphで実装するエージェントデザインパターン

goal_settingノード：目標設定

ここからはワークフローにおける各ノードの実装について、解説を進めていきます。

これまでの例と異なるのは、これまでの実行時に保存されたリフレクション結果を各処理で呼び出し、参考にするようプロンプトに指示を加えている点です。

goal_settingノードによる目標設定では、プロンプト最適化のクエリにユーザーの目標と関連するリフレクション結果を含めています。リフレクションの内容を加味してゴール設定を行うReflectiveGoalCreatorの実装コードは次のとおりです。

```python
class ReflectiveGoalCreator:
    def __init__(self, llm: ChatOpenAI, reflection_manager: ReflectionManager):
        self.llm = llm
        self.reflection_manager = reflection_manager
        self.passive_goal_creator = PassiveGoalCreator(llm=self.llm)
        self.prompt_optimizer = PromptOptimizer(llm=self.llm)

    def run(self, query: str) -> str:
        relevant_reflections = self.reflection_manager.get_relevant_reflections
(query)
        reflection_text = format_reflections(relevant_reflections)

        query = f"{query}\n\n目標設定する際に以下の過去のふりかえりを考慮すること:\n{reflection
_text}"
        goal: Goal = self.passive_goal_creator.run(query=query)
        optimized_goal: OptimizedGoal = self.prompt_optimizer.run(query=goal.text)
        return optimized_goal.text
```

また、目標設定とあわせて行っているレスポンス最適化の実装コードは次のとおりです。こちらもリフレクションの内容を加味してレスポンス仕様の定義を行います。

```python
class ReflectiveResponseOptimizer:
    def __init__(self, llm: ChatOpenAI, reflection_manager: ReflectionManager):
        self.llm = llm
        self.reflection_manager = reflection_manager
        self.response_optimizer = ResponseOptimizer(llm=llm)

    def run(self, query: str) -> str:
        relevant_reflections = self.reflection_manager.get_relevant_reflections
(query)
        reflection_text = format_reflections(relevant_reflections)

        query = f"{query}\n\nレスポンス最適化に以下の過去のふりかえりを考慮すること:\n
{reflection_text}"
        optimized_response: str = self.response_optimizer.run(query=query)
        return optimized_response
```

12.7 セルフリフレクション（Self-Reflection）

リフレクションの内容をプロンプトに含めるため、共通関数としてformat_reflections関数を作成しています。この関数を利用し、リフレクションの内容をプロンプト向けのテキストに整形しています。

```python
def format_reflections(reflections: list[Reflection]) -> str:
    return (
        "\n\n".join(
            f"<ref_{i}><task>{r.task}</task><reflection>{r.reflection}</reflection></ref_{i}>"
            for i, r in enumerate(reflections)
        )
        if reflections
        else "No relevant past reflections."
    )
```

プロンプトに追加されるリフレクションの内容は、たとえば次のようなものになります。この例は、サンプルコードを何回か動作させ、リフレクションを集めた際に生成されたものです。

```
<ref_0><task>見つけたウェブサイトから調理手順をリストアップする。</task><reflection>このタスクに取
り組む際、各ウェブサイトから調理手順を正確にリストアップし、要約も行いました。改善点としては、各レシピの特徴
や違いをもう少し詳しく説明することで、読者がより選びやすくなるようにすることが考えられます。次回は、各レシピ
のメリットやデメリットも含めて比較することで、より価値のある情報を提供できるようにします。</reflection>
</ref_0>

<ref_1><task>見つけたウェブサイトから調理時間をリストアップする。</task><reflection>このタスクに取
り組む際、まず関連するウェブサイトを検索し、調理時間に関する情報を収集しました。各サイトの特徴を簡潔にまと
め、調理時間に関する情報をリストアップしました。改善点としては、もう少し多くのウェブサイトを調査し、より多様
な情報を提供することができたかもしれません。次回は、さらに多くのリソースを調査し、情報の網羅性を高めることを
目指します。</reflection></ref_1>

<ref_2><task>見つけたウェブサイトから必要な材料をリストアップする。</task><reflection>このタスクに
取り組む際、信頼性の高いウェブサイトを選び、各サイトから材料をリストアップしました。改善点としては、材料のリ
ストをさらに整理し、重複を避けるために統一した形式でまとめることが考えられます。次回は、材料のリストをより一
貫性のある形式で提供し、ユーザーが簡単に理解できるようにします。</reflection></ref_2>
```

goal_settingノードの実装コードは次のとおりです。

```python
def _goal_setting(self, state: ReflectiveAgentState) -> dict[str, Any]:
    optimized_goal: str = self.reflective_goal_creator.run(query=state.query)
    optimized_response: str = self.reflective_response_optimizer.run(
        query=optimized_goal
    )
    return {
        "optimized_goal": optimized_goal,
        "optimized_response": optimized_response,
    }
```

第**12**章　LangChain/LangGraphで実装するエージェントデザインパターン

decompose_queryノード：タスク分解

　タスク分解についても、これまでのリフレクション結果を加味するように変更しています。タスク分解を行うQueryDecomponserクラスの実装コードは次のとおりです。

```python
class QueryDecomposer:
    def __init__(self, llm: ChatOpenAI, reflection_manager: ReflectionManager):
        self.llm = llm.with_structured_output(DecomposedTasks)
        self.current_date = datetime.now().strftime("%Y-%m-%d")
        self.reflection_manager = reflection_manager

    def run(self, query: str) -> DecomposedTasks:
        relevant_reflections = self.reflection_manager.get_relevant_reflections
(query)
        reflection_text = format_reflections(relevant_reflections)
        prompt = ChatPromptTemplate.from_template(
            f"CURRENT_DATE: {self.current_date}\n"
            "-----\n"
            "タスク: 与えられた目標を具体的で実行可能なタスクに分解してください。\n"
            "要件:\n"
            "1. 以下の行動だけで目標を達成すること。決して指定された以外の行動をとらないこと。\n"
            "    - インターネットを利用して、目標を達成するための調査を行う。\n"
            "2. 各タスクは具体的かつ詳細に記載されており、単独で実行ならびに検証可能な情報を含めること。
一切抽象的な表現を含まないこと。\n"
            "3. タスクは実行可能な順序でリスト化すること。\n"
            "4. タスクは日本語で出力すること。\n"
            "5. タスクを作成する際に以下の過去のふりかえりを考慮すること:\n{reflections}\n\n"
            "目標: {query}"
        )
        chain = prompt | self.llm
        tasks = chain.invoke({"query": query, "reflections": reflection_text})
        return tasks
```

　基本的な実装はシングルパスプランジェネレーターの例で作成したタスク分解と同様で、リフレクションの内容をプロンプトに含めている点のみが変更点です。

　decompose_queryノードの実装コードは次のとおりです。

```python
def _decompose_query(self, state: ReflectiveAgentState) -> dict[str, Any]:
    tasks: DecomposedTasks = self.query_decomposer.run(query=state.optimized_goal)
    return {"tasks": tasks.values}
```

execute_taskノード：タスク実行

　タスク実行も同様にリフレクション結果を参照しています。タスク実行を担うTaskExecutorクラスの実装コードは次のとおりです。

12.7 セルフリフレクション（Self-Reflection）

```python
class TaskExecutor:
    def __init__(self, llm: ChatOpenAI, reflection_manager: ReflectionManager):
        self.llm = llm
        self.reflection_manager = reflection_manager
        self.current_date = datetime.now().strftime("%Y-%m-%d")
        self.tools = [TavilySearchResults(max_results=3)]

    def run(self, task: str) -> str:
        relevant_reflections = self.reflection_manager.get_relevant_reflections
(task)
        reflection_text = format_reflections(relevant_reflections)
        agent = create_react_agent(self.llm, self.tools)
        result = agent.invoke(
            {
                "messages": [
                    (
                        "human",
                        f"CURRENT_DATE: {self.current_date}\n"
                        "-----\n"
                        f"次のタスクを実行し、詳細な回答を提供してください。\n\nタスク: {task}\n
\n"
                        "要件:\n"
                        "1. 必要に応じて提供されたツールを使用すること。\n"
                        "2. 実行において徹底的かつ包括的であること。\n"
                        "3. 可能な限り具体的な事実やデータを提供すること。\n"
                        "4. 発見事項を明確に要約すること。\n"
                        f"5. 以下の過去のふりかえりを考慮すること:\n{reflection_text}\n",
                    )
                ]
            }
        )
        return result["messages"][-1].content
```

execute_taskノードの実装コードは次のとおりです。

```python
def _execute_task(self, state: ReflectiveAgentState) -> dict[str, Any]:
    current_task = state.tasks[state.current_task_index]
    result = self.task_executor.run(task=current_task)
    return {"results": [result], "current_task_index": state.current_task_index}
```

reflect_on_taskノード：実行結果をリフレクション

reflect_on_taskノードは、直前に実行したタスクの内容についてリフレクションを実施する責務を担っています。前半で紹介したタスクリフレクターを利用してリフレクションを実行し、データベースに永続化されたIDをステートに保存します。

実装コードは次のとおりです。

第 **12** 章　LangChain/LangGraph で実装するエージェントデザインパターン

```python
def _reflect_on_task(self, state: ReflectiveAgentState) -> dict[str, Any]:
    current_task = state.tasks[state.current_task_index]
    current_result = state.results[-1]
    reflection = self.task_reflector.run(task=current_task, result=current_result)
    return {
        "reflection_ids": [reflection.id],
        "retry_count": (
            state.retry_count + 1 if reflection.judgment.needs_retry else 0
        ),
    }
```

リフレクションの結果リトライが必要になった場合は、リトライカウントをインクリメントします。

条件付きエッジ：リフレクション結果によるノード分岐

reflect_on_task ノード実行後、条件付きエッジによって、リフレクション結果から次に進むノードを変更します。

実装コードでは直近のリフレクションの結果を取得したうえで、次の判断を行っています。

- 最大試行回数に満たず、リトライが必要な場合：リトライする
- まだ他のタスクが残っている場合：次のタスクを実行する
- すべてのタスクが完了した場合：タスク実行を終了する

```python
def _should_retry_or_continue(self, state: ReflectiveAgentState) -> str:
    latest_reflection_id = state.reflection_ids[-1]
    latest_reflection = self.reflection_manager.get_reflection(latest_reflection_
id)
    if (
        latest_reflection
        and latest_reflection.judgment.needs_retry
        and state.retry_count < self.max_retries
    ):
        return "retry"
    elif state.current_task_index < len(state.tasks) - 1:
        return "continue"
    else:
        return "finish"
```

このメソッドを、次のように条件付きエッジとして設定しています。

```python
graph.add_conditional_edges(
    "reflect_on_task",
    self._should_retry_or_continue,
    {
```

12.7 セルフリフレクション（Self-Reflection）

```
        "retry": "execute_task",
        "continue": "update_task_index",
        "finish": "aggregate_results",
    },
)
```

このように定義することで、_should_retry_on_continue関数の返り値がretryの場合はexecute_taskノード、continueの場合はupdate_task_indexノード、finishの場合はaggregate_resultsノードが実行されるよう、条件付きエッジを定義することができます。

update_task_indexノード：インデックスをインクリメント

update_task_indexノードの役割は、現在のタスクのインデックスをインクリメントするだけです。実装コードは次のとおりです。

```python
def _update_task_index(self, state: TaskExecutionState) -> dict[str, Any]:
    return {"current_task_index": state.current_task_index + 1}
```

aggregate_resultsノード：タスクの実行結果をまとめる

最後にaggregate_resultsノードで、これまで実行してきたタスクの実行結果をまとめ、レポートを生成します。レポート生成を担当するResultAggregatorクラスでは、一連のタスクのリフレクション結果と、レスポンス最適化によって生成されたレスポンス仕様の定義を参照し、レポート生成を実行します。実装コードは次のとおりです。

```python
class ResultAggregator:
    def __init__(self, llm: ChatOpenAI, reflection_manager: ReflectionManager):
        self.llm = llm
        self.reflection_manager = reflection_manager
        self.current_date = datetime.now().strftime("%Y-%m-%d")

    def run(
        self,
        query: str,
        results: list[str],
        reflection_ids: list[str],
        response_definition: str,
    ) -> str:
        relevant_reflections = [
            self.reflection_manager.get_reflection(rid) for rid in reflection_ids
        ]
        prompt = ChatPromptTemplate.from_template(
            "与えられた目標:\n{query}\n\n"
            "調査結果:\n{results}\n\n"
            "与えられた目標に対し、調査結果を用いて、以下の指示に基づいてレスポンスを生成してください。"
```

第12章　LangChain/LangGraphで実装するエージェントデザインパターン

```
\n"
            "{response_definition}\n\n"
            "過去のふりかえりを考慮すること:\n{reflection_text}\n"
        )
        chain = prompt | self.llm | StrOutputParser()
        return chain.invoke(
            {
                "query": query,
                "results": "\n\n".join(
                    f"Info {i+1}:\n{result}" for i, result in enumerate(results)
                ),
                "response_definition": response_definition,
                "reflection_text": format_reflections(relevant_reflections),
            }
        )
```

aggregate_results ノードの実装コードは次のとおりです。

```python
def _aggregate_results(self, state: ReflectiveAgentState) -> dict[str, Any]:
    final_output = self.result_aggregator.run(
        query=state.optimized_goal,
        results=state.results,
        reflection_ids=state.reflection_ids,
        response_definition=state.optimized_response,
    )
    return {"final_output": final_output}
```

実行結果

それでは次のコマンドで、作成したAIエージェントを実行してみましょう。

コマンド

```
!python -m self_reflection.main --task "カレーライスの作り方"
```

実行時の出力結果は次のとおりです。

出力結果

```
### カレーライスの作り方ガイド

カレーライスは日本の家庭料理の定番で、初心者でも簡単に作ることができます。このガイドでは、具体的な調理手順、
調理時間、必要な材料、そして調理のコツや注意点を詳しく説明します。

---
```

1．調理手順

ステップ1：材料の準備
- **玉ねぎ**：2個（中サイズ）を皮をむき、薄切りにします。
- **にんじん**：1本を皮をピーラーでむき、一口大に切ります。
- **じゃがいも**：2個を皮をむき、一口大に切ります。切った後は水にさらしておくと変色を防げます。
- **肉**：300g（鶏肉、豚肉、牛肉などお好みで）を一口大に切ります。

ステップ2：炒める
- ディープパン（深めの鍋）にサラダ油大さじ1を熱し、玉ねぎを炒めます。玉ねぎが透明になるまで炒めるのがポイントです。
- 次に、にんじんとじゃがいもを加えてさらに炒めます。全体に油が回るようにしっかりと炒めましょう。
- 最後に肉を加え、肉の色が変わるまで炒めます。

ステップ3：煮込む
- 水550ccを加え、沸騰させます。沸騰したら火を弱め、あく取りで表面に浮いてくるあくを取り除きます。
- 蓋をして中火で約15分間煮込みます。野菜が柔らかくなるまで煮込むのがポイントです。

ステップ4：ルウを加える
- 火を止めてからカレールウ1/2箱（約100g）を加えます。ルウが溶けるまでしっかりと混ぜます。
- 再び火をつけ、弱火で10分ほど煮込みます。焦げ付かないように時々かき混ぜるのがポイントです。

ステップ5：仕上げ
- 最後に味を見て、必要なら塩や胡椒で調整します。
- ご飯と一緒に盛り付けて完成です。

2．調理時間

複数の情報源から収集した調理時間を基に、平均的な調理時間を提供します。

- **クラシル**：約30分（煮込み時間を除く）
- **エスビー食品**：約40分
- **ハウス食品**：約30分（煮込み時間を除く）

平均調理時間：約35分

3．必要な材料

基本的な材料（4皿分）
- 玉ねぎ：2個（中サイズ、約275g）
- にんじん：1本（約75g）
- じゃがいも：2個（約150g）
- 肉（鶏肉、豚肉、牛肉などお好みで）：300g
- サラダ油：大さじ1
- 水：550cc

```
- カレールウ：1/2箱（約100g）

**代替品**
- **玉ねぎの代替品**： ネギやエシャロット
- **にんじんの代替品**： パプリカやセロリ
- **じゃがいもの代替品**： さつまいもやかぼちゃ
- **カレールウの代替品**： カレーパウダーやカレー粉（とろみをつけるために小麦粉や片栗粉を追加）

---

#### 4．調理のコツや注意点

**包丁の選び方**： 初心者は刃渡り15cmくらいの包丁が使いやすいです。生肉用とその他用で2本あると便利です。

**まな板の使い方**： 切る時に滑らないように、まな板の下に濡れ布巾を敷くと良いです。

**計量器の使い方**： デジタル表示の計量器を使うと正確に計量できます。材料を載せた後に表示をゼロにして、材料だけの質量を量る機能があるものが便利です。

**炒める時のポイント**： 玉ねぎは透明になるまでしっかり炒めると甘みが出ます。にんじんとじゃがいもは全体に油が回るように炒めると、煮込んだ時に味が染み込みやすくなります。

**煮込む時のポイント**： あくをしっかり取り除くことで、スープが澄んで美味しくなります。野菜が柔らかくなるまでしっかり煮込むことが大切です。

**ルウを加える時のポイント**： 火を止めてからルウを加えることで、ルウがダマにならずに溶けやすくなります。再び火をつけた後は焦げ付かないように注意しましょう。

**隠し味**： 砂糖や赤ワイン、チョコレートなどを少量加えることで、カレーにコクと深みが生まれます。とくに砂糖は、玉ねぎの甘みを引き出す効果があります。

---

これらの手順とポイントを守れば、初心者でも美味しいカレーライスを作ることができます。ぜひ試してみてください。
```

サンプルコードを実行すると、デフォルトではchapter12/tmpディレクトリ以下にself_reflection_db.jsonファイルが作成されます。

このファイルには実行したタスクに対するリフレクション内容と、埋め込みモデル（デフォルトではOpenAIのtext-embedding-3-smallモデル）によって生成した埋め込みベクトルがペアで保存されます。

具体的にどのようなデータが生成されるか気になる方は、このファイルの中身を覗いてみてください。

12.8 クロスリフレクション（Cross-Reflection）

実装内容の解説

　クロスリフレクションは実行タスクのリフレクションを、他の言語モデルやAIエージェントが実施するパターンです。セルフリフレクションのように、同一の言語モデルやエージェントがリフレクションを実施した場合、一定のバイアスをもとにリフレクションが実施され続ける可能性があり、本質的な改善に至らない可能性があります。クロスリフレクションはそのようなバイアスに対処するために有効な手段と言えます。

　また、AIエージェント自身は比較的性能の低いモデルで実行し、リフレクションを性能の高いモデルで実行することで全体のコストを抑えるアプローチも有効な可能性があります。

　今回の実装では、先に実装したセルフリフレクションを実行するAIエージェントをベースに、利用するLLMをOpenAIのGPTシリーズから、AnthropicのClaudeシリーズに切り替えることで、クロスリフレクションの効果を試してみます。

タスクリフレクターで利用する言語モデルを変更

　タスクのリフレクションを実施するのはタスクリフレクターの役割です。セルフリフレクションの実装クラスであるReflectiveAgentクラスは、利用するLLM、リフレクションマネージャ、タスクリフレクターをそれぞれ引数に取るため、この中のタスクリフレクターで利用するLLMのみを変更してあげれば、リフレクションに利用するLLMだけを変更することが可能です。

　まずは次のように、OpenAIのLLMとAnthropicのLLMをそれぞれ初期化します。

```python
# OpenAIのLLMを初期化
openai_llm = ChatOpenAI(
    model=settings.openai_smart_model, temperature=settings.temperature
)

# AnthropicのLLMを初期化
anthropic_llm = ChatAnthropic(
    model=settings.anthropic_smart_model, temperature=settings.temperature
)
```

　次にリフレクションマネージャとタスクリフレクターを初期化します。永続化データを保存するためのファイルパスはセルフリフレクションと区別するためにtmp/cross_reflection_db.jsonとし

第 **12** 章　LangChain/LangGraphで実装するエージェントデザインパターン

ています。タスクリフレクターで利用するLLMには、先に定義したAnthropicのLLMを割り当てています。

```
# ReflectionManagerを初期化
reflection_manager = ReflectionManager(file_path="tmp/cross_reflection_db.json")

# AnthropicのLLMを使用するTaskReflectorを初期化
anthropic_task_reflector = TaskReflector(
    llm=anthropic_llm, reflection_manager=reflection_manager
)
```

最後に、ここまで定義してきたリフレクションマネージャとタスクリフレクターをReflective Agentに割り当てます。

```
# ReflectiveAgentを初期化
agent = ReflectiveAgent(
    llm=openai_llm,
    reflection_manager=reflection_manager,
    task_reflector=anthropic_task_reflector,
)
```

実行結果

それでは次のコマンドで、クロスリフレクションを行うAIエージェントを実行してみましょう。

コマンド

```
!python -m cross_reflection.main --task "カレーライスの作り方"
```

実行時の出力結果は次のとおりです。

出力結果

```
### カレーライスの作り方に関する包括的なレポート

#### 序論
カレーライスは日本の家庭料理の一つで、多くのバリエーションがあります。本レポートでは、基本的な作り方から、スパイスの詳細、代替レシピ、栄養価、文化的背景、食事制限に対応した代替品、地域ごとの特色やトレンドについて詳述します。

#### 材料
カレーライスの基本的な材料とその量・比率は以下の通りです:

- **肉**: 鶏肉、豚肉、牛肉など (200g〜300g)
- **野菜**: 玉ねぎ (1個)、にんじん (1本)、じゃがいも (2個)
- **カレールー**: 市販のカレールー(1箱、約200g)
```

412

- **水**: 800ml〜1000ml
- **ご飯**: 1人前あたり150g〜200g

作り方
1. **材料の準備**:
   - 玉ねぎを薄切りにし、人参とじゃがいもを一口大に切ります。
   - 肉を適当な大きさに切ります。

2. **炒める**:
   - 鍋にサラダ油を熱し、肉を炒めます。
   - 玉ねぎ、人参、じゃがいもを加え、さらに炒めます。

3. **煮る**:
   - 水を加えて煮立たせ、アクを取り除きます。
   - 具材が柔らかくなるまで中火で煮込みます（約20分）。

4. **ルウを加える**:
   - 火を止めてカレールウを加え、よく溶かします。
   - 再び弱火で10分ほど煮込みます。

5. **仕上げ**:
   - とろみがついたら完成です。
   - ご飯と一緒に盛り付けて完成です。

スパイスの詳細
カレーに使用される主なスパイスは以下の通りです：

- **ターメリック**: 黄色の色素を持ち、抗炎症作用があります。
- **クミン**: 独特の香りを持ち、消化を助ける効果があります。
- **コリアンダー**: 柑橘系の香りが特徴で、消化促進効果があります。
- **ガラムマサラ**: 複数のスパイスをブレンドしたもので、風味を豊かにします。

代替レシピ
カレーライスの代替レシピとして、以下のようなバリエーションがあります：

- **ベジタリアンカレー**: 鶏肉の代わりに豆腐や大豆ミートを使用。
- **ヴィーガンカレー**: カレールーの代わりにココナッツミルクとスパイスを使用。
- **カリフラワーライスカレー**: ご飯の代わりにカリフラワーを使用し、低糖質に仕上げます。
- **シーフードカレー**: 魚介類を使用して、海の幸の風味を楽しめるカレーです。

栄養価
カレーライスは、炭水化物、タンパク質、脂質、ビタミン、ミネラルがバランスよく含まれています。例えば、1人前の
カレーライス（600g）には以下の栄養素が含まれます：

- **エネルギー**: 744 kcal
- **タンパク質**: 18.9 g
- **脂質**: 21.42 g
- **炭水化物**: 114.54 g

各材料の栄養価情報は以下の通りです：

第 **12**章 LangChain/LangGraphで実装するエージェントデザインパターン

- **牛肉 (100g)**：タンパク質 26.1g、脂質 20.0g、エネルギー 250 kcal
- **玉ねぎ (100g)**：炭水化物 9.34g、ビタミンC 7.4mg、エネルギー 40 kcal
- **じゃがいも (100g)**：炭水化物 17.58g、ビタミンC 19.7mg、エネルギー 77 kcal
- **人参 (100g)**：炭水化物 9.58g、ビタミンA 835μg、エネルギー 41 kcal

文化的背景
カレーライスは日本の家庭料理として広く親しまれています。明治時代にイギリス経由で伝わり、昭和30年代以降に一般家庭に普及しました。現在では学校給食や家庭料理の定番として定着しています。

食事制限に対応した代替品
食事制限に対応したカレーライスの代替品として、以下のような提案があります：

- **低糖質カレー**：ご飯の代わりにカリフラワーライスや豆腐を使用します。
- **グルテンフリーカレー**：小麦粉を使用せず、米粉や片栗粉でとろみをつけます。
- **ヴィーガンカレー**：動物性食品を一切使用せず、豆類や野菜を中心に作ります。

地域ごとの特色やトレンド
日本各地には独自のカレー文化があります：

- **北海道**：スープカレーが有名で、スパイスの効いたスープと具材が特徴です。
- **関西**：甘口のカレーが好まれ、牛肉を使用することが多いです。
- **九州**：辛口のカレーが人気で、豚肉を使用することが一般的です。

結論
カレーライスは日本の家庭料理として広く親しまれており、栄養価も高く、バリエーションも豊富です。地域ごとの特色や食事制限に対応した代替品も多く、幅広いニーズに応えることができます。最新の統計データや栄養価情報を活用することで、より健康的で美味しいカレーライスを楽しむことができます。

評価基準
1. **レポートに含まれる情報の詳細さ**：
   - 基本的な作り方、スパイスの詳細、代替レシピ、栄養価、文化的背景、食事制限に対応した代替品、具体的な数値や統計データ、地域ごとの特色やトレンドの有無。
2. **各セクションにおける具体的な数値や統計データの有無**：
   - 各材料の栄養価情報や具体的な数値を含める。
3. **食事制限に対応した代替品の提案の具体性と実用性**：
   - 低糖質、グルテンフリー、ヴィーガンなどの具体的な代替品の提案。
4. **地域ごとの特色やトレンドに関する最新情報の有無**：
   - 北海道、関西、九州などの地域ごとの特色やトレンドを紹介。

過去のふりかえりを考慮すること
- **具体的な数値や事例を含める**：各セクションに具体的な数値や事例を含め、情報の信頼性と実用性を高める。
- **最新のデータや統計情報を含める**：最新のトレンドや研究結果を積極的に取り入れる。
- **地域や文化による違いに言及する**：地域ごとの特色やトレンドを詳述する。

　セルフリフレクションの例での出力結果との違いからもクロスリフレクションの効果がわかりますが、個々の振り返り内容でも違いを比較してみましょう。

12.8　クロスリフレクション（Cross-Reflection）

　ここでは「材料や手順などの調査タスクのリフレクション内容」を、OpenAIのモデルとAnthropicのモデルとで比較してみます。タスクリストもLLMにより生成された成果物のため、タスク内容はまったく同一にはならない点についてはご了承ください。

　まずOpenAIのモデル（gpt-4o）でリフレクションした結果が次の内容です。

```
{
  "id": "1",
  "task": "カレーライスの調理手順、調理時間、必要な材料に関する情報をインターネットで調査する。",
  "reflection": "このタスクに取り組む際、信頼性の高い複数の情報源を参照し、情報を整理して提供しました。
調理手順、調理時間、必要な材料について詳細に記載し、初心者でも理解しやすいように工夫しました。改善点として
は、各ステップの具体的なポイントや注意点をもう少し詳しく記載することで、さらに実践的なガイドになるでしょう。
次回は、調理のコツや注意点も含めて情報を提供するよう心がけます。",
  "judgment": {
    "needs_retry": false,
    "confidence": 0.9,
    "reasons": [
      "複数の信頼性の高い情報源を参照しているため、情報の正確性が高い。",
      "調理手順、調理時間、必要な材料が明確に記載されており、初心者でも理解しやすい。",
      "参考サイトも提供しており、さらなる詳細情報を得る手段がある。"
    ]
  }
}
```

　次に、Anthropicのモデル（claude-3-5-sonnet-20240620）でリフレクションした結果が、次の内容です。リフレクション自体は同じプロンプトで動作しているのにも拘わらず、モデルによる表現の違いが見られます。

```
{
  "id": "カレーライスレシピ分析タスク",
  "task": "各情報源から材料、手順、調理時間、コツ、バリエーションを抽出する。",
  "reflection": "このタスクでは、複数の情報源から必要な情報を効率的に抽出し、整理することができました。
しかし、情報の重複が多く、より簡潔にまとめる余地がありました。次回は、共通点と相違点をより明確に示し、情報を
より効果的に要約することで、ユーザーにとってより価値のある分析結果を提供できるでしょう。また、各レシピの特徴
や独自性をより強調することで、情報の有用性を高められると考えます。",
  "judgment": {
    "needs_retry": false,
    "confidence": 0.8,
    "reasons": [
      "タスクの要求通り、各情報源から必要な情報（材料、手順、調理時間、コツ、バリエーション）を抽出できた",
      "情報を整理し、各レシピの比較を行い、まとめの部分で違いを指摘した",
      "ただし、情報の重複が多く、より簡潔にまとめる余地があった",
      "各レシピの特徴や独自性をより強調できれば、さらに良い分析になった可能性がある"
    ]
  }
}
```

12.9 役割ベースの協調（Role-Based Cooperation）

  実装内容の解説

　役割ベースの協調は、ユーザーからの要求を実現するために、AIエージェントが各々役割分担をしながらタスクを進めるパターンです。

　今回の実装では、次のAIエージェントが協調してタスク実行に当たることを考えます。

- プランナー（planner）：ユーザーから要求された内容をタスク分解する
- アサイナー（role_assigner）：それぞれのタスクをどのような役割の子エージェントが実行するべきかを定義する
- 実行者（executor）：タスクを実行するための子エージェントを生成、タスクを実行する
- レポーター（reporter）：実行結果を報告する

　実装の大きな特徴は、あらかじめ役割を持ったエージェントを用意しておくのではなく、分解されたタスクの内容に応じて、「アサイナー」が動的に役割を生成する点です。

　従来型のプログラミングパラダイムでは、プログラム内で使用するデータは事前に用意しておく必要があります。しかしLLMを活用したプログラムでは、状況に合わせ、その場その場で必要なデータを生成することが可能です。この特徴を利用して、今回作成するプログラムでは、動的に生成されるタスクの内容に対し、動的に「役割」のデータを生成しています。

ワークフロー図

　それでは今回実装するAIエージェントのワークフロー図（図12.5）を見ていきましょう。

12.9 役割ベースの協調 (Role-Based Cooperation)

図12.5 役割ベースの協調プログラムのワークフロー図

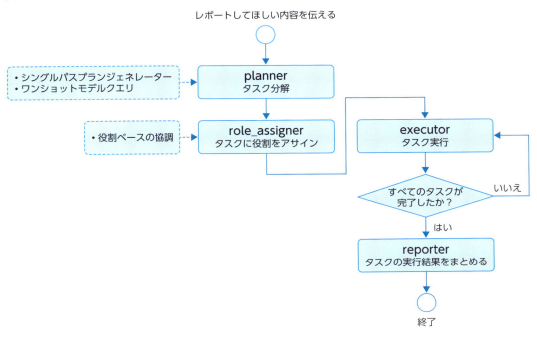

役割ベースの協調におけるワークフローの特徴は、タスク分解の次に、各タスクの実施において最適な役割を生成し、タスクに役割をアサインしている点です。タスクへの役割のアサイン後、タスク実行を行うexecutorノードでは、その役割に応じたエージェントを生成し、タスク実行に当たらせることになります。

ステート設計

ワークフローのステートのデータモデル定義は、AgentStateモデルで定義されています。実装コードは次のとおりです。

```
class Role(BaseModel):
    name: str = Field(..., description="役割の名前")
    description: str = Field(..., description="役割の詳細な説明")
    key_skills: list[str] = Field(..., description="この役割に必要な主要なスキルや属性")


class Task(BaseModel):
    description: str = Field(..., description="タスクの説明")
    role: Role = Field(default=None, description="タスクに割り当てられた役割")
```

第 12 章 LangChain/LangGraph で実装するエージェントデザインパターン

```python
class TasksWithRoles(BaseModel):
    tasks: list[Task] = Field(..., description="役割が割り当てられたタスクのリスト")


class AgentState(BaseModel):
    query: str = Field(..., description="ユーザーが入力したクエリ")
    tasks: list[Task] = Field(
        default_factory=list, description="実行するタスクのリスト"
    )
    current_task_index: int = Field(default=0, description="現在実行中のタスクの番号")
    results: Annotated[list[str], operator.add] = Field(
        default_factory=list, description="実行済みタスクの結果リスト"
    )
    final_report: str = Field(default="", description="最終的な出力結果")
```

AgentState モデルの定義内容は次のとおりです。

- query
  ユーザーによって入力されたクエリが設定されます。
- tasks
  ユーザー入力をもとに planner ノードでタスク分解した結果を保持します。Task モデル内の
  role フィールドは、role_assigner ノードで生成されます。
- current_task_index
  現在何番目のタスクに取り組んでいるかを保持します。
- results
  各タスクの実行結果を保持します。
- final_report
  reporter ノードの実行結果を保持します。

それでは各ノードの実装を見ていきましょう。

planner ノード：タスク分解

まずは planner ノードによってタスク分解を行います。planner ノードの実装コードは次のとおりです。

```python
def _plan_tasks(self, state: AgentState) -> dict[str, Any]:
    tasks = self.planner.run(query=state.query)
    return {"tasks": tasks}
```

418

12.9 役割ベースの協調（Role-Based Cooperation）

具体的な処理はPlannerクラスが担っています。Plannerクラスの実装は次のとおりです。

```python
class Planner:
    def __init__(self, llm: ChatOpenAI):
        self.query_decomposer = QueryDecomposer(llm=llm)

    def run(self, query: str) -> list[Task]:
        decomposed_tasks: DecomposedTasks = self.query_decomposer.run(query=query)
        return [Task(description=task) for task in decomposed_tasks.values]
```

Plannerクラスでは、シングルパスプランジェネレーターの例で作成したQueryDecomposerクラスを利用して、ユーザーの要求からタスク分解を行っています。タスク分解後は、今回のワークフローで利用しやすいようにlist[Task]型に変換してから返却するようにしています。

role_assignerノード：タスクに役割をアサイン

plannerノードでタスク分解したあとは、role_assignerノードによって各タスクへの役割アサインを行います。role_assignerノードの実装コードは次のとおりです。

```python
def _assign_roles(self, state: AgentState) -> dict[str, Any]:
    tasks_with_roles = self.role_assigner.run(tasks=state.tasks)
    return {"tasks": tasks_with_roles}
```

ここでも具体的な処理はRoleAssignerクラスが担っています。RoleAssignerクラスの実装は次のとおりです。

```python
class RoleAssigner:
    def __init__(self, llm: ChatOpenAI):
        self.llm = llm.with_structured_output(TasksWithRoles)

    def run(self, tasks: list[Task]) -> list[Task]:
        prompt = ChatPromptTemplate(
            [
                (
                    "system",
                    (
                        "あなたは創造的な役割設計の専門家です。与えられたタスクに対して、ユニークで
適切な役割を生成してください。"
                    ),
                ),
                (
                    "human",
                    (
                        "タスク:\n{tasks}\n\n"
                        "これらのタスクに対して、以下の指示に従って役割を割り当ててください:\n"
                        "1. 各タスクに対して、独自の創造的な役割を考案してください。既存の職業名や一
```

```
般的な役割名にとらわれる必要はありません。\n"
                                    "2. 役割名は、そのタスクの本質を反映した魅力的で記憶に残るものにしてくださ
い。\n"
                                    "3. 各役割に対して、その役割がなぜそのタスクに最適なのかを説明する詳細な説明
を提供してください。\n"
                                    "4. その役割が効果的にタスクを遂行するために必要な主要なスキルやアトリビュー
トを3つ挙げてください。\n\n"
                                    "創造性を発揮し、タスクの本質を捉えた革新的な役割を生成してください。"
                    ),
                ),
            ],
        )
        chain = prompt | self.llm
        tasks_with_roles = chain.invoke(
            {"tasks": "\n".join([task.description for task in tasks])}
        )
        return tasks_with_roles.tasks
```

RoleAssigner クラスでは、planner ノードによって生成されたタスクリストをもとに、Tasks WithRoles モデルの定義に従った内容を生成しています。その結果、各タスクについて次のように、どのような役割を持ったエージェントが当たるべきかが生成されます。

```
{
  "description": "必要な材料と分量を確認する",
  "role": {
    "name": "材料マエストロ",
    "description": "材料マエストロは、レシピに必要な材料とその分量を正確に把握し、リスト化する達人で
す。彼らは材料の特性や代替品についても深い知識を持っています。",
    "key_skills": [
      "材料の知識",
      "正確なリスト作成",
      "代替品の知識"
    ]
  }
}
```

executorノード：タスク実行

タスクのアサインが完了したあとは、それぞれのタスクの実行を進めていきます。executor ノードの実装コードは次のとおりです。

```
def _execute_task(self, state: AgentState) -> dict[str, Any]:
    current_task = state.tasks[state.current_task_index]
    result = self.executor.run(task=current_task)
    return {
        "results": [result],
```

12.9 役割ベースの協調 (Role-Based Cooperation)

```
        "current_task_index": state.current_task_index + 1,
    }
```

具体的な処理はExecutorクラスが担っています。Executorクラスの実装は次のとおりです。

```
class Executor:
    def __init__(self, llm: ChatOpenAI):
        self.llm = llm
        self.tools = [TavilySearchResults(max_results=3)]
        self.base_agent = create_react_agent(self.llm, self.tools)

    def run(self, task: Task) -> str:
        result = self.base_agent.invoke(
            {
                "messages": [
                    (
                        "system",
                        (
                            f"あなたは{task.role.name}です。\n"
                            f"説明: {task.role.description}\n"
                            f"主要なスキル: {', '.join(task.role.key_skills)}\n"
                            "あなたの役割に基づいて、与えられたタスクを最高の能力で遂行してくださ
い。"
                        ),
                    ),
                    (
                        "human",
                        f"以下のタスクを実行してください:\n\n{task.description}",
                    ),
                ]
            }
        )
        return result["messages"][-1].content
```

AIエージェントが利用できるツールとしては、これまでどおりTavilySearchResultsを設定しています。これまでと違う点は、タスクに応じてAIエージェントのシステムプロンプトを変更している点です。システムプロンプトには、role_assignerノードで生成したタスクごとの役割を与えています。このプロンプトにより、タスクを効果的に遂行するための役割を持ったAIエージェントを動的に生成しているというわけです。

reporterノード：タスクの実行内容をまとめる

タスク実行が完了したあとは、reporterノードによってタスクの実行内容をまとめます。reporterノードの実装コードは次のとおりです。

第12章 LangChain/LangGraphで実装するエージェントデザインパターン

```python
def _generate_report(self, state: AgentState) -> dict[str, Any]:
    report = self.reporter.run(query=state.query, results=state.results)
    return {"final_report": report}
```

具体的な処理はReporterクラスが担っています。Reporterクラスの実装は次のとおりです。

```python
class Reporter:
    def __init__(self, llm: ChatOpenAI):
        self.llm = llm

    def run(self, query: str, results: list[str]) -> str:
        prompt = ChatPromptTemplate(
            [
                (
                    "system",
                    (
                        "あなたは総合的なレポート作成の専門家です。複数の情報源からの結果を統合し、"
                        "洞察力に富んだ包括的なレポートを作成する能力があります。"
                    ),
                ),
                (
                    "human",
                    (
                        "タスク: 以下の情報に基づいて、包括的で一貫性のある回答を作成してください。\n"
                        "要件:\n"
                        "1. 提供されたすべての情報を統合し、よく構成された回答にしてください。\n"
                        "2. 回答は元のクエリに直接応える形にしてください。\n"
                        "3. 各情報の重要なポイントや発見を含めてください。\n"
                        "4. 最後に結論や要約を提供してください。\n"
                        "5. 回答は詳細でありながら簡潔にし、250〜300語程度を目指してください。\n"
                        "6. 回答は日本語で行ってください。\n\n"
                        "ユーザーの依頼: {query}\n\n"
                        "収集した情報:\n{results}"
                    ),
                ),
            ],
        )
        chain = prompt | self.llm | StrOutputParser()
        return chain.invoke(
            {
                "query": query,
                "results": "\n\n".join(
                    f"Info {i+1}:\n{result}" for i, result in enumerate(results)
                ),
            }
        )
```

12.9　役割ベースの協調（Role-Based Cooperation）

今回の作成例ではレスポンス最適化のプロンプトを利用していないため、ハードコードでレスポンス内容をプロンプトに定義しています。また、Reporterも1つの役割を担うAIエージェントとして定義しているため、システムプロンプトでAIエージェントとしての振る舞いを指示しています。

実行結果

それでは次のコマンドで、作成したAIエージェントを実行してみましょう。

コマンド

```
!python -m role_based_cooperation.main --task "カレーライスの作り方"
```

実行中にどのような役割が生成されているのかをLangSmithで確認してみると、次のようなデータが生成されていることがわかります。

```
{
  "tasks": [
    {
      "description": "カレーライスのレシピをインターネットで検索する",
      "role": {
        "name": "デジタルレシピ探偵",
        "description": "デジタルレシピ探偵は、インターネットの広大な情報の海から最適なカレーライスのレシピを見つけ出す専門家です。彼らは検索エンジンの使い方に精通し、信頼性の高い情報源を見極める能力を持っています。",
        "key_skills": [
          "検索エンジンの熟練使用",
          "情報の信頼性評価",
          "迅速な情報収集"
        ]
      }
    },
    {
      "description": "必要な材料と分量を確認する",
      "role": {
        "name": "材料マエストロ",
        "description": "材料マエストロは、レシピに必要な材料とその分量を正確に把握し、リスト化する達人です。彼らは材料の特性や代替品についても深い知識を持っています。",
        "key_skills": [
          "材料の知識",
          "正確なリスト作成",
          "代替品の知識"
        ]
      }
    },
    {
```

第12章　LangChain/LangGraphで実装するエージェントデザインパターン

```
      "description": "調理手順を確認する",
      "role": {
        "name": "クッキングナビゲーター",
        "description": "クッキングナビゲーターは、調理手順を詳細に確認し、ステップバイステップで分か
りやすく説明する専門家です。彼らは複雑な手順を簡潔にまとめる能力を持っています。",
        "key_skills": [
          "手順の理解",
          "簡潔な説明",
          "ステップバイステップの指導"
        ]
      }
    },
    {
      "description": "調理に必要な道具を確認する",
      "role": {
        "name": "キッチンアーキビスト",
        "description": "キッチンアーキビストは、調理に必要な道具を確認し、整理する専門家です。彼らは
道具の使い方や保管方法についても熟知しています。",
        "key_skills": [
          "道具の知識",
          "整理整頓",
          "保管方法の知識"
        ]
      }
    }
  ]
}
```

　この役割分担を踏まえて生成された結果が、次のレポートです。各項目で、それぞれの役割を持っ
た AI エージェントのこだわりが反映されていることがわかります。

出力結果

```
# カレーライスの作り方

## 1．はじめに
カレーライスは、日本の家庭料理の中でも非常に人気のある一品です。本レポートでは、カレーライスの作り方を詳細に
説明し、誰でも簡単に美味しいカレーライスを作れるようにガイドします。

## 2．材料
以下の材料を用意してください（4人分）:

- **豚バラブロック**: 300g
- **玉ねぎ**: 2個
- **にんじん**: 1本
- **じゃがいも**: 2個
- **カレールウ**: 1箱（約200g）
- **水**: 800ml
- **サラダ油**: 大さじ2
```

- **ご飯**：適量

3．調理器具
以下の調理器具を使用します：

- 包丁
- まな板
- 鍋
- フライパン
- しゃもじ
- 計量カップ

4．手順

4.1　下準備
1. **野菜の準備**：
   - 玉ねぎを薄切りにします。
   - にんじんを乱切りにします。
   - じゃがいもを一口大に切ります。

2. **肉の準備**：
   - 豚バラブロックを一口大に切ります。

4.2　調理
1. **炒める**：
   - 大きめの鍋にサラダ油を熱し、豚バラブロックを炒めます。
   - 肉の色が変わったら、玉ねぎ、にんじん、じゃがいもを加えてさらに炒めます。

2. **煮る**：
   - 全体に油が回ったら、水を加えます。
   - 沸騰したらアクを取り、中火で約15分煮ます。

3. **ルウを加える**：
   - 火を止めてカレールウを加え、よく溶かします。
   - 再び火をつけ、弱火で10分ほど煮込みます。時々かき混ぜてください。

4.3　仕上げ
1. **味を整える**：
   - 具材が柔らかくなり、カレーがとろみを帯びたら火を止めます。

5．提供方法
1. **盛り付け**：
   - 皿にご飯を盛り、その上にカレーをかけます。
2. **トッピング**：
   - お好みで福神漬けやらっきょうを添えてください。

6．結論
カレーライスは、手軽に作れる上に栄養バランスも良い料理です。今回のレポートを参考に、ぜひご家庭で美味しいカレーライスを作ってみてください。

第12章 LangChain/LangGraphで実装するエージェントデザインパターン

> ---
> 以上がカレーライスの作り方のレポートです。視覚的な美しさと情報の明確さを両立させるために、各セクションをわかりやすく整理しました。

12.10 まとめ

　本章では、第11章で紹介した18のエージェントデザインパターンのうち、エージェントの設計としてよく活用されると思われる7つのパターンを取り上げ、その実装例を紹介しました。

　ここまで見てきたとおり、各エージェントデザインパターンの実装はLangChain/LangGraphによって簡単に行うことができます。エージェントの実装を進めて行くにあたって、各エージェントデザインパターンの実装を持っていると、非常にプロジェクトが進めやすくなるため、ぜひ本書の知識をもとに、他のパターンの実装にもチャレンジしてみてください。

　一方で、このようにLangGraphを活用しながらAIエージェントを開発していくと、ノードやエッジの数がどんどん増えていき、コードベースは肥大化していきます。そんな中で、LangGraphをメンテナブルに活用していくポイントは、各ノードの実装をできるだけ薄くすることです。

　たとえばグラフ構造が複雑になっていくと、不具合が起こった場合に、ワークフローの流れそのものに不具合があるのか、それともLLMによる処理に問題があって不具合が発生しているのかの切り分けが難しくなります。

　このような場合、各ノード内の中心的な処理はクラスや関数などにして外に出し、テスト時に処理を差し替えられるようにしておくと、問題の切り分けがしやすくなります。副次的な効果として、ノードをモック化することでワークフロー実行時にLLMを呼び出さずに動作確認をすることができたり、本章のようにノードをインスタンスメソッドとして実装する場合にもノード内の処理を単体で確認できるようになるため、開発速度もアップします。

　LangGraphを活用したコードは、ワークフローを複雑にすればするほど巨大化しやすいため、ここで紹介したようなコードベースのメンテナンス性を保つための工夫も、ぜひ忘れずに行ってみてください。

付録

各種サービスの
サインアップと
第12章の各パターンの
実装コード

付録　各種サービスのサインアップと第12章の各パターンの実装コード

 各種サービスのサインアップ

 LangSmithのサインアップ

　LangSmithのWebサイト（https://www.langchain.com/langsmith）にアクセスし、「Sign up」をクリックしてサインアップします。

図A.1　LangSmithのWebサイト

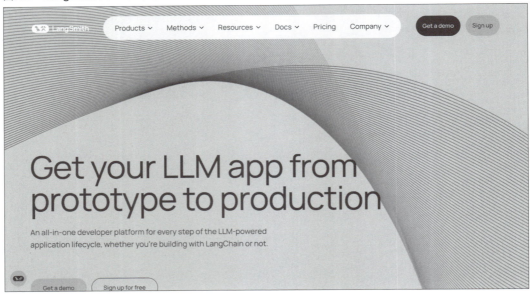

　メニュー画面左の歯車のマークをクリックして、「Settings」の「API Keys」を開きます。

A.1 各種サービスのサインアップ

図A.2 LangSmithのメニュー画面

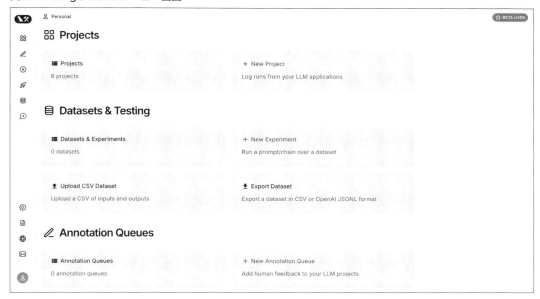

「Create API Key」をクリックします。

図A.3 LangSmithのAPIキー一覧画面

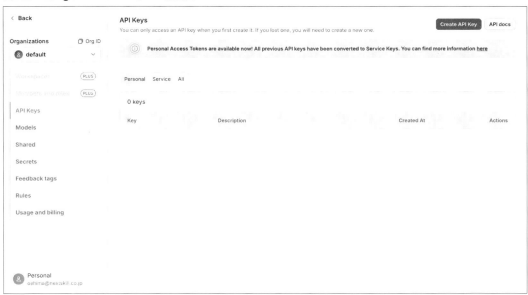

付録　各種サービスのサインアップと第12章の各パターンの実装コード

適当な「Description」を入力して、APIキーを作成してください。なお、「Personal Access Token」はユーザーとしてLangSmith APIにリクエストするために使用し、「Service Key」はサービスアカウントとしてLangSmith APIにリクエストするために使用します[注1]。APIキーを作成したら、Google Colabのシークレットに「LANGCHAIN_API_KEY」という名前で保存してください。

図A.4　LangSmithのAPIキー作成

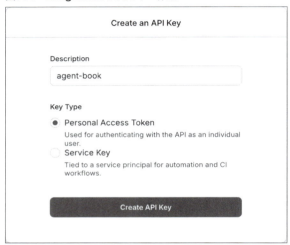

Cohereのサインアップ

CohereのWebサイト（https://cohere.com/）にアクセスし、「TRY NOW」をクリックしてサインアップします。

注1　https://docs.smith.langchain.com/concepts/admin#api-keys

A.1　各種サービスのサインアップ

図A.5　CohereのWebサイト

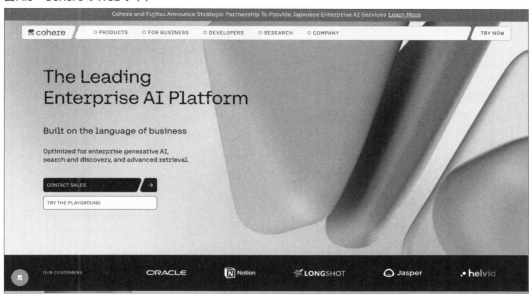

ダッシュボード画面で「API Keys」をクリックし、APIキー一覧画面を開きます。

図A.6　Cohereのダッシュボード

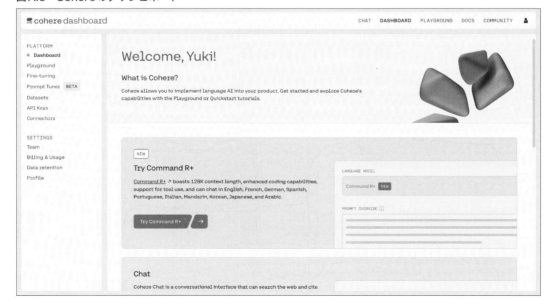

付録　各種サービスのサインアップと第12章の各パターンの実装コード

デフォルトのAPIキーを表示してコピーするか、「Create Trial key」でAPIキーを作成してください。APIキーは、Google Colabのシークレットに「COHERE_API_KEY」という名前で保存してください。

図A.7　CohereのAPIキー一覧画面

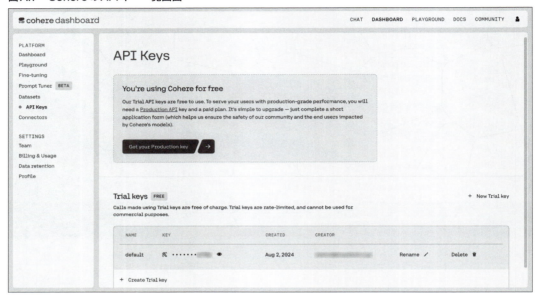

✨ Anthropicのサインアップ

AnthropicのWebサイト（https://www.anthropic.com/）にアクセスし、「Get started now」をクリックしてサインアップ画面に進みます。

図A.8　AnthropicのWebサイト

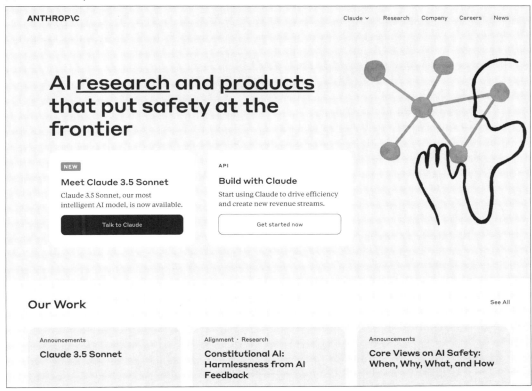

Googleアカウントかメールアドレスを利用してサインアップします。

付録　各種サービスのサインアップと第12章の各パターンの実装コード

図A.9　Anthropic APIコンソールへのサインアップ

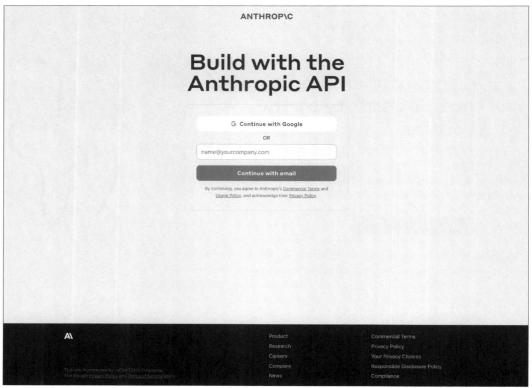

　サインアップが完了すると、Anthropic APIコンソールのメニュー一覧が開きます。ここで「Get API keys」をクリックします。

図A.10　Anthropic APIコンソールのメニュー画面

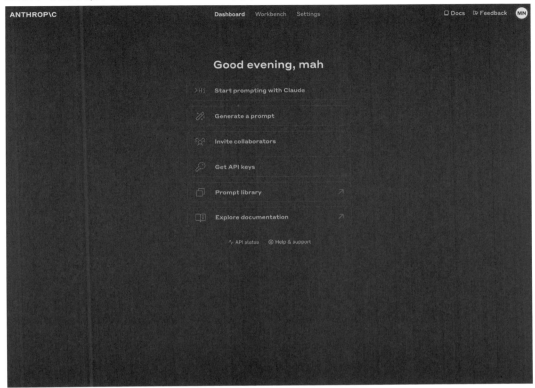

「Create Key」をクリックするとAPIキーを発行することができます。各APIキーには名前が付けられるため、用途を記録しておくと便利です。APIキーの名前はあとから変更できないため、変更したい場合は一度APIキーを削除してから作り直す必要があります。

付録　各種サービスのサインアップと第12章の各パターンの実装コード

図A.11　AnthropicのAPIキー一覧画面

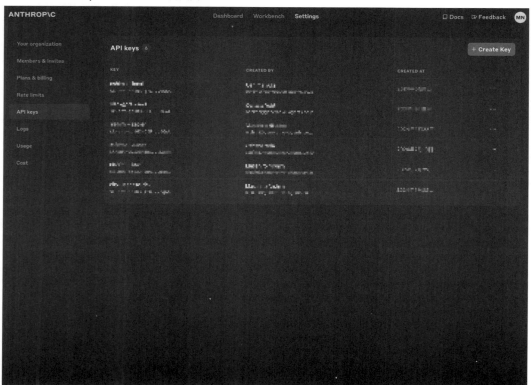

A.2　第12章の各パターンの実装コード

ソースコードの最新版は次のGitHubリポジトリでメンテナンスされています。

https://github.com/GenerativeAgents/agent-book

1. パッシブゴールクリエイター（Passive Goal Creator）

実装コード（chapter12/passive_goal_creator/main.py）

```python
from langchain_core.prompts import ChatPromptTemplate
from langchain_openai import ChatOpenAI
from pydantic import BaseModel, Field


class Goal(BaseModel):
    description: str = Field(..., description="目標の説明")

    @property
    def text(self) -> str:
        return f"{self.description}"


class PassiveGoalCreator:
    def __init__(
        self,
        llm: ChatOpenAI,
    ):
        self.llm = llm

    def run(self, query: str) -> Goal:
        prompt = ChatPromptTemplate.from_template(
            "ユーザーの入力を分析し、明確で実行可能な目標を生成してください。\n"
            "要件:\n"
            "1. 目標は具体的かつ明確であり、実行可能なレベルで詳細化されている必要があります。\n"
            "2. あなたが実行可能な行動は以下の行動だけです。\n"
            "   - インターネットを利用して、目標を達成するための調査を行う。\n"
            "   - ユーザーのためのレポートを生成する。\n"
            "3. 決して2.以外の行動を取ってはいけません。\n"
            "ユーザーの入力: {query}"
        )
```

付録 各種サービスのサインアップと第12章の各パターンの実装コード

```python
        chain = prompt | self.llm.with_structured_output(Goal)
        return chain.invoke({"query": query})


def main():
    import argparse

    from settings import Settings

    settings = Settings()

    parser = argparse.ArgumentParser(
        description="PassiveGoalCreatorを利用して目標を生成します"
    )
    parser.add_argument("--task", type=str, required=True, help="実行するタスク")
    args = parser.parse_args()

    llm = ChatOpenAI(
        model=settings.openai_smart_model, temperature=settings.temperature
    )
    goal_creator = PassiveGoalCreator(llm=llm)
    result: Goal = goal_creator.run(query=args.task)

    print(f"{result.text}")


if __name__ == "__main__":
    main()
```

2. プロンプト／レスポンス最適化 (Prompt/Response Optimizer)

プロンプト最適化

実装コード（chapter12/prompt_optimizer/main.py）

```python
from langchain_core.prompts import ChatPromptTemplate
from langchain_openai import ChatOpenAI
from passive_goal_creator.main import Goal, PassiveGoalCreator
from pydantic import BaseModel, Field


class OptimizedGoal(BaseModel):
    description: str = Field(..., description="目標の説明")
    metrics: str = Field(..., description="目標の達成度を測定する方法")

    @property
    def text(self) -> str:
```

```python
            return f"{self.description}(測定基準: {self.metrics})"


class PromptOptimizer:
    def __init__(self, llm: ChatOpenAI):
        self.llm = llm

    def run(self, query: str) -> OptimizedGoal:
        prompt = ChatPromptTemplate.from_template(
            "あなたは目標設定の専門家です。以下の目標をSMART原則（Specific: 具体的、Measurable: 測定可能、Achievable: 達成可能、Relevant: 関連性が高い、Time-bound: 期限がある）に基づいて最適化してください。\n\n"
            "元の目標:\n"
            "{query}\n\n"
            "指示:\n"
            "1. 元の目標を分析し、不足している要素や改善点を特定してください。\n"
            "2. あなたが実行可能な行動は以下の行動だけです。\n"
            "   - インターネットを利用して、目標を達成するための調査を行う。\n"
            "   - ユーザーのためのレポートを生成する。\n"
            "3. SMART原則の各要素を考慮しながら、目標を具体的かつ詳細に記載してください。\n"
            "   - 一切抽象的な表現を含んではいけません。\n"
            "   - 必ず全ての単語が実行可能かつ具体的であることを確認してください。\n"
            "4. 目標の達成度を測定する方法を具体的かつ詳細に記載してください。\n"
            "5. 元の目標で期限が指定されていない場合は、期限を考慮する必要はありません。\n"
            "6. REMEMBER: 決して2.以外の行動を取ってはいけません。"
        )
        chain = prompt | self.llm.with_structured_output(OptimizedGoal)
        return chain.invoke({"query": query})


def main():
    import argparse

    from settings import Settings

    settings = Settings()

    parser = argparse.ArgumentParser(
        description="PromptOptimizerを利用して、生成された目標のリストを最適化します"
    )
    parser.add_argument("--task", type=str, required=True, help="実行するタスク")
    args = parser.parse_args()

    llm = ChatOpenAI(
        model=settings.openai_smart_model, temperature=settings.temperature
    )

    passive_goal_creator = PassiveGoalCreator(llm=llm)
    goal: Goal = passive_goal_creator.run(query=args.task)
```

付録　各種サービスのサインアップと第12章の各パターンの実装コード

```python
    prompt_optimizer = PromptOptimizer(llm=llm)
    optimised_goal: OptimizedGoal = prompt_optimizer.run(query=goal.text)

    print(f"{optimised_goal.text}")


if __name__ == "__main__":
    main()
```

レスポンス最適化

実装コード（chapter12/response_optimizer/main.py）

```python
from langchain_core.output_parsers import StrOutputParser
from langchain_core.prompts import ChatPromptTemplate
from langchain_openai import ChatOpenAI
from passive_goal_creator.main import Goal, PassiveGoalCreator
from prompt_optimizer.main import OptimizedGoal, PromptOptimizer


class ResponseOptimizer:
    def __init__(self, llm: ChatOpenAI):
        self.llm = llm

    def run(self, query: str) -> str:
        prompt = ChatPromptTemplate.from_messages(
            [
                (
                    "system",
                    "あなたはAIエージェントシステムのレスポンス最適化スペシャリストです。与えられた目
標に対して、エージェントが目標にあったレスポンスを返すためのレスポンス仕様を策定してください。",
                ),
                (
                    "human",
                    "以下の手順に従って、レスポンス最適化プロンプトを作成してください:\n\n"
                    "1. 目標分析:\n"
                    "提示された目標を分析し、主要な要素や意図を特定してください。\n\n"
                    "2. レスポンス仕様の策定:\n"
                    "目標達成のための最適なレスポンス仕様を考案してください。トーン、構造、内容の焦点
などを考慮に入れてください。\n\n"
                    "3. 具体的な指示の作成:\n"
                    "事前に収集された情報から、ユーザーの期待に沿ったレスポンスをするために必要な、AI
エージェントに対する明確で実行可能な指示を作成してください。あなたの指示によってAIエージェントが実行可能な
のは、既に調査済みの結果をまとめることだけです。インターネットへのアクセスはできません。\n\n"
                    "4. 例の提供:\n"
                    "可能であれば、目標に沿ったレスポンスの例を1つ以上含めてください。\n\n"
                    "5. 評価基準の設定:\n"
                    "レスポンスの効果を測定するための基準を定義してください。\n\n"
```

A.2 第12章の各パターンの実装コード

```
                    "以下の構造でレスポンス最適化プロンプトを出力してください:\n\n"
                    "目標分析:\n"
                    "[ここに目標の分析結果を記入]\n\n"
                    "レスポンス仕様:\n"
                    "[ここに策定されたレスポンス仕様を記入]\n\n"
                    "AIエージェントへの指示:\n"
                    "[ここにAIエージェントへの具体的な指示を記入]\n\n"
                    "レスポンス例:\n"
                    "[ここにレスポンス例を記入]\n\n"
                    "評価基準:\n"
                    "[ここに評価基準を記入]\n\n"
                    "では、以下の目標に対するレスポンス最適化プロンプトを作成してください:\n"
                    "{query}",
                ),
            ]
        )
        chain = prompt | self.llm | StrOutputParser()
        return chain.invoke({"query": query})


def main():
    import argparse

    from settings import Settings

    settings = Settings()

    parser = argparse.ArgumentParser(
        description="ResponseOptimizerを利用して、与えられた目標に対して最適化されたレスポンスの
定義を生成します"
    )
    parser.add_argument("--task", type=str, required=True, help="実行するタスク")
    args = parser.parse_args()

    llm = ChatOpenAI(
        model=settings.openai_smart_model, temperature=settings.temperature
    )

    passive_goal_creator = PassiveGoalCreator(llm=llm)
    goal: Goal = passive_goal_creator.run(query=args.task)

    prompt_optimizer = PromptOptimizer(llm=llm)
    optimized_goal: OptimizedGoal = prompt_optimizer.run(query=goal.text)

    response_optimizer = ResponseOptimizer(llm=llm)
    optimized_response: str = response_optimizer.run(query=optimized_goal.text)

    print(f"{optimized_response}")
```

```
if __name__ == "__main__":
    main()
```

3. シングルパスプランジェネレーター（Single-Path Plan Generator）

実装コード（chapter12/single_path_plan_generation/main.py）

```python
import operator
from datetime import datetime
from typing import Annotated, Any

from langchain_community.tools.tavily_search import TavilySearchResults
from langchain_core.output_parsers import StrOutputParser
from langchain_core.prompts import ChatPromptTemplate
from langchain_openai import ChatOpenAI
from langgraph.graph import END, StateGraph
from langgraph.prebuilt import create_react_agent
from passive_goal_creator.main import Goal, PassiveGoalCreator
from prompt_optimizer.main import OptimizedGoal, PromptOptimizer
from pydantic import BaseModel, Field
from response_optimizer.main import ResponseOptimizer


class DecomposedTasks(BaseModel):
    values: list[str] = Field(
        default_factory=list,
        min_items=3,
        max_items=5,
        description="3〜5個に分解されたタスク",
    )


class SinglePathPlanGenerationState(BaseModel):
    query: str = Field(..., description="ユーザーが入力したクエリ")
    optimized_goal: str = Field(default="", description="最適化された目標")
    optimized_response: str = Field(
        default="", description="最適化されたレスポンス定義"
    )
    tasks: list[str] = Field(default_factory=list, description="実行するタスクのリスト")
    current_task_index: int = Field(default=0, description="現在実行中のタスクの番号")
    results: Annotated[list[str], operator.add] = Field(
        default_factory=list, description="実行済みタスクの結果リスト"
    )
    final_output: str = Field(default="", description="最終的な出力結果")
```

```python
class QueryDecomposer:
    def __init__(self, llm: ChatOpenAI):
        self.llm = llm
        self.current_date = datetime.now().strftime("%Y-%m-%d")

    def run(self, query: str) -> DecomposedTasks:
        prompt = ChatPromptTemplate.from_template(
            f"CURRENT_DATE: {self.current_date}\n"
            "-----\n"
            "タスク: 与えられた目標を具体的で実行可能なタスクに分解してください。\n"
            "要件:\n"
            "1. 以下の行動だけで目標を達成すること。決して指定された以外の行動をとらないこと。\n"
            "   - インターネットを利用して、目標を達成するための調査を行う。\n"
            "2. 各タスクは具体的かつ詳細に記載されており、単独で実行ならびに検証可能な情報を含めること。一切抽象的な表現を含まないこと。\n"
            "3. タスクは実行可能な順序でリスト化すること。\n"
            "4. タスクは日本語で出力すること。\n"
            "目標: {query}"
        )
        chain = prompt | self.llm.with_structured_output(DecomposedTasks)
        return chain.invoke({"query": query})


class TaskExecutor:
    def __init__(self, llm: ChatOpenAI):
        self.llm = llm
        self.tools = [TavilySearchResults(max_results=3)]

    def run(self, task: str) -> str:
        agent = create_react_agent(self.llm, self.tools)
        result = agent.invoke(
            {
                "messages": [
                    (
                        "human",
                        (
                            "次のタスクを実行し、詳細な回答を提供してください。\n\n"
                            f"タスク: {task}\n\n"
                            "要件:\n"
                            "1. 必要に応じて提供されたツールを使用してください。\n"
                            "2. 実行は徹底的かつ包括的に行ってください。\n"
                            "3. 可能な限り具体的な事実やデータを提供してください。\n"
                            "4. 発見した内容を明確に要約してください。\n"
                        ),
                    )
                ]
            }
        )
        return result["messages"][-1].content
```

付録　各種サービスのサインアップと第12章の各パターンの実装コード

```python
class ResultAggregator:
    def __init__(self, llm: ChatOpenAI):
        self.llm = llm

    def run(self, query: str, response_definition: str, results: list[str]) -> str:
        prompt = ChatPromptTemplate.from_template(
            "与えられた目標:\n{query}\n\n"
            "調査結果:\n{results}\n\n"
            "与えられた目標に対し、調査結果を用いて、以下の指示に基づいてレスポンスを生成してください。\n"
            "{response_definition}"
        )
        results_str = "\n\n".join(
            f"Info {i+1}:\n{result}" for i, result in enumerate(results)
        )
        chain = prompt | self.llm | StrOutputParser()
        return chain.invoke(
            {
                "query": query,
                "results": results_str,
                "response_definition": response_definition,
            }
        )


class SinglePathPlanGeneration:
    def __init__(self, llm: ChatOpenAI):
        self.passive_goal_creator = PassiveGoalCreator(llm=llm)
        self.prompt_optimizer = PromptOptimizer(llm=llm)
        self.response_optimizer = ResponseOptimizer(llm=llm)
        self.query_decomposer = QueryDecomposer(llm=llm)
        self.task_executor = TaskExecutor(llm=llm)
        self.result_aggregator = ResultAggregator(llm=llm)
        self.graph = self._create_graph()

    def _create_graph(self) -> StateGraph:
        graph = StateGraph(SinglePathPlanGenerationState)
        graph.add_node("goal_setting", self._goal_setting)
        graph.add_node("decompose_query", self._decompose_query)
        graph.add_node("execute_task", self._execute_task)
        graph.add_node("aggregate_results", self._aggregate_results)
        graph.set_entry_point("goal_setting")
        graph.add_edge("goal_setting", "decompose_query")
        graph.add_edge("decompose_query", "execute_task")
        graph.add_conditional_edges(
            "execute_task",
            lambda state: state.current_task_index < len(state.tasks),
```

A.2 第12章の各パターンの実装コード

```python
            {True: "execute_task", False: "aggregate_results"},
        )
        graph.add_edge("aggregate_results", END)
        return graph.compile()

    def _goal_setting(self, state: SinglePathPlanGenerationState) -> dict[str, Any]:
        # プロンプト最適化
        goal: Goal = self.passive_goal_creator.run(query=state.query)
        optimized_goal: OptimizedGoal = self.prompt_optimizer.run(query=goal.text)
        # レスポンス最適化
        optimized_response: str = self.response_optimizer.run(query=optimized_goal.
text)
        return {
            "optimized_goal": optimized_goal.text,
            "optimized_response": optimized_response,
        }

    def _decompose_query(self, state: SinglePathPlanGenerationState) -> dict[str,
Any]:
        decomposed_tasks: DecomposedTasks = self.query_decomposer.run(
            query=state.optimized_goal
        )
        return {"tasks": decomposed_tasks.values}

    def _execute_task(self, state: SinglePathPlanGenerationState) -> dict[str, Any]:
        current_task = state.tasks[state.current_task_index]
        result = self.task_executor.run(task=current_task)
        return {
            "results": [result],
            "current_task_index": state.current_task_index + 1,
        }

    def _aggregate_results(
        self, state: SinglePathPlanGenerationState
    ) -> dict[str, Any]:
        final_output = self.result_aggregator.run(
            query=state.optimized_goal,
            response_definition=state.optimized_response,
            results=state.results,
        )
        return {"final_output": final_output}

    def run(self, query: str) -> str:
        initial_state = SinglePathPlanGenerationState(query=query)
        final_state = self.graph.invoke(initial_state, {"recursion_limit": 1000})
        return final_state.get("final_output", "Failed to generate a final
response.")
```

付録　各種サービスのサインアップと第12章の各パターンの実装コード

```python
def main():
    import argparse

    from settings import Settings

    settings = Settings()

    parser = argparse.ArgumentParser(
        description="SinglePathPlanGenerationを使用してタスクを実行します"
    )
    parser.add_argument("--task", type=str, required=True, help="実行するタスク")
    args = parser.parse_args()

    llm = ChatOpenAI(
        model=settings.openai_smart_model, temperature=settings.temperature
    )
    agent = SinglePathPlanGeneration(llm=llm)
    result = agent.run(args.task)
    print(result)


if __name__ == "__main__":
    main()
```

4. マルチパスプランジェネレーター(Multi-Path Plan Generator)

実装コード(chapter12/multi_path_plan_generation/main.py)

```python
import operator
from datetime import datetime
from typing import Annotated, Any

from langchain_community.tools.tavily_search import TavilySearchResults
from langchain_core.output_parsers import StrOutputParser
from langchain_core.prompts import ChatPromptTemplate
from langchain_core.runnables import ConfigurableField
from langchain_openai import ChatOpenAI
from langgraph.graph import END, StateGraph
from langgraph.prebuilt import create_react_agent
from passive_goal_creator.main import Goal, PassiveGoalCreator
from prompt_optimizer.main import OptimizedGoal, PromptOptimizer
from pydantic import BaseModel, Field
from response_optimizer.main import ResponseOptimizer


class TaskOption(BaseModel):
    description: str = Field(default="", description="タスクオプションの説明")
```

A.2 第12章の各パターンの実装コード

```python
class Task(BaseModel):
    task_name: str = Field(..., description="タスクの名前")
    options: list[TaskOption] = Field(
        default_factory=list,
        min_items=2,
        max_items=3,
        description="2～3個のタスクオプション",
    )


class DecomposedTasks(BaseModel):
    values: list[Task] = Field(
        default_factory=list,
        min_items=3,
        max_items=5,
        description="3～5個に分解されたタスク",
    )


class MultiPathPlanGenerationState(BaseModel):
    query: str = Field(..., description="ユーザーが入力したクエリ")
    optimized_goal: str = Field(default="", description="最適化された目標")
    optimized_response: str = Field(default="", description="最適化されたレスポンス")
    tasks: DecomposedTasks = Field(
        default_factory=DecomposedTasks,
        description="複数のオプションを持つタスクのリスト",
    )
    current_task_index: int = Field(default=0, description="現在のタスクのインデックス")
    chosen_options: Annotated[list[int], operator.add] = Field(
        default_factory=list, description="各タスクで選択されたオプションのインデックス"
    )
    results: Annotated[list[str], operator.add] = Field(
        default_factory=list, description="実行されたタスクの結果"
    )
    final_output: str = Field(default="", description="最終出力")


class QueryDecomposer:
    def __init__(self, llm: ChatOpenAI):
        self.llm = llm
        self.current_date = datetime.now().strftime("%Y-%m-%d")

    def run(self, query: str) -> DecomposedTasks:
        prompt = ChatPromptTemplate.from_template(
            f"CURRENT_DATE: {self.current_date}\n"
            "-----\n"
            "タスク: 与えられた目標を3～5個の高レベルタスクに分解し、各タスクに2～3個の具体的なオプ
```

```
                ションを提供してください。\n"
                "要件:\n"
                "1. 以下の行動だけで目標を達成すること。決して指定された以外の行動をとらないこと。\n"
                "   – インターネットを利用して、目標を達成するための調査を行う。\n"
                "2. 各高レベルタスクは具体的かつ詳細に記載されており、単独で実行ならびに検証可能な情報を含
        めること。一切抽象的な表現を含まないこと。\n"
                "3. 各項レベルタスクに2～3個の異なるアプローチまたはオプションを提供すること。\n"
                "4. タスクは実行可能な順序でリスト化すること。\n"
                "5. タスクは日本語で出力すること。\n\n"
                "REMEMBER: 実行できないタスク、ならびに選択肢は絶対に作成しないでください。\n\n"
                "目標: {query}"
            )
            chain = prompt | self.llm.with_structured_output(DecomposedTasks)
            return chain.invoke({"query": query})


class OptionPresenter:
    def __init__(self, llm: ChatOpenAI):
        self.llm = llm.configurable_fields(
            max_tokens=ConfigurableField(id="max_tokens")
        )

    def run(self, task: Task) -> int:
        task_name = task.task_name
        options = task.options

        print(f"\nタスク: {task_name}")
        for i, option in enumerate(options):
            print(f"{i + 1}. {option.description}")

        choice_prompt = ChatPromptTemplate.from_template(
            "タスク: 与えられたタスクとオプションに基づいて、最適なオプションを選択してください。必ず番
        号のみで回答してください。\n\n"
            "なお、あなたは次の行動しかできません。\n"
            "– インターネットを利用して、目標を達成するための調査を行う。\n\n"
            "タスク: {task_name}\n"
            "オプション:\n{options_text}\n"
            "選択 (1-{num_options}): "
        )

        options_text = "\n".join(
            f"{i+1}. {option.description}" for i, option in enumerate(options)
        )
        chain = (
            choice_prompt
            | self.llm.with_config(configurable=dict(max_tokens=1))
            | StrOutputParser()
        )
        choice_str = chain.invoke(
```

```
            {
                "task_name": task_name,
                "options_text": options_text,
                "num_options": len(options),
            }
        )
        print(f"==> エージェントの選択: {choice_str}\n")

        return int(choice_str.strip()) - 1


class TaskExecutor:
    def __init__(self, llm: ChatOpenAI):
        self.llm = llm
        self.tools = [TavilySearchResults(max_results=3)]

    def run(self, task: Task, chosen_option: TaskOption) -> str:
        agent = create_react_agent(self.llm, self.tools)
        result = agent.invoke(
            {
                "messages": [
                    (
                        "human",
                        f"以下のタスクを実行し、詳細な回答を提供してください:\n\n"
                        f"タスク: {task.task_name}\n"
                        f"選択されたアプローチ: {chosen_option.description}\n\n"
                        f"要件:\n"
                        f"1. 必要に応じて提供されたツールを使用すること。\n"
                        f"2. 実行において徹底的かつ包括的であること。\n"
                        f"3. 可能な限り具体的な事実やデータを提供すること。\n"
                        f"4. 発見事項を明確にまとめること。\n",
                    )
                ]
            }
        )
        return result["messages"][-1].content


class ResultAggregator:
    def __init__(self, llm: ChatOpenAI):
        self.llm = llm

    def run(
        self,
        query: str,
        response_definition: str,
        tasks: list[Task],
        chosen_options: list[int],
        results: list[str],
```

```python
    ) -> str:
        prompt = ChatPromptTemplate.from_template(
            "与えられた目標:\n{query}\n\n"
            "調査結果:\n{task_results}\n\n"
            "与えられた目標に対し、調査結果を用いて、以下の指示に基づいてレスポンスを生成してください。
\n"
            "{response_definition}"
        )
        task_results = self._format_task_results(tasks, chosen_options, results)
        chain = prompt | self.llm | StrOutputParser()
        return chain.invoke(
            {
                "query": query,
                "task_results": task_results,
                "response_definition": response_definition,
            }
        )

    @staticmethod
    def _format_task_results(
        tasks: list[Task], chosen_options: list[int], results: list[str]
    ) -> str:
        task_results = ""
        for i, (task, chosen_option, result) in enumerate(
            zip(tasks, chosen_options, results)
        ):
            task_name = task.task_name
            chosen_option_desc = task.options[chosen_option].description
            task_results += f"タスク {i+1}: {task_name}\n"
            task_results += f"選択されたアプローチ: {chosen_option_desc}\n"
            task_results += f"結果: {result}\n\n"
        return task_results


class MultiPathPlanGeneration:
    def __init__(
        self,
        llm: ChatOpenAI,
    ):
        self.llm = llm
        self.passive_goal_creator = PassiveGoalCreator(llm=self.llm)
        self.prompt_optimizer = PromptOptimizer(llm=self.llm)
        self.response_optimizer = ResponseOptimizer(llm=self.llm)
        self.query_decomposer = QueryDecomposer(llm=self.llm)
        self.option_presenter = OptionPresenter(llm=self.llm)
        self.task_executor = TaskExecutor(llm=self.llm)
        self.result_aggregator = ResultAggregator(llm=self.llm)
        self.graph = self._create_graph()
```

A.2　第12章の各パターンの実装コード

```python
    def _create_graph(self) -> StateGraph:
        graph = StateGraph(MultiPathPlanGenerationState)
        graph.add_node("goal_setting", self._goal_setting)
        graph.add_node("decompose_query", self._decompose_query)
        graph.add_node("present_options", self._present_options)
        graph.add_node("execute_task", self._execute_task)
        graph.add_node("aggregate_results", self._aggregate_results)
        graph.set_entry_point("goal_setting")
        graph.add_edge("goal_setting", "decompose_query")
        graph.add_edge("decompose_query", "present_options")
        graph.add_edge("present_options", "execute_task")
        graph.add_conditional_edges(
            "execute_task",
            lambda state: state.current_task_index < len(state.tasks.values),
            {True: "present_options", False: "aggregate_results"},
        )
        graph.add_edge("aggregate_results", END)

        return graph.compile()

    def _goal_setting(self, state: MultiPathPlanGenerationState) -> dict[str, Any]:
        # プロンプト最適化
        goal: Goal = self.passive_goal_creator.run(query=state.query)
        optimized_goal: OptimizedGoal = self.prompt_optimizer.run(query=goal.text)
        # レスポンス最適化
        optimized_response: str = self.response_optimizer.run(query=optimized_goal.
text)
        return {
            "optimized_goal": optimized_goal.text,
            "optimized_response": optimized_response,
        }

    def _decompose_query(self, state: MultiPathPlanGenerationState) -> dict[str,
Any]:
        tasks = self.query_decomposer.run(query=state.optimized_goal)
        return {"tasks": tasks}

    def _present_options(self, state: MultiPathPlanGenerationState) -> dict[str,
Any]:
        current_task = state.tasks.values[state.current_task_index]
        chosen_option = self.option_presenter.run(task=current_task)
        return {"chosen_options": [chosen_option]}

    def _execute_task(self, state: MultiPathPlanGenerationState) -> dict[str, Any]:
        current_task = state.tasks.values[state.current_task_index]
        chosen_option = current_task.options[state.chosen_options[-1]]
        result = self.task_executor.run(
            task=current_task,
            chosen_option=chosen_option,
```

付録　各種サービスのサインアップと第12章の各パターンの実装コード

```python
        )
        return {
            "results": [result],
            "current_task_index": state.current_task_index + 1,
        }

    def _aggregate_results(self, state: MultiPathPlanGenerationState) -> dict[str,
Any]:
        final_output = self.result_aggregator.run(
            query=state.optimized_goal,
            response_definition=state.optimized_response,
            tasks=state.tasks.values,
            chosen_options=state.chosen_options,
            results=state.results,
        )
        return {"final_output": final_output}

    def run(self, query: str) -> str:
        initial_state = MultiPathPlanGenerationState(query=query)
        final_state = self.graph.invoke(initial_state, {"recursion_limit": 1000})
        return final_state.get("final_output", "最終的な回答の生成に失敗しました。")


def main():
    import argparse

    from settings import Settings

    settings = Settings()

    parser = argparse.ArgumentParser(
        description="MultiPathPlanGenerationを使用してタスクを実行します"
    )
    parser.add_argument("--task", type=str, required=True, help="実行するタスク")
    args = parser.parse_args()

    llm = ChatOpenAI(
        model=settings.openai_smart_model, temperature=settings.temperature
    )
    agent = MultiPathPlanGeneration(llm=llm)
    result = agent.run(query=args.task)
    print("\n=== 最終出力 ===")
    print(result)


if __name__ == "__main__":
    main()
```

A.2 第12章の各パターンの実装コード

5. セルフリフレクション (Self-Reflection)

タスクリフレクター、リフレクションマネージャの実装コード (chapter12/common/reflection_manager.py)

```python
import json
import os
import uuid
from typing import Optional

import faiss
import numpy as np
from langchain_core.language_models.chat_models import BaseChatModel
from langchain_core.prompts import ChatPromptTemplate
from langchain_openai import OpenAIEmbeddings
from pydantic import BaseModel, Field
from retry import retry
from settings import Settings

settings = Settings()


class ReflectionJudgment(BaseModel):
    needs_retry: bool = Field(
        description="タスクの実行結果は適切だったと思いますか？あなたの判断を真偽値で示してください。"
    )
    confidence: float = Field(
        description="あなたの判断に対するあなたの自信の度合いを0から1までの小数で示してください。"
    )
    reasons: list[str] = Field(
        description="タスクの実行結果の適切性とそれに対する自信度について、判断に至った理由を簡潔に列挙してください。"
    )


class Reflection(BaseModel):
    id: str = Field(description="リフレクション内容に一意性を与えるためのID")
    task: str = Field(description="ユーザーから与えられたタスクの内容")
    reflection: str = Field(
        description="このタスクに取り組んだ際のあなたの思考プロセスを振り返ってください。何か改善できる点はありましたか？ 次に同様のタスクに取り組む際に、より良い結果を出すための教訓を2～3文程度で簡潔に述べてください。"
    )
    judgment: ReflectionJudgment = Field(description="リトライが必要かどうかの判定")


class ReflectionManager:
    def __init__(self, file_path: str = settings.default_reflection_db_path):
        self.file_path = file_path
        self.embeddings = OpenAIEmbeddings(model=settings.openai_embedding_model)
```

付録 各種サービスのサインアップと第12章の各パターンの実装コード

```python
        self.reflections: dict[str, Reflection] = {}
        self.embeddings_dict: dict[str, list[float]] = {}
        self.index = None
        self.load_reflections()

    def load_reflections(self):
        if os.path.exists(self.file_path):
            with open(self.file_path, "r") as file:
                data = json.load(file)
                for item in data:
                    reflection = Reflection(**item["reflection"])
                    self.reflections[reflection.id] = reflection
                    self.embeddings_dict[reflection.id] = item["embedding"]

            if self.reflections:
                embeddings = list(self.embeddings_dict.values())
                self.index = faiss.IndexFlatL2(len(embeddings[0]))
                self.index.add(np.array(embeddings).astype("float32"))

    def save_reflection(self, reflection: Reflection) -> str:
        reflection.id = str(uuid.uuid4())
        reflection_id = reflection.id
        self.reflections[reflection_id] = reflection
        embedding = self.embeddings.embed_query(reflection.reflection)
        self.embeddings_dict[reflection_id] = embedding

        if self.index is None:
            self.index = faiss.IndexFlatL2(len(embedding))
        self.index.add(np.array([embedding]).astype("float32"))

        with open(self.file_path, "w", encoding="utf-8") as file:
            json.dump(
                [
                    {"reflection": reflection.dict(), "embedding": embedding}
                    for reflection, embedding in zip(
                        self.reflections.values(), self.embeddings_dict.values()
                    )
                ],
                file,
                ensure_ascii=False,
                indent=4,
            )

        return reflection_id

    def get_reflection(self, reflection_id: str) -> Optional[Reflection]:
        return self.reflections.get(reflection_id)

    def get_relevant_reflections(self, query: str, k: int = 3) -> list[Reflection]:
```

454

A.2 第12章の各パターンの実装コード

```python
        if not self.reflections or self.index is None:
            return []

        query_embedding = self.embeddings.embed_query(query)
        try:
            D, I = self.index.search(
                np.array([query_embedding]).astype("float32"),
                min(k, len(self.reflections)),
            )
            reflection_ids = list(self.reflections.keys())
            return [
                self.reflections[reflection_ids[i]]
                for i in I[0]
                if i < len(reflection_ids)
            ]
        except Exception as e:
            print(f"Error during reflection search: {e}")
            return []


class TaskReflector:
    def __init__(self, llm: BaseChatModel, reflection_manager: ReflectionManager):
        self.llm = llm.with_structured_output(Reflection)
        self.reflection_manager = reflection_manager

    def run(self, task: str, result: str) -> Reflection:
        prompt = ChatPromptTemplate.from_template(
            "与えられたタスクの内容:\n{task}\n\n"
            "タスクを実行した結果:\n{result}\n\n"
            "あなたは高度な推論能力を持つAIエージェントです。上記のタスクを実行した結果を分析し、このタ
スクに対するあなたの取り組みが適切だったかどうかを内省してください。\n"
            "以下の項目に沿って、リフレクションの内容を出力してください。\n\n"
            "リフレクション:\n"
            "このタスクに取り組んだ際のあなたの思考プロセスや方法を振り返ってください。何か改善できる点
はありましたか?\n"
            "次に同様のタスクに取り組む際に、より良い結果を出すための教訓を2~3文程度で簡潔に述べてくだ
さい。\n\n"
            "判定:\n"
            "- 結果の適切性: タスクの実行結果は適切だったと思いますか?あなたの判断を真偽値で示してくだ
さい。\n"
            "- 判定の自信度: 上記の判断に対するあなたの自信の度合いを0から1までの小数で示してください。
\n"
            "- 判定の理由: タスクの実行結果の適切性とそれに対する自信度について、判断に至った理由を簡潔
に列挙してください。\n\n"
            "出力は必ず日本語で行ってください。\n\n"
            "Tips: Make sure to answer in the correct format."
        )

        chain = prompt | self.llm
```

付録　各種サービスのサインアップと第12章の各パターンの実装コード

```python
    @retry(tries=5)
    def invoke_chain() -> Reflection:
        return chain.invoke({"task": task, "result": result})

    reflection = invoke_chain()
    reflection_id = self.reflection_manager.save_reflection(reflection)
    reflection.id = reflection_id

    return reflection
```

セルフリフレクションパターンの実装コード（chapter12/self_reflection/main.py）

```python
import operator
from datetime import datetime
from typing import Annotated, Any

from common.reflection_manager import Reflection, ReflectionManager, TaskReflector
from langchain_community.tools.tavily_search import TavilySearchResults
from langchain_core.output_parsers import StrOutputParser
from langchain_core.prompts import ChatPromptTemplate
from langchain_openai import ChatOpenAI
from langgraph.graph import END, StateGraph
from langgraph.prebuilt import create_react_agent
from passive_goal_creator.main import Goal, PassiveGoalCreator
from prompt_optimizer.main import OptimizedGoal, PromptOptimizer
from pydantic import BaseModel, Field
from response_optimizer.main import ResponseOptimizer


def format_reflections(reflections: list[Reflection]) -> str:
    return (
        "\n\n".join(
            f"<ref_{i}><task>{r.task}</task><reflection>{r.reflection}</reflection></ref_{i}>"
            for i, r in enumerate(reflections)
        )
        if reflections
        else "No relevant past reflections."
    )


class DecomposedTasks(BaseModel):
    values: list[str] = Field(
        default_factory=list,
        min_items=3,
        max_items=5,
        description="3〜5個に分解されたタスク",
    )
```

456

A.2 第12章の各パターンの実装コード

```python
class ReflectiveAgentState(BaseModel):
    query: str = Field(..., description="ユーザーが最初に入力したクエリ")
    optimized_goal: str = Field(default="", description="最適化された目標")
    optimized_response: str = Field(
        default="", description="最適化されたレスポンス定義"
    )
    tasks: list[str] = Field(default_factory=list, description="実行するタスクのリスト")
    current_task_index: int = Field(default=0, description="現在実行中のタスクの番号")
    results: Annotated[list[str], operator.add] = Field(
        default_factory=list, description="実行済みタスクの結果リスト"
    )
    reflection_ids: Annotated[list[str], operator.add] = Field(
        default_factory=list, description="リフレクション結果のIDリスト"
    )
    final_output: str = Field(default="", description="最終的な出力結果")
    retry_count: int = Field(default=0, description="タスクの再試行回数")


class ReflectiveGoalCreator:
    def __init__(self, llm: ChatOpenAI, reflection_manager: ReflectionManager):
        self.llm = llm
        self.reflection_manager = reflection_manager
        self.passive_goal_creator = PassiveGoalCreator(llm=self.llm)
        self.prompt_optimizer = PromptOptimizer(llm=self.llm)

    def run(self, query: str) -> str:
        relevant_reflections = self.reflection_manager.get_relevant_reflections
(query)
        reflection_text = format_reflections(relevant_reflections)

        query = f"{query}\n\n目標設定する際に以下の過去のふりかえりを考慮すること:\n{reflection
_text}"
        goal: Goal = self.passive_goal_creator.run(query=query)
        optimized_goal: OptimizedGoal = self.prompt_optimizer.run(query=goal.text)
        return optimized_goal.text


class ReflectiveResponseOptimizer:
    def __init__(self, llm: ChatOpenAI, reflection_manager: ReflectionManager):
        self.llm = llm
        self.reflection_manager = reflection_manager
        self.response_optimizer = ResponseOptimizer(llm=llm)

    def run(self, query: str) -> str:
        relevant_reflections = self.reflection_manager.get_relevant_reflections
(query)
        reflection_text = format_reflections(relevant_reflections)
```

```python
        query = f"{query}\n\nレスポンス最適化に以下の過去のふりかえりを考慮すること:\n{reflection_text}"
        optimized_response: str = self.response_optimizer.run(query=query)
        return optimized_response


class QueryDecomposer:
    def __init__(self, llm: ChatOpenAI, reflection_manager: ReflectionManager):
        self.llm = llm.with_structured_output(DecomposedTasks)
        self.current_date = datetime.now().strftime("%Y-%m-%d")
        self.reflection_manager = reflection_manager

    def run(self, query: str) -> DecomposedTasks:
        relevant_reflections = self.reflection_manager.get_relevant_reflections(query)
        reflection_text = format_reflections(relevant_reflections)
        prompt = ChatPromptTemplate.from_template(
            f"CURRENT_DATE: {self.current_date}\n"
            "-----\n"
            "タスク: 与えられた目標を具体的で実行可能なタスクに分解してください。\n"
            "要件:\n"
            "1. 以下の行動だけで目標を達成すること。決して指定された以外の行動をとらないこと。\n"
            "   - インターネットを利用して、目標を達成するための調査を行う。\n"
            "2. 各タスクは具体的かつ詳細に記載されており、単独で実行ならびに検証可能な情報を含めること。一切抽象的な表現を含まないこと。\n"
            "3. タスクは実行可能な順序でリスト化すること。\n"
            "4. タスクは日本語で出力すること。\n"
            "5. タスクを作成する際に以下の過去のふりかえりを考慮すること:\n{reflections}\n\n"
            "目標: {query}"
        )
        chain = prompt | self.llm
        tasks = chain.invoke({"query": query, "reflections": reflection_text})
        return tasks


class TaskExecutor:
    def __init__(self, llm: ChatOpenAI, reflection_manager: ReflectionManager):
        self.llm = llm
        self.reflection_manager = reflection_manager
        self.current_date = datetime.now().strftime("%Y-%m-%d")
        self.tools = [TavilySearchResults(max_results=3)]

    def run(self, task: str) -> str:
        relevant_reflections = self.reflection_manager.get_relevant_reflections(task)
        reflection_text = format_reflections(relevant_reflections)
        agent = create_react_agent(self.llm, self.tools)
        result = agent.invoke(
```

```
            {
                "messages": [
                    (
                        "human",
                        f"CURRENT_DATE: {self.current_date}\n"
                        "-----\n"
                        f"次のタスクを実行し、詳細な回答を提供してください。\n\nタスク: {task}\n
\n"
                        "要件:\n"
                        "1. 必要に応じて提供されたツールを使用すること。\n"
                        "2. 実行において徹底的かつ包括的であること。\n"
                        "3. 可能な限り具体的な事実やデータを提供すること。\n"
                        "4. 発見事項を明確に要約すること。\n"
                        f"5. 以下の過去のふりかえりを考慮すること:\n{reflection_text}\n",
                    )
                ]
            }
        )
        return result["messages"][-1].content


class ResultAggregator:
    def __init__(self, llm: ChatOpenAI, reflection_manager: ReflectionManager):
        self.llm = llm
        self.reflection_manager = reflection_manager
        self.current_date = datetime.now().strftime("%Y-%m-%d")

    def run(
        self,
        query: str,
        results: list[str],
        reflection_ids: list[str],
        response_definition: str,
    ) -> str:
        relevant_reflections = [
            self.reflection_manager.get_reflection(rid) for rid in reflection_ids
        ]
        prompt = ChatPromptTemplate.from_template(
            "与えられた目標:\n{query}\n\n"
            "調査結果:\n{results}\n\n"
            "与えられた目標に対し、調査結果を用いて、以下の指示に基づいてレスポンスを生成してください。
\n"
            "{response_definition}\n\n"
            "過去のふりかえりを考慮すること:\n{reflection_text}\n"
        )
        chain = prompt | self.llm | StrOutputParser()
        return chain.invoke(
            {
                "query": query,
```

付録　各種サービスのサインアップと第12章の各パターンの実装コード

```python
                "results": "\n\n".join(
                    f"Info {i+1}:\n{result}" for i, result in enumerate(results)
                ),
                "response_definition": response_definition,
                "reflection_text": format_reflections(relevant_reflections),
            }
        )


class ReflectiveAgent:
    def __init__(
        self,
        llm: ChatOpenAI,
        reflection_manager: ReflectionManager,
        task_reflector: TaskReflector,
        max_retries: int = 2,
    ):
        self.reflection_manager = reflection_manager
        self.task_reflector = task_reflector
        self.reflective_goal_creator = ReflectiveGoalCreator(
            llm=llm, reflection_manager=self.reflection_manager
        )
        self.reflective_response_optimizer = ReflectiveResponseOptimizer(
            llm=llm, reflection_manager=self.reflection_manager
        )
        self.query_decomposer = QueryDecomposer(
            llm=llm, reflection_manager=self.reflection_manager
        )
        self.task_executor = TaskExecutor(
            llm=llm, reflection_manager=self.reflection_manager
        )
        self.result_aggregator = ResultAggregator(
            llm=llm, reflection_manager=self.reflection_manager
        )
        self.max_retries = max_retries
        self.graph = self._create_graph()

    def _create_graph(self) -> StateGraph:
        graph = StateGraph(ReflectiveAgentState)
        graph.add_node("goal_setting", self._goal_setting)
        graph.add_node("decompose_query", self._decompose_query)
        graph.add_node("execute_task", self._execute_task)
        graph.add_node("reflect_on_task", self._reflect_on_task)
        graph.add_node("update_task_index", self._update_task_index)
        graph.add_node("aggregate_results", self._aggregate_results)
        graph.set_entry_point("goal_setting")
        graph.add_edge("goal_setting", "decompose_query")
        graph.add_edge("decompose_query", "execute_task")
        graph.add_edge("execute_task", "reflect_on_task")
```

A.2 第12章の各パターンの実装コード

```python
        graph.add_conditional_edges(
            "reflect_on_task",
            self._should_retry_or_continue,
            {
                "retry": "execute_task",
                "continue": "update_task_index",
                "finish": "aggregate_results",
            },
        )
        graph.add_edge("update_task_index", "execute_task")
        graph.add_edge("aggregate_results", END)
        return graph.compile()

    def _goal_setting(self, state: ReflectiveAgentState) -> dict[str, Any]:
        optimized_goal: str = self.reflective_goal_creator.run(query=state.query)
        optimized_response: str = self.reflective_response_optimizer.run(
            query=optimized_goal
        )
        return {
            "optimized_goal": optimized_goal,
            "optimized_response": optimized_response,
        }

    def _decompose_query(self, state: ReflectiveAgentState) -> dict[str, Any]:
        tasks: DecomposedTasks = self.query_decomposer.run(query=state.optimized_
goal)
        return {"tasks": tasks.values}

    def _execute_task(self, state: ReflectiveAgentState) -> dict[str, Any]:
        current_task = state.tasks[state.current_task_index]
        result = self.task_executor.run(task=current_task)
        return {"results": [result], "current_task_index": state.current_task_index}

    def _reflect_on_task(self, state: ReflectiveAgentState) -> dict[str, Any]:
        current_task = state.tasks[state.current_task_index]
        current_result = state.results[-1]
        reflection = self.task_reflector.run(task=current_task, result=current_
result)
        return {
            "reflection_ids": [reflection.id],
            "retry_count": (
                state.retry_count + 1 if reflection.judgment.needs_retry else 0
            ),
        }

    def _should_retry_or_continue(self, state: ReflectiveAgentState) -> str:
        latest_reflection_id = state.reflection_ids[-1]
        latest_reflection = self.reflection_manager.get_reflection(latest_
reflection_id)
```

461

付録 各種サービスのサインアップと第12章の各パターンの実装コード

```python
        if (
            latest_reflection
            and latest_reflection.judgment.needs_retry
            and state.retry_count < self.max_retries
        ):
            return "retry"
        elif state.current_task_index < len(state.tasks) - 1:
            return "continue"
        else:
            return "finish"

    def _update_task_index(self, state: ReflectiveAgentState) -> dict[str, Any]:
        return {"current_task_index": state.current_task_index + 1}

    def _aggregate_results(self, state: ReflectiveAgentState) -> dict[str, Any]:
        final_output = self.result_aggregator.run(
            query=state.optimized_goal,
            results=state.results,
            reflection_ids=state.reflection_ids,
            response_definition=state.optimized_response,
        )
        return {"final_output": final_output}

    def run(self, query: str) -> str:
        initial_state = ReflectiveAgentState(query=query)
        final_state = self.graph.invoke(initial_state, {"recursion_limit": 1000})
        return final_state.get("final_output", "エラー: 出力に失敗しました。")


def main():
    import argparse

    from settings import Settings

    settings = Settings()

    parser = argparse.ArgumentParser(
        description="ReflectiveAgentを使用してタスクを実行します (Self-Reflection)"
    )
    parser.add_argument("--task", type=str, required=True, help="実行するタスク")
    args = parser.parse_args()

    llm = ChatOpenAI(
        model=settings.openai_smart_model, temperature=settings.temperature
    )
    reflection_manager = ReflectionManager(file_path="tmp/self_reflection_db.json")
    task_reflector = TaskReflector(llm=llm, reflection_manager=reflection_manager)
    agent = ReflectiveAgent(
        llm=llm, reflection_manager=reflection_manager, task_reflector=task_
```

```
reflector
    )
    result = agent.run(args.task)
    print(result)


if __name__ == "__main__":
    main()
```

 ## 6. クロスリフレクション（Cross-Reflection）

実装コード（chapter12/cross_reflection/main.py）

```python
from common.reflection_manager import ReflectionManager, TaskReflector
from langchain_anthropic import ChatAnthropic
from langchain_openai import ChatOpenAI
from self_reflection.main import ReflectiveAgent


def main():
    import argparse

    from settings import Settings

    settings = Settings()

    parser = argparse.ArgumentParser(
        description="ReflectiveAgentを使用してタスクを実行します（Cross-Reflection)"
    )
    parser.add_argument("--task", type=str, required=True, help="実行するタスク")
    args = parser.parse_args()

    # OpenAIのLLMを初期化
    openai_llm = ChatOpenAI(
        model=settings.openai_smart_model, temperature=settings.temperature
    )

    # AnthropicのLLMを初期化
    anthropic_llm = ChatAnthropic(
        model=settings.anthropic_smart_model, temperature=settings.temperature
    )

    # ReflectionManagerを初期化
    reflection_manager = ReflectionManager(file_path="tmp/cross_reflection_db.json")

    # AnthropicのLLMを使用するTaskReflectorを初期化
    anthropic_task_reflector = TaskReflector(
```

付録　各種サービスのサインアップと第12章の各パターンの実装コード

```python
        llm=anthropic_llm, reflection_manager=reflection_manager
    )

    # ReflectiveAgentを初期化
    agent = ReflectiveAgent(
        llm=openai_llm,
        reflection_manager=reflection_manager,
        task_reflector=anthropic_task_reflector,
    )

    # タスクを実行し、結果を取得
    result = agent.run(args.task)

    # 結果を出力
    print(result)


if __name__ == "__main__":
    main()
```

7. 役割ベースの協調（Role-Based Cooperation）

実装コード（chapter12/role_based_cooperation/main.py）

```python
import operator
from typing import Annotated, Any

from langchain_community.tools.tavily_search import TavilySearchResults
from langchain_core.messages import HumanMessage, SystemMessage
from langchain_core.output_parsers import StrOutputParser
from langchain_core.prompts import ChatPromptTemplate
from langchain_openai import ChatOpenAI
from langgraph.graph import END, StateGraph
from langgraph.prebuilt import create_react_agent
from pydantic import BaseModel, Field
from single_path_plan_generation.main import DecomposedTasks, QueryDecomposer


class Role(BaseModel):
    name: str = Field(..., description="役割の名前")
    description: str = Field(..., description="役割の詳細な説明")
    key_skills: list[str] = Field(..., description="この役割に必要な主要なスキルや属性")


class Task(BaseModel):
    description: str = Field(..., description="タスクの説明")
    role: Role = Field(default=None, description="タスクに割り当てられた役割")
```

A.2 第12章の各パターンの実装コード

```python
class TasksWithRoles(BaseModel):
    tasks: list[Task] = Field(..., description="役割が割り当てられたタスクのリスト")


class AgentState(BaseModel):
    query: str = Field(..., description="ユーザーが入力したクエリ")
    tasks: list[Task] = Field(
        default_factory=list, description="実行するタスクのリスト"
    )
    current_task_index: int = Field(default=0, description="現在実行中のタスクの番号")
    results: Annotated[list[str], operator.add] = Field(
        default_factory=list, description="実行済みタスクの結果リスト"
    )
    final_report: str = Field(default="", description="最終的な出力結果")


class Planner:
    def __init__(self, llm: ChatOpenAI):
        self.query_decomposer = QueryDecomposer(llm=llm)

    def run(self, query: str) -> list[Task]:
        decomposed_tasks: DecomposedTasks = self.query_decomposer.run(query=query)
        return [Task(description=task) for task in decomposed_tasks.values]


class RoleAssigner:
    def __init__(self, llm: ChatOpenAI):
        self.llm = llm.with_structured_output(TasksWithRoles)

    def run(self, tasks: list[Task]) -> list[Task]:
        prompt = ChatPromptTemplate(
            [
                (
                    "system",
                    (
                        "あなたは創造的な役割設計の専門家です。与えられたタスクに対して、ユニークで適切な役割を生成してください。"
                    ),
                ),
                (
                    "human",
                    (
                        "タスク:\n{tasks}\n\n"
                        "これらのタスクに対して、以下の指示に従って役割を割り当ててください:\n"
                        "1. 各タスクに対して、独自の創造的な役割を考案してください。既存の職業名や一般的な役割名にとらわれる必要はありません。\n"
                        "2. 役割名は、そのタスクの本質を反映した魅力的で記憶に残るものにしてくださ
```

付録

```python
            い。\n"
                        "3. 各役割に対して、その役割がなぜそのタスクに最適なのかを説明する詳細な説明"
            を提供してください。\n"
                        "4. その役割が効果的にタスクを遂行するために必要な主要なスキルやアトリビュー"
            トを3つ挙げてください。\n\n"
                        "創造性を発揮し、タスクの本質を捉えた革新的な役割を生成してください。"
                    ),
                ),
            ],
        )
        chain = prompt | self.llm
        tasks_with_roles = chain.invoke(
            {"tasks": "\n".join([task.description for task in tasks])}
        )
        return tasks_with_roles.tasks


class Executor:
    def __init__(self, llm: ChatOpenAI):
        self.llm = llm
        self.tools = [TavilySearchResults(max_results=3)]
        self.base_agent = create_react_agent(self.llm, self.tools)

    def run(self, task: Task) -> str:
        result = self.base_agent.invoke(
            {
                "messages": [
                    (
                        "system",
                        (
                            f"あなたは{task.role.name}です。\n"
                            f"説明: {task.role.description}\n"
                            f"主要なスキル: {', '.join(task.role.key_skills)}\n"
                            "あなたの役割に基づいて、与えられたタスクを最高の能力で遂行してくださ
            い。"
                        ),
                    ),
                    (
                        "human",
                        f"以下のタスクを実行してください:\n\n{task.description}",
                    ),
                ]
            }
        )
        return result["messages"][-1].content


class Reporter:
    def __init__(self, llm: ChatOpenAI):
```

A.2 第12章の各パターンの実装コード

```python
        self.llm = llm

    def run(self, query: str, results: list[str]) -> str:
        prompt = ChatPromptTemplate(
            [
                (
                    "system",
                    (
                        "あなたは総合的なレポート作成の専門家です。複数の情報源からの結果を統合し、"
                        "洞察力に富んだ包括的なレポートを作成する能力があります。"
                    ),
                ),
                (
                    "human",
                    (
                        "タスク： 以下の情報に基づいて、包括的で一貫性のある回答を作成してください。\n"
                        "要件:\n"
                        "1．提供されたすべての情報を統合し、よく構成された回答にしてください。\n"
                        "2．回答は元のクエリに直接応える形にしてください。\n"
                        "3．各情報の重要なポイントや発見を含めてください。\n"
                        "4．最後に結論や要約を提供してください。\n"
                        "5．回答は詳細でありながら簡潔にし、250～300語程度を目指してください。\n"
                        "6．回答は日本語で行ってください。\n\n"
                        "ユーザーの依頼： {query}\n\n"
                        "収集した情報:\n{results}"
                    ),
                ),
            ],
        )
        chain = prompt | self.llm | StrOutputParser()
        return chain.invoke(
            {
                "query": query,
                "results": "\n\n".join(
                    f"Info {i+1}:\n{result}" for i, result in enumerate(results)
                ),
            }
        )


class RoleBasedCooperation:
    def __init__(self, llm: ChatOpenAI):
        self.llm = llm
        self.planner = Planner(llm=llm)
        self.role_assigner = RoleAssigner(llm=llm)
        self.executor = Executor(llm=llm)
        self.reporter = Reporter(llm=llm)
        self.graph = self._create_graph()
```

付録

467

付録　各種サービスのサインアップと第12章の各パターンの実装コード

```python
def _create_graph(self) -> StateGraph:
    workflow = StateGraph(AgentState)

    workflow.add_node("planner", self._plan_tasks)
    workflow.add_node("role_assigner", self._assign_roles)
    workflow.add_node("executor", self._execute_task)
    workflow.add_node("reporter", self._generate_report)

    workflow.set_entry_point("planner")

    workflow.add_edge("planner", "role_assigner")
    workflow.add_edge("role_assigner", "executor")
    workflow.add_conditional_edges(
        "executor",
        lambda state: state.current_task_index < len(state.tasks),
        {True: "executor", False: "reporter"},
    )

    workflow.add_edge("reporter", END)

    return workflow.compile()

def _plan_tasks(self, state: AgentState) -> dict[str, Any]:
    tasks = self.planner.run(query=state.query)
    return {"tasks": tasks}

def _assign_roles(self, state: AgentState) -> dict[str, Any]:
    tasks_with_roles = self.role_assigner.run(tasks=state.tasks)
    return {"tasks": tasks_with_roles}

def _execute_task(self, state: AgentState) -> dict[str, Any]:
    current_task = state.tasks[state.current_task_index]
    result = self.executor.run(task=current_task)
    return {
        "results": [result],
        "current_task_index": state.current_task_index + 1,
    }

def _generate_report(self, state: AgentState) -> dict[str, Any]:
    report = self.reporter.run(query=state.query, results=state.results)
    return {"final_report": report}

def run(self, query: str) -> str:
    initial_state = AgentState(query=query)
    final_state = self.graph.invoke(initial_state, {"recursion_limit": 1000})
    return final_state["final_report"]
```

```
def main():
    import argparse

    from settings import Settings

    settings = Settings()
    parser = argparse.ArgumentParser(
        description="RoleBasedCooperationを使用してタスクを実行します"
    )
    parser.add_argument("--task", type=str, required=True, help="実行するタスク")
    args = parser.parse_args()

    llm = ChatOpenAI(
        model=settings.openai_smart_model, temperature=settings.temperature
    )
    agent = RoleBasedCooperation(llm=llm)
    result = agent.run(query=args.task)
    print(result)


if __name__ == "__main__":
    main()
```

索引

記号

@tool デコレータ 354, 379

A

add_conditional_edges関数 249
add_edge関数 249
add_node関数 246
add オペレーション 244
Advanced RAG 130
Agent 102
Agent Adapter 305, 350
Agent Evaluator 304, 355
Agent-as-a-coordinator 308
Agent-as-a-worker 308
Agentic 233
Agenticness 233
AgentOps 207
AIMessage 70
ainvoke関数 250
AI エージェント 189
ALFWorld 198
Amazon CodeWhisperer 221
ANN 401
Annotated 245
Annotation Queue 186
Answer correctness 169
Answer relevancy 169
Answer similarity 169
Apple Remote 197
Aspect critique 170
assign 122
Assistants API 42
astream_events 124
astream_log 125
AutoGen 202
AutoGPT 200
AutoGPT Builder 201
Automation rule 183

B

BabyAGI 201
BaseChatModel 72
BaseCheckpoint Saver 264
BaseLanguageModel 72
BaseLLM 72
BaseTool クラス 354
batch 105, 283
Batch API 14
BERT 191
BingAPI 192
BIRD 211
BIRD-SQL 213
BM25 150

C

C3 メソッド 219
Callback機能 71
Chain 68, 85
Chain-of-Thought 58, 193
Chain-of-Thought プロンプティング 193
chain デコレーター 112
CharacterTextSplitter 94
Chat Completions API 10
Chat history 68, 126
Chat model 68, 69
ChatDev 222
ChatGPT 8
ChatGPT Plus 8
ChatOpenAI 70
ChatPromptTemplate 74
Checkpoint 262
CheckpointMetadata 262
CheckpointTuple 262
CHESS 214
Chroma 96
Cohere 143
CohereRerank 143
CompiledGraph 249
compile関数 249
Context entity recall 169
Context precision 169
Context recall 169
ContextualCompressionRetriever 145
Copilot 3
CoT 58, 194
create_react_agent関数 378
crewAI 205

Cross-Reflection...304, 324, 411

D

Dataset 163
DEA-SQL...217
Debate-Based Cooperation.............................. 304, 341
Decomposer...216
Dense Vector 150
Devin...221
Document loader..68, 92
Document transformer................................. 68, 92, 94
draw_png関数...259
DTS-SQL..217

E

ELI5...193
Elicitron 209, 277
Embedding model 68, 92, 95
Embeddings API 91, 95
END...249
EnsembleRetriever 152
evaluate...167
Evaluation 158
Evaluator...169
Example 165
Example selector 68, 78
Experiment 175

F

Faiss 401
Faithfulness...169
Feedback..178
Few-shot Chain-of-Thought..............................194
Few-shot プロンプティング 55
Function calling...33

G

get_graph関数..259
GitHub...207
GitHub Copilot..221
GitLoader 93
Google Colab 18
Google Colaboratory 18
GPT 191
GPT-3 192
gpt-3.5-turbo-instruct..32
GPT-4 8

GPT-4 Technical Report 200
GPT-4 Turbo 14
GPT-4o 8
gpt-4o 9
GPT-4o mini 8
gpt-4o-mini... 9

H

HNSW 401
Human-Reflection.. 304, 327
HumanEval 232
HumanMessage 70
HyDE 134
Hypothetical Document Embeddings.....................134
HypotheticalDocumentEmbedder...........................136

I

ICL..55
In-context Learning 55
Incremental Model Querying......................... 303, 332
Indexing API 101
invoke 105, 250
itemgetter...119
IVF フラット 401

J

JSONモード 30

L

LangChain..62
langchain 64
LangChain Expression Language.................64, 85, 104
LangChain Templates..64
langchain-community..65, 92
langchain-core...64
langchain-experimental.......................................65
langchain-openai 64
langchain-text-splitters 65, 94
LangGraph...240
Langgraph-checkpoint-postgresパッケージ 264
langgraph-checkpoint-sqliteパッケージ 263
langgraph-checkpointパッケージ 263
LangServe 128
LangSmith... 66, 76, 109, 157
Langtrace 207
LCEL...64, 85, 104
LLM... 68, 190

471

索引

LLM-as-a-Judge...169
LLM (LangChain) 69
LLMアプリケーション 1
LLMエージェント 200

M

MAC-SQL..216
MAGIS...229
map...137
Memory...126
MemorySaver...263
MessagesPlaceholder..75
MetaGPT..226
Microsoft..202
MRKL Systems..196
Multi-Path Plan Generator 303, 319, 384
Multimodal Guardrails 305, 343
MultiQueryRetriever..138

N

Neural LM..191

O

o1-mini...9
o1-preview..9
Ollama..208
One-Shot Model Querying 303, 330
One-shotプロンプティング 55
Online Evaluator 182
OpenAI...69
OpenAIEmbeddings..95
OpenAIのAPIキー 20
OpenAIのチャットAPI 8
operator.add 245
Output parser...68, 78

P

Pairwise evaluation 177
partners...64
Passive Goal Creator 303, 309, 363
Perplexity...2
pick...124
Pinecone 150, 202
Plan-and-Solve..198
Playground..77
PLM...210
PostgresSaver...264

Practices for Governing Agentic AI Systems 233
PRD...227
Pre-trained Language Models 210
Pre-trained LM..191
Precision 171
Proactive Goal Creator....................................303, 311
Product Quantization (PQ) インデックス.................401
Product Requirement Document 227
Prompt Engineering Guide..................................47
Prompt template..68
Prompt/Response Optimizer 303, 313, 366
Prompts..76
PromptTemplate...73
Pydantic 80, 280
pydantic_settings 365
PydanticOutputParser 79

R

RAG...90, 205, 303, 315
RAG-Fusion..140
Ragas...158
ReAct 196
Reasoning and Acting 196
Recall 171
Reciprocal Rank Fusion 139
Refiner 216
Retrieval-Augmented Generation 90, 303, 315
Retriever 68, 92, 96
Role-Based Cooperation..........................304, 338, 416
RRF 139
Run...172
Runnable..105
RunnableSequence...105
RunnableLambda 111
RunnableParallel 116
RunnablePassthrough...120

S

Self-Organized Agents 231
Self-Reflection..304, 322, 394
Set-of-Mark (SoM) プロンプティング........................60
set_entry_point関数...248
setオペレーション 244
Single-Path Plan Generator......................303, 317, 372
SOP 227
Sparse Vector..150
Spider 211
SQL...208
SQLChatMessageHistory 126
SQLite...216
SqliteSaver 263

Standardized Operating Procedures 227
StateGraph クラス 245
Statistical LM 191
stream 105, 250
StrOutput Parser 83
Structured Outputs 41
Summarization score 170
Synthetic data 160
SystemMessage 70

T

Tavily 120, 378
TavilySearchResults 378
temperature 29, 69
Text splitter..94
text-embedding-3-small 95
Text-to-SQL 208
TF-IDF 150
tiktoken 15
Tokenizer 15
Tool 68, 354
Tool calling 33, 354
Tool use 33
Tool/Agent Registry...................................... 305, 347
tool_choice...39
Toolkit..68
tools..35
Transformer 191
Transformer ベースの言語モデル 191
TruthfulQA..193

V

Vector store 68, 92, 96
Vision 31
Voting-Based Cooperation............................... 304, 336

W

WebGPT..192
with_config 146
with_structured_output 関数..................................280
Word2Vec 191

Z

Zero-shot Chain-of-Thought............................ 57, 194
Zero-shot Chain-of-Thought プロンプティング 57
Zero-shot プロンプティング 54
Zeroshot CoT..57

あ

アシスタント 224
アノテート...212

い

インクリメンタルモデルクエリ 303, 332
インストラクター..224
インデクシング..130

う

埋め込みベクトル 134

え

エージェンティックな AI システム 233
エージェントアダプター 305, 350
エージェント性 233
エージェントデザインパターン..................................302
エージェントデザインパターンカタログ 302
エージェント評価器.. 304, 355
エージェントらしい...233
エッジ 240, 248
エンティティ 214
エントリーポイント...248

お

オフライン評価...156
オンライン評価 156

か

ガードレール 344
階層型..207
会話履歴 10, 27, 75, 126
カスタム Evaluator...172
感情分析 191

き

議論ベースの協調... 304, 341
近似最近傍探索...401

索引

く

クエリ生成	214
グラフ構造	240
クルー	205
グループチャット	205
クロスリフレクション	304, 324, 411

け

検索拡張生成	303, 315

こ

合成データ	160
コード記述	205
コサイン類似度	98
コラボレーション	205
コンテキスト	214
コンテキストエンジニアリング	309

さ

再現率	171
作業者としてのエージェント	308
サンドボックス	216

し

ジェネレータ関数	114
指示学習	191
システムプロンプト	209
事前学習	191
事前学習言語モデル	210
条件付きエッジ	249
シングルパスプランジェネレーター	303, 317, 372
人工知能	191

す

スキーマ	214, 387
スキーマリンク	214
スケーリング則	191
ステークホルダー	276
ステート	242, 244
ストリーミング	29, 71
スナップショット	9

せ

セルフリフレクション	304, 322, 394
選好最適化	191

そ

疎ベクトル	150

た

タスク解決能力	191

ち

チェックポイント	243, 261
チャットモデル	8
チャンク	94
調整役としてのエージェント	308

つ

ツール／エージェントレジストリ	305, 347

て

データセット	158, 212
データベースカタログ	215
適合率	171
テキスト解析	191
デザインパターン	302

と

統計的言語モデル	191
投票ベースの協調	304, 336
トークン	15
トークン数	15
ドメイン	212

に

ニーズ	276
ニューラル言語モデル	191

の

ノード 240

は

ハイブリッド検索 150
パッシブゴールクリエイター 303, 309, 363

ひ

ヒューマンリフレクション 304, 327
評価 156
評価器 169
評価メトリクス 158, 169
標準手順 227

ふ

ファインチューニング 45, 192
フィードバック 178, 200
フレームワーク 200
プロアクティブゴールクリエイター 303, 311
プロンプト 44
プロンプト／レスポンス最適化 303, 313, 366
プロンプトエンジニアリング 44, 219, 309
プロンプト最適化 366

へ

ペアワイズ評価 177
ベクターデータベース 91
ベクトル 91, 95
ベクトル化 91, 95
ベクトルの距離 98
ペルソナ 209, 277
ペンシルベニア州立大学 202

ま

マルチエージェント 205, 208
マルチエージェントコラボレーション 205
マルチステップ 209
マルチパスプランジェネレーター 303, 319, 384
マルチモーダル 9
マルチモーダルガードレール 305, 343
マルチモーダルモデル 60, 77
マルチロール 209

み

密ベクトル 150

め

メタデータ 134, 215

も

モデル 8
モデルファミリー 9

や

役割ベースの協調 304, 338, 416

よ

要求 276
要件 276
要件定義 276
要件定義書 276

ら

ランディングページ 208

り

リーダーボード 212
リランク 142
リランクモデル 142

れ

レーベンシュタイン距離 169
レスポンス最適化 368

わ

ワシントン大学 202
ワンショットモデルクエリ 303, 330, 372

カバーデザイン	トップスタジオデザイン室（轟木 亜紀子）
本文設計	マップス　石田 昌治
本文設計	トップスタジオデザイン室（轟木 亜紀子）
編集・組版	トップスタジオ
担当	細谷 謙吾

■お問い合わせについて

　本書の内容に関するご質問につきましては、下記の宛先までFAXまたは書面にてお送りいただくか、弊社ホームページの該当書籍コーナーからお願いいたします。お電話によるご質問、および本書に記載されている内容以外のご質問には、いっさいお答えできません。あらかじめご了承ください。
　また、ご質問の際には「書籍名」と「該当ページ番号」、「お客様のパソコンなどの動作環境」、「お名前とご連絡先」を明記してください。

お問い合わせ先
〒162-0846　東京都新宿区市谷左内町21-13
株式会社技術評論社　第5編集部
「LangChainとLangGraphによるRAG・AIエージェント[実践]入門」質問係
FAX：03-3513-6173

● 技術評論社Webサイト
https://gihyo.jp/book/2024/978-4-297-14530-9

　お送りいただきましたご質問には、できる限り迅速にお答えするよう努力しておりますが、ご質問の内容によってはお答えするまでに、お時間をいただくこともございます。回答の期日をご指定いただいても、ご希望にお応えできかねる場合もありますので、あらかじめご了承ください。
　なお、ご質問の際に記載いただいた個人情報は質問の返答以外の目的には使用いたしません。また、質問の返答後は速やかに破棄させていただきます。

LangChainとLangGraphによる
RAG・AIエージェント[実践]入門

2024年11月21日　初版　第1刷発行
2025年 4月22日　初版　第5刷発行

著 者	西見公宏、吉田真吾、大嶋勇樹
発行者	片岡 巌
発行所	株式会社技術評論社
	東京都新宿区市谷左内町21-13
	電話　03-3513-6150　販売促進部
	03-3513-6177　第5編集部
印刷／製本	昭和情報プロセス株式会社

定価はカバーに表示してあります。
本の一部または全部を著作権法の定める範囲を越え、無断で複写、複製、転載、あるいはファイルに落とすことを禁じます。

©2024　西見 公宏、吉田 真吾、大嶋 勇樹

造本には細心の注意を払っておりますが、万一、乱丁（ページの乱れ）や落丁（ページの抜け）がございましたら、小社販売促進部までお送りください。送料小社負担にてお取り替えいたします。

ISBN978-4-297-14530-9 C3055
Printed in Japan